Stromvertrieb im (digitalen) Wandel

Jörg Heiner Georg

Stromvertrieb im (digitalen) Wandel

Geschäftsmodelle, technische
Transformation und aktive
Marktanpassung

2. Auflage

Jörg Heiner Georg
JHC Energie
Reichshof-Eckenhagen
Nordrhein-Westfalen, Deutschland

ISBN 978-3-658-48053-0   ISBN 978-3-658-48054-7 (eBook)
https://doi.org/10.1007/978-3-658-48054-7

Die Deutsche Nationalbibliothek verzeichnet diese Publikation in der Deutschen Nationalbibliografie; detaillierte bibliografische Daten sind im Internet über https://portal.dnb.de abrufbar.

Planung/Lektorat: Daniel Fröhlich
Springer Vieweg ist ein Imprint der eingetragenen Gesellschaft Springer Fachmedien Wiesbaden GmbH und ist ein Teil von Springer Nature.
Die Anschrift der Gesellschaft ist: Abraham-Lincoln-Str. 46, 65189 Wiesbaden, Germany

Wenn Sie dieses Produkt entsorgen, geben Sie das Papier bitte zum Recycling.

Vorwort

Der Stromvertrieb befindet sich in einem tiefgreifenden Wandel. Neue digitale Technologien wie intelligente Mess- und Home-Energy Management-Systeme unterstützen ein verändertes Konsumverhalten von Stromkunden. Gesetzliche Vorgaben und die Einführung zeitvariabler und dynamischer Tarife führen dazu, dass sich Geschäftsmodelle sowie vertriebliche Funktionen und Abläufe im Stromvertrieb verändern. Das vorliegende Lehrbuch in der überarbeiteten, aktualisierten 2. Auflage entwickelt zunächst in Kap. 1 ein grundlegendes Verständnis für das Geschäftsmodell Stromvertrieb und skizziert in Kap. 2 wesentliche Funktionen des Betriebsmodells. Anhand eines Transformationsmodells werden in Kap. 3 wesentliche Treiber und Wirkungsmechanismen einer zunehmenden Transformation des Stromvertriebs aufgezeigt. Kap. 4 beschreibt neuartige Geschäftsmodelle, die sich zunehmend im Stromvertriebsmarkt etablieren. Das gegenüber Auflage 1 ergänzte Abschn. 4.5 Ladestromvertrieb trägt einer zunehmenden Elektrifizierung des PKW-Verkehrs in Deutschland Rechnung. Die abschließenden Kap. 5 und Kap. 6 widmen sich der Architektur und dem systematischen Aufbau von neuartigen Geschäftsmodellen anhand von Teilmodellen. Anhand eines exemplarischen Vorgehens, das in Kap. 5 beschrieben wird, wird in Kap. 6 eine Fallstudie präsentiert, die von Studierenden des Masterstudiengangs Energiewirtschaft & Informatik an der Fachhochschule Aachen im Sommersemester 2024 bearbeitet wurde.

Mein Dank gilt dem Fachbereich 10 Energietechnik der Fachhochschule Aachen, an dem ich nun im 10. Jahr meine Lehrveranstaltungen zum Thema Geschäftsmodelle in der Energiewirtschaft halten darf. Mein Dank gilt Prof. Dr. Jörg Borchert für sein langjähriges Vertrauen in meine Arbeit und Prof. Dr. Christian Jungbluth für seinen fachlichen Beitrag in Kap. 2, der gegenüber Auflage 1 unverändert in diese Auflage übernommen wurde.

Mein besonderer Dank gilt abschließend wieder meiner Familie, die bei der Erstellung dieser Neuauflage in 2024 und 2025 auf etliche Kinoabende mit mir verzichten musste.

Reichshof-Eckenhagen, Deutschland   Jörg Heiner Georg

Interessenkonflikt

Der/die Autor*in hat keine für den Inhalt dieses Manuskripts relevanten Interessen-konflikte.

Aufbau des Buches

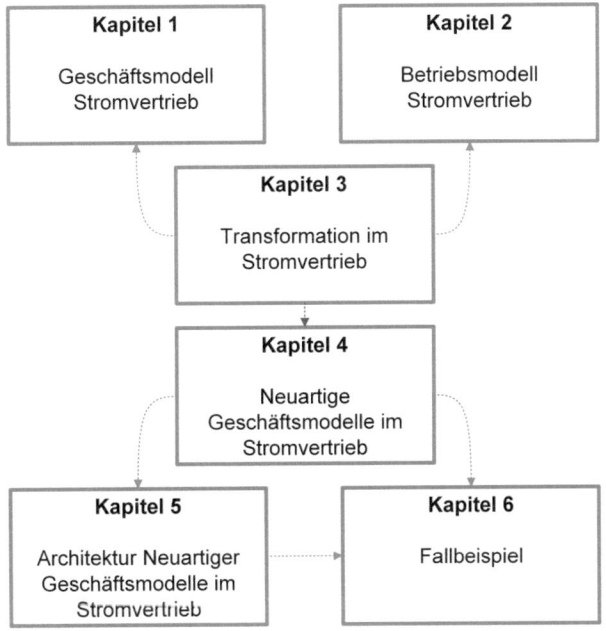

Inhaltsverzeichnis

Das Geschäftsmodell Stromvertrieb

„Wer sich nicht nach dem Markt richtet, wird vom Markt bestraft."

(Wilhelm Röpke)

Das einführende Kap. 1 beschreibt auf der Grundlage modelltheoretischer Ansätze das Geschäftsmodell des klassischen Stromvertriebs. Der Schwerpunkt des Kapitels liegt auf der Skizzierung der Entwicklung von Stromangeboten im klassischen Stromgeschäft sowie auf grundlegenden Preis- und Ertragslogiken, die sich im Zusammenspiel zwischen Regularien und unternehmerischem Handeln im Stromvertriebsmarkt ergeben.

1.1 Der Bezugsrahmen Stromvertrieb

1.1.1 Der Stromvertriebsmarkt

Stromvertrieb spielt sich in einem Markt, dem *Stromvertriebsmarkt* ab. Wie andere Märkte ist der Stromvertriebsmarkt durch verschiedene *Marktakteure* wie Anbieter und Nachfrager gekennzeichnet, die miteinander eine *Tauschbeziehung* eingehen. Stromanbieter verkaufen Strom und verlangen dafür Geld. Nachfrager kaufen Strom und zahlen dafür Geld. Heute treffen viele Stromanbieter (in Deutschland gibt es nach Angaben der Bundesnetzagentur [1] rund 1400 Stromanbieter) auf viele Stromnachfrager – laut Bundesnetzagentur gibt es rund 52,7 Mio. belieferte Stromnachfrageorte, an denen Stromverbrauch gemessen wird - sogenannte Messlokationen [1].

Stromnachfrager unterscheiden sich wiederum durch ihr Nachfrageverhalten, das insbesondere durch die Verwendung des Stroms bestimmt wird. Nachfrager, die Strom zu privaten Zwecken nutzen, nennt man aus Sicht der Anbieter vereinfacht *Haushaltskunden*.

© Der/die Autor(en), exklusiv lizenziert an Springer Fachmedien Wiesbaden GmbH, ein Teil von Springer Nature 2025
J. H. Georg, *Stromvertrieb im (digitalen) Wandel*,
https://doi.org/10.1007/978-3-658-48054-7_1

Nachfrager, die Strom für geschäftliche Zwecke nutzen, nennt man aus Sicht der Anbieter vereinfacht *Geschäftskunden*.

Haushaltskunden und Geschäftskunden nutzen vielfältige *Informations-* und *Marktplätze* wie kommerzielle Verkaufs- und Handelsplattformen, Internetseiten oder Vertriebsabteilungen, um Angebote miteinander zu vergleichen und mit einem Anbieter einen Liefervertrag abzuschließen. Anbieter können lokale Akteure wie Grundversorger, überregionale oder national tätige Vertriebsgesellschaften sein. Als *Grundversorger* bezeichnet man Unternehmen, die in einem Netzgebiet die meisten Kunden beliefern und Grundversorgungstarife anbieten (siehe auch Grundversorgungsverordnung im Abschn. 1.2.3). Hierzu gehören Stadtwerke und Gemeindewerke sowie Regionalgesellschaften. Unter *Vertriebsgesellschaften* versteht man in Abgrenzung zu Grundversorgern Unternehmen, die Strom außerhalb der Grundversorgung anbieten.

Der zu zahlende Geldbetrag für die Stromlieferung ergibt sich grundsätzlich aus dem erzielten Preis für ein Angebot multipliziert mit der tatsächlich verbrauchten Strommenge in Kilowattstunden (kWh).

Angesichts eines funktionierenden Wettbewerbs zwischen unterschiedlichen Anbietern und einer freien Wahl des Anbieters aus Sicht der Kunden kann davon ausgegangen werden, dass sich in einem vollständig geöffneten Vertriebsmarkt für Strom *Marktpreise* einstellen. Dazu treffen Kunden mit maximalen Zahlungsbereitschaften auf Anbieter mit Mindestpreisforderungen aufeinander und einigen sich auf einen Preis. Haushaltskunden wählen hierzu meist ein passendes Standardangebot in Form eines Stromtarifs aus. Größere Geschäftskunden lassen sich individuelle Angebote erstellen. Die erzielten Preise befinden sich in einer Bandbreite und können zur Ermittlung eines Durchschnittspreises herangezogen werden. Der Durchschnittspreis kann hier vereinfacht als Endkunden-Marktpreis bezeichnet werden. Er ist im Gegensatz zu einem Börsenpreis (Beispiel: Marktpreis der Europäischen Strombörse EPEX Spot SE) jedoch kein Einheitspreis, der für jeden Marktakteur gilt und bei dem eine maximale Zahl an Preisabschlüssen stattfindet. Auf grundlegende Mechanismen der Strompreisbildung wird insbesondere auf Abschn. 1.1.3 und Abschn. 1.2.2 verwiesen.

Ist ein Markt ausreichend durch Kunden und Anbieter abgegrenzt, bilden sich Vertragspreise, die im Rahmen einer statistischen Gesamtbetrachtung nicht erheblich vom Marktpreis abweichen. Sollte dies doch der Fall sein, ist zu prüfen, ob der betrachtete Markt neu abgegrenzt oder in mehrere Teilmärkte aufgeteilt werden kann, in denen das Anbieter- und Kundenverhalten gleichgerichteter verläuft und sich Marktergebnisse in Form von Preisen nicht erheblich unterscheiden. Für die Abgrenzung von unterschiedlichen Stromvertriebsmärkten gibt es mehrere Ansätze:

Gemäß der grundlegenden Organisation des Stromvertriebs können zentrale Vertriebsmärkte von dezentralen Vertriebsmärkten unterschieden werden (siehe Abb. 1.1). Während auf (klassisch) zentralen Vertriebsmärkten Strom im Rahmen von Tarifen an eine möglichst hohe Anzahl von Kunden verkauft wird (siehe Kap. 1 und 2), findet in dezentral ausgerichtete Vertriebsmärkten neben dem Stromverkauf eine gleichzeitige Eigenverbrauchsoptimierung der Kunden aus dezentralen Erzeugungsanlagen statt (siehe u. a. Abschn. 4.3 und 4.4).

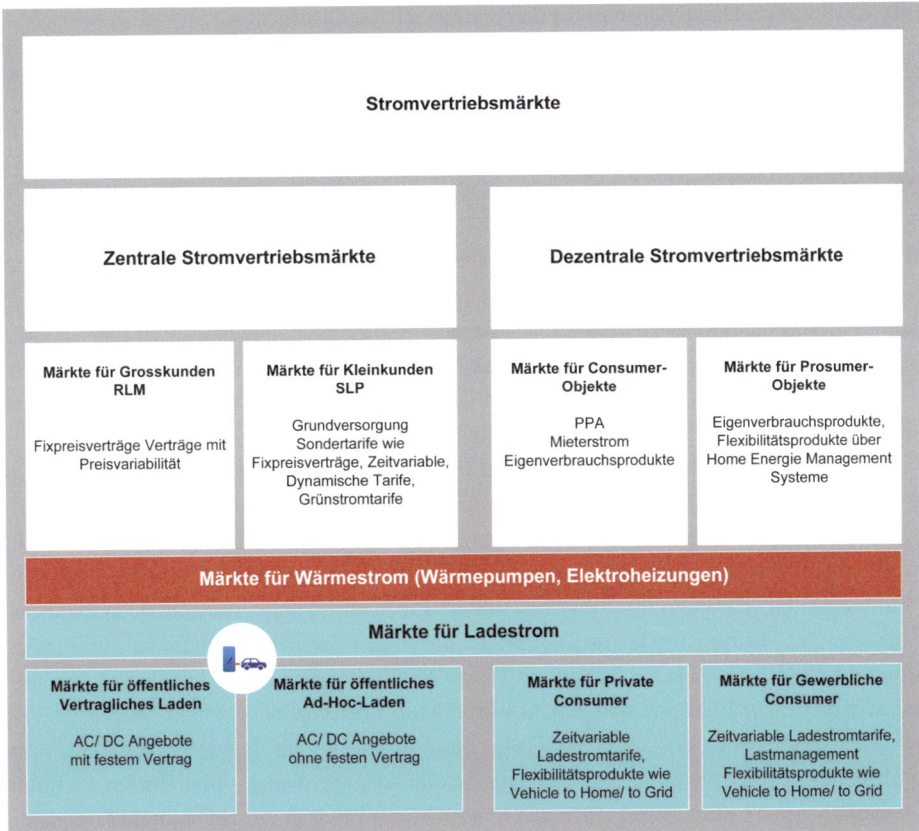

Abb. 1.1 Marktabgrenzung für Stromvertriebsmärkte in Deutschland. (Eigene Darstellung)

Die Anbieter-Kunden-Beziehung prägt das Verhalten der Marktakteure maßgeblich. Danach können *Business-to-Business-Märkte* (B2B) *von Business-to-Consumer-Märkten* (B2C) unterschieden werden. *Business-to-Business-Märkte* (B2B-Märkte) zeichnen sich dadurch aus, dass Anbieter und Kunden Unternehmen sind, die ihre Einkaufs- und Verkaufsentscheidungen nach einem unternehmerischem Kalkül ausrichten. Von *Business-to-Consumer-Märkten* (B2C-Märkten) spricht man, wenn die Kundenseite aus privaten Haushalten besteht, die insbesondere nach privaten Motiven Entscheidungen treffen. Eine weitere Anbieter-Kunden-Beziehung wird durch den Begriff *Business to Public* (B2P) geprägt. Der Ausdruck „Public" bezeichnet Einrichtungen, die sich im öffentlichen Eigentum (Beispiel: Krankenhäuser Schulen, Sozialeinrichtungen, Kirchen) befinden und neben unternehmerischen auch gemeinwohlorientierte Ziele im Blick haben.

Die Höhe des Stromverbrauchs eignet sich ebenfalls für die Abgrenzung von Stromvertriebsmärkten. So müssen je nach Jahresverbrauch der Kunden unterschiedliche Preisbestandteile und Abgaben sowie unterschiedliche gesetzliche Rahmenbedingungen bei der Erstellung von Angeboten und Stromlieferverträgen berücksichtigt werden, was zu unterschiedlichen Preis- und Vertragsstrukturen und unterschiedlichen Marktpreisen führt.

Tab. 1.1 Eurostat-Marktsegmente nach Jahresverbrauch - Auswahl [3]

DC (Haushalte)	IA (Nicht-Haushalte)	IB (Nicht-Haushalte)	IC (Nicht-Haushalte)
2500 kWh bis 5000 kWh	kleiner als 20.000 kWh	20.000 kWh bis 500.000 kWh	500.000 kWh bis 2 Mio kWh

Insbesondere Regulierungsbehörden wie die europäische Regulierungsbehörde Agency for Cooperation of Energy Regulators (ACER), die regelmäßig Marktberichte zur Strommarktentwicklung in unterschiedlichen Ländern erstellen, sind auf eine eindeutige und einheitliche Definition von Marktsegmenten angewiesen, um Marktpreise für Strom in den Ländern miteinander zu vergleichen. So erfolgt die von der statistischen EU-Behörde EUROSTAT verwendete Klassifizierung der Segmente (Tab. 1.1) anhand von eindeutigen *Verbrauchsbändern*, die auch von nationalen Regulierungsbehörden im Rahmen von länderspezifischen Preiserhebungen genutzt werden.

Die länderspezifischen Preiserhebungen finden im Rahmen von regelmäßigen Marktberichten statt, die wesentliche Marktentwicklungen in den Stromvertriebsmärkten aufzeigen. Diese umfassen neben Preiserhebungen in den definierten Segmenten auch Angaben zu Marktstrukturen (Beispiele: Anzahl von Anbietern, Anzahl von Kunden) und Marktverhalten (Beispiele: Vertragsgestaltung, Tarif- und Anbieterwechsel). In Deutschland wird der Vertriebsmarkt für Endkunden durch das Bundeskartellamt in Zusammenarbeit mit der Bundesnetzagentur im jährlichen *Monitoringbericht* [1] beleuchtet. In anderen Europäischen Ländern erfolgen Marktberichte über die zuständigen Regulierungsbehörden (Beispiele: e-Control in Österreich, ACM in den Niederlanden). Auch in „teilliberalisierten" Strommärkten wie im Strommarkt Schweiz – hier dürfen lediglich Großkunden mit einem Jahresverbrauch von mehr als 100.000 Kilowattstunden ihren Anbieter wechseln – werden regelmäßige Markt- und Wettbewerbsanalysen erstellt, um Preis- und Marktentwicklungen in den unterschiedlichen Marktsegmenten mit vollständig liberalisierten Stromvertriebsmärkten zu vergleichen [2].

Das Kundenlastprofil dient als weiteres Abgrenzungsmerkmal für Vertriebsmärkte.

▶ Kundenlastprofil = vereinfacht der Verlauf des Stromverbrauchs eines Kunden über einen betrachteten Zeitraum (z. B. Tag, Monat, Jahr), der anhand von einzelnen Leistungswerten dargestellt wird. Die Leistungswerte beziehen sich auf verschiedene Zeitspannen (Beispiele: 5 min-Spanne, 15 min-Spanne). Die einzelnen Leistungswerte ergeben aggregiert den Stromverbrauch für den betrachteten Zeitraum an.

Im aktuellen Markt- und Regulierungsrahmen in Deutschland unterscheidet man sogenannte *Standardlastprofilkunden* (SLP-Kunden) von *Leistungsgemessenen Kunden* (RLM-Kunden). Leistungsgemessene Kunden haben heute in der Regel einen Jahresverbrauch von mindestens 100.000 Kilowattstunden pro Jahr. Ihr Verbrauch wird individuell über eine registrierende, viertelstündige Leistungsmessung (RLM) gemessen. Dies ermöglicht aus Sicht der Anbieter eine individuelle Beschaffung von Strommengen für einen Kunden. Damit ist auch eine individuelle Preiskalkulation verbunden. Preise für

SLP-Kunden ergeben sich dagegen aus einer Summenbetrachtung und unterscheiden sich nicht nach individuellem Verbrauchsverhalten. Jedem SLP-Kunden wird ein Standardlastprofil (SLP) zugeordnet, das in etwa seinem Verbrauchsverhalten entspricht. Die Beschaffung der Mengen erfolgt dabei im Gegensatz zu RLM-Kunden für ein *Summenprofil*, das sämtliche Standardlastprofile der zu beliefernden Kunden umfasst (siehe Abschn. 2.4).

Zukünftig können mit der flächendeckenden Einführung intelligenter Messsysteme (siehe u. a. Abschn. 4.2.2) auch Kunden mit geringeren Jahresverbräuchen individuell bepreist werden, da intelligente Messsysteme die Viertelstundenverbräuche auch von Haushaltskunden messen können. Welche Verbrauchsgrenzen für die individuelle Bepreisung sich im Markt langfristig etablieren, muss abgewartet werden. Aktuell sind die gemessenen Verbrauchszeitreihen Grundlage für das zunehmende Angebot zeitvariabler und dynamischer Tarife. Zur unterschiedlichen Behandlung von SLP-Kunden und RLM-Kunden im Rahmen einzelner Funktionen des Betriebsmodells wird auf das Kap. 2 verwiesen.

Die Definition der Anwendungsbereiche beschränken sowohl die Zahl der Anbieter und Angebote als auch die Zahl der Nachfrager und grenzen somit den Vertriebsmarkt ein. So sind Teilmärkte in Deutschland für *Wärmepumpentarife* oder *Ladestrom* heute noch meist durch lokale Anbieter und Angebote für steuerbare Verbrauchseinrichtungen und nur durch wenige bundesweite Anbieter charakterisiert. Im Bereich des Ladestroms hat sich dies im Zuge der Einführung bundesweiter dynamischer e-Mobilitätstarife bereits geändert [4]. Auch die Anzahl bundesweiter Angebote von Wärmepumpentarifen wird in einem stetig wachsenden Wärmepumpenmarkt im Neubausegment und zunehmend bundesweiten Stromangeboten – auch von Heizungsherstellern – weiter zunehmen.

Abb. 1.1 zeigt im Folgenden einen Überblick über unterschiedliche Vertriebsmärkte unter Einbezug bisher beschriebenen Abgrenzungsmerkmale aus einer übergeordneten Sicht. Die dort aufgezeigten Produkte sind wesentliche Bestandteile der im weiteren Verlauf des Buches vorgestellten Geschäftsmodelle.

Mit Blick auf die Entwicklung der Anbieterzahl in bestimmten Regionen oder Postleitzahlengebieten können ergänzend **städtische Marktgebiete** mit einer hohen Anbieterzahl von eher **ländlichen Marktgebieten** mit weniger aktiven Anbietern unterschieden werden. So waren im Jahr 2022 immer noch in rund 10 % aller Netzgebiete weniger als 50 Anbieter aktiv [1]. Damit unterscheiden sich auch die angebotenen Verkaufspreise je Region beziehungsweise Postleitzahlengebiet, was zum einen an der unterschiedlichen Wettbewerbsintensität, zum andern an unterschiedlichen Netzentgelten liegt. Da SLP-Kunden ihren Standort nicht einfach wechseln können und die Preisbildung der Anbieter angesichts der lokal unterschiedlichen Markt- und Kostenverhältnisse fast immer lokal und postleitzahlenscharf erfolgt, kann gerade im SLP-Markt in Deutschland von lokal abgegrenzten Teilmärkten ausgegangen werden [5].

Weitere Abgrenzungsmöglichkeiten von Stromvertriebsmärkten ergeben sich aus Überlegungen heraus, die die **Kundensegmentierung** und damit die Einteilung von Kunden in Kundengruppen betreffen (siehe Abschn. 2.2). Diese ergeben sich aus der Mikroperspektive des anbietenden Stromvertriebsunternehmens, das beispielsweise loyale von nicht-loyalen Kunden unterscheidet. Die Mikroperspektive ist daher nur eingeschränkt auf eine übergreifende Marktsicht zu übertragen.

In Stromvertriebsmärkten gibt es eine Vielzahl von Akteuren und Rollen, die das Marktgeschehen und die Marktergebnisse ganz wesentlich mitgestalten (siehe auch Abb. 1.2).

Stromlieferanten beliefern ihre Kunden mit Strom. Die Stromlieferung erfolgt dabei i.d.R. handelsbasiert und kommerziell – d.h. mit einer Erlös- und Gewinnabsicht. Stromlieferanten müssen dazu in Deutschland ihre Tätigkeit bei der zuständigen Regulierungsbehörde (Bundesnetzagentur) anzeigen und weitere Lieferantenpflichten erfüllen (siehe Abschn. 1.2). Zur Kalkulation und Planung von Stromlieferungen benötigen sie u.a. Prognosedaten über das künftige Verbrauchsverhalten ihrer Kunden (siehe Abschn. 2.4).

Nach Energiewirtschaftsgesetz (§ 3 EnWG) sind Stromlieferanten natürliche und juristische Personen, deren Geschäftstätigkeit ganz oder teilweise auf den Vertrieb von Elektrizität zum Zwecke der Belieferung von Letztverbrauchern ausgerichtet ist [6].

Stromanbieter sind i.d.R. in der Rolle eines Stromlieferanten unterwegs. Sie müssen aber nicht zwingend Stromlieferant im Sinne des EnWG sein. Somit können beispielsweise Betreiber von öffentlich zugänglichen Ladestationen, die energierechtlich als Letztverbraucher [6] eingestuft werden, als Anbieter Ladestrom an Kunden (USER) verkaufen, der in einem Elektroauto verbraucht wird (siehe Abschn. 4.5).

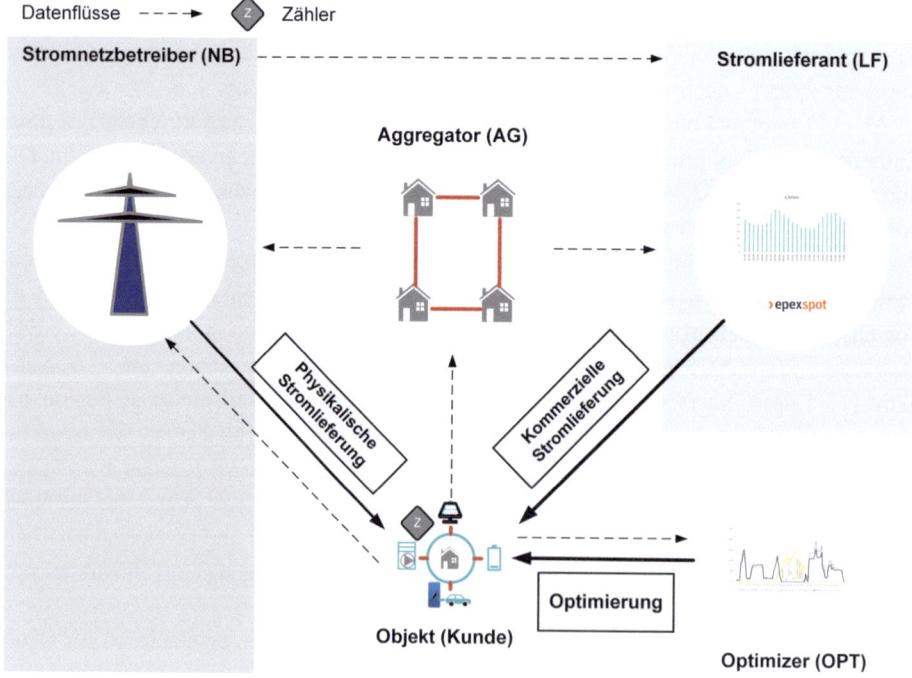

Abb. 1.2 Zusammenspiel der Rollen im Stromvertrieb (vereinfacht)

Kunden werden wie bereits beschrieben aus Sicht der Anbieter definiert. In dezentralen Stromvertriebsmärkten können sie die Rolle als Stromverbraucher, Eigenverbraucher, Eigenerzeuger und Einspeiser oder als Selbstoptimierer einnehmen. Als sogenannte Prosumer produzieren sie ihren Strom über eigene Erzeugungsanlagen und konsumieren diesen entweder komplett oder in Teilen (siehe Abschn. 4.3 und 4.4). Da Kunden Strom für bestimmte Zwecke nutzen, werden sie häufig auch als *USER* bezeichnet.

Stromverbraucher können lt. Energiewirtschaftsgesetz **Letztverbraucher** sein.

Letztverbraucher sind im energierechtlichen Sinne natürliche oder juristische Personen, die Energie für den eigenen Verbrauch kaufen [6].

Objekte beschreiben die konkrete Wohnsituation und Ausstattung der Kunden mit Einspeiseanlagen und Verbrauchsanlagen (z. B. Einfamilienhaus mit PV-Anlage, Wallbox und Wärmepumpe). Das **Objektverhalten** wird durch zusätzliche Merkmale wie die digitale Ausstattung und laufende Stromverträge der Objekte bestimmt. Objekte sind damit die wesentlichen Datenquellen für vielfältige Steuerungs- und Abrechnungsaufgaben der übrigen Akteure. Neuartige Kommunikationseinheiten wie Smart Meter Gateways werden den Datenaustausch der Objekte mit anderen Akteuren künftig stärker automatisieren (siehe Abschn. 4.2.2).

Das in Abb. 1.2 skizzierte Einfamilienhaus-Objekt mit einem Haushaltszähler (Z) wird im Rahmen der Marktkommunikation (siehe Kap. 2) und der verwendeten Begriffsdefinitionen [7] als Marktlokation (MaLo) definiert, da das Objekt Strom verbraucht (und produziert). Das Objekt ist gleichzeitig auch Messlokation, da Stromflüsse über einen Zähler (Z) gemessen werden. Aufgrund der in Abb. 1.2 enthaltenen Ausstattung des exemplarischen Objektes mit PV-Anlage und verschiedenen Verbrauchern wird von einem Zweirichtungszähler ausgegangen, der sowohl Einspeisemengen aus Solarstromproduktion als auch Verbrauchsmengen messen kann.

Stromnetzbetreiber (NB) stellen den Netznutzern wie Stromlieferanten (LF), Einspeisern und Stromverbrauchern ihre Stromnetze gegen die Zahlung regulierter Netzentgelte zur Nutzung zur Verfügung. Somit kann die physikalische Strombelieferung von Objekten zu jeder Zeit stattfinden. Zur Abrechnung der Netzentgelte und Einspeisevergütungen sowie zur Erhebung von Netzzuständen greifen Stromnetzbetreiber regelmäßig auf Zähl- und Messdaten der Objekte zu, die in Messeinrichtungen erhoben wurden und über verschiedene Kommunikationsstrecken wie Breitband-, GPS- oder Powerline-Verbindungen übertragen werden.

Messstellenbetreiber (MSB) stellen den Kunden Messeinrichtungen (Zähler) zur Verfügung, die in der Lage sind, den Stromverbrauch/ die Stromeinspeisung anhand von Zählerständen zu bestimmen. Die erhobenen Zähl- und Messdaten fließen in vielfältige Steuerungs- und Abrechnungsprozesse der übrigen Akteure ein.

Aggregatoren bündeln für Objekte (Kunden) Stromverbrauchsmengen oder Einspeisemengen (z. B. aus PV-Anlagen), um diese auf verschiedenen Märkten wie Regelenergiemärkten oder Großhandelsmärkten (siehe Abschn. 1.1.3) zu vermarkten. Dazu nutzen sie Verbrauchs- und Erzeugungsdaten der Objekte und Steuerungssysteme, die das Objektverhalten auf Anforderungen der Märkte ausrichten.

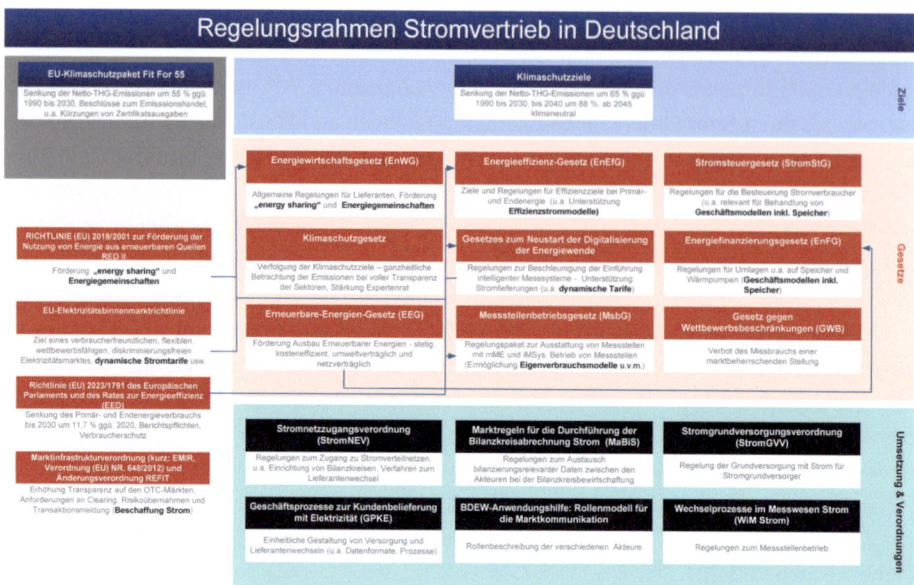

Abb. 1.3 Regelungen für den Stromvertrieb in Deutschland - nach eigener Recherche, Gestaltung in Anlehnung an Poster Gesetzeskarte für das Energieversorgungssystem (BMWK)

Optimizer (OPT) optimieren Stromlieferungen ihrer Kunden auf Basis von Effizienzmaßnahmen, Preissignalen (z.B. zeitvariable Tarife) und Algorithmen. Diese werden u.a. in Home-Energie-Managementsystemen (HEMS) zur automatischen Steuerung von Verbrauchern (z.B. Wärmepumpe, Wallbox) verwendet und sollen über ein preisangepasstes Objektverhalten Stromkosten senken. Verschiedene Optimierungsansätze wie Effizienzstrom und zeitvariable Anreizmodelle werden insbesondere in den Abschn. 4.2.3 und 4.2.4 beschrieben.

Nicht zuletzt bestimmt die nationale und Europäische Gesetzgebung wie in Abb. 1.3 abgebildet - wie sich Anbieter und Kunden in den Stromvertriebsmärkten verhalten sollen, welche Leistungen im Rahmen der vertrieblichen Wertschöpfung erbracht werden müssen, welche Angebote sich zu welchen Preisen etablieren und ob Geschäftsmodelle profitabel betrieben werden können.

In den Regelwerken bestimmen übergeordnete Strategien und Ziele auf Europäischer oder nationaler Ebene die Ausgestaltung von Gesetzen, die dann über konkrete Verordnungen und Branchendokumente von den genannten Akteuren beim Betrieb ihrer Geschäftsmodelle beachtet werden müssen.

Beispiel

Aus dem *EU-Klimaschutzpaket Fit for 55* ergeben sich Vorgaben an die Steigerung der Energieeffizienz für die einzelnen Mitgliedstaaten. Zur Umsetzung der Vorgaben werden in Deutschland über das *Energieeffizienz-Gesetz* (EnEfG) [8] bestimmte Verbraucher verpflichtet, ihrerseits Vorgaben zu erfüllen und entsprechende Maßnahmen durchzuführen. So müssen Eigentümer von Rechenzentren ab 2027 ihre Stromversorgung zu 100 % auf Erneuerbare Energien umstellen, Energie- und Umweltmanagementsysteme einführen und den Effektivitätsgrad ihrer technischen Infrastruktur (Power Usage Effectiveness) erhöhen. Zudem müssen sie umfangreiche Berichtspflichten erfüllen. Zur Erfüllung der Vorgaben werden sie von Stromlieferanten und spezialisierten Anbietern u. a. über *DIN-Normen* zur Berechnung der Energieverbrauchseffektivität, *Leitfäden* zum Aufbau von Energiemanagementsystemen und sonstigen Dokumenten unterstützt. ◄

Da im weiteren Verlauf des Lehrbuches immer mal wieder ein Blick in den teilliberalisierten Strommarkt Schweiz gerichtet wird, sind im Folgenden einige Regelungen zur Stromversorgung in der Schweiz skizziert (siehe Abb. 1.4). Diese betreffen sowohl den Stromvertrieb gegenüber großen Stromverbrauchern, die ihren Stromanbieter wählen können als auch rund 99,2 % kleinerer Stromverbraucher. Diese werden im Rahmen der Grundversorgung von ihren lokalen Verteilnetzbetreibern mit einem Standardprodukt und unterschiedlichen Wahltarifen beliefert [2].

Ausgehend vom Stromgesetz 2024 (Mantelerlass) wurden die Kostenrechnungsschemata zur Ermittlung der Stromgestehungskosten im Rahmen der Grundversorgung überarbeitet. Diese haben eine direkte Auswirkung auf die künftigen Strompreise grundversorgter Kunden. Auch neuartige Geschäftsmodelle wie der Aufbau von Lokalen Elektrizitätsgemeinschaften, Effizienz- und Flexibilitätsprodukten (Kap. 4) könnten nach dem Inkrafttreten des Strom-

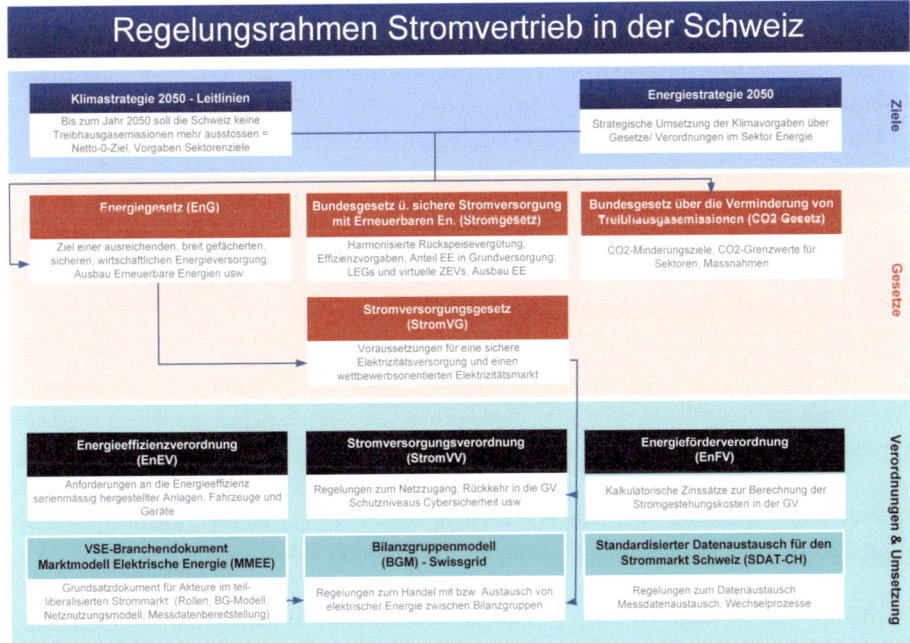

Abb. 1.4 Regelungen für die Stromversorgung in der Schweiz - nach eigener Recherche

gesetzes eine zunehmende Bedeutung erlangen. Dies hängt insbesondere von der konkreten Ausgestaltung der Verordnungen und Umsetzungsdokumente ab. Mit der vertrieblichen Umsetzung von Maßnahmen aus dem Stromgesetz können dann ebenfalls übergeordnete Ziele der Klima- und Energiestrategie wie der Ausbau Erneuerbarer Energien, die Steigerung der Energieeffizienz und die Erreichung einer Klimaneutralität bis 2050 erreicht werden.

Im Hinblick auf die Nutzung von Daten, die für das Betreiben von Geschäftsmodellen im Stromvertrieb notwendig sind, sind ergänzend folgende Regelungen zu beachten:

Die Europäische Datenschutzgrundverordnung (DSGVO) regelt den grundsätzlichen Umgang mit personenbezogenen Daten [9]. Damit betrifft die DSGVO Geschäftsmodelle, die personenbezogene Daten (z. B. aus Mess- und Steuerungssystemen) nutzen.

In Deutschland gilt das Bundesdatenschutzgesetz (BDSG). Das BDSG [10] übernimmt zum größten Teil die Regelungen der DSGVO und präzisiert diese teilweise. Regelungen des BDSG erhalten Einzug in energiewirtschaftliche Gesetze, Verordnungen und Umsetzungsdokumente (Beispiele: Messstellenbetriebsgesetz, Technische Richtlinien des Bundesamtes für Sicherheit in der Informationstechnik).

In der Schweiz gilt das Datenschutzgesetz (DSG). Das DSG [11] wird auf Bundes- und Kantonsebene angewendet. Regelungen des BDSG fließen ebenfalls in energiewirtschaftliche Gesetze, Verordnungen und Umsetzungsdokumente (Beispiele: Stromversorgungsgesetz, Standardisierter Datenaustausch für den Strommarkt Schweiz) ein.

Neben dem Schutz personenbezogener Daten müssen im Rahmen vertrieblicher Geschäftsmodelle auch Regelungen zum Einsatz von Künstlicher Intelligenz (KI) beachtet werden. Im Bereich des Stromvertriebs betriff dies beispielsweise Geschäfte, die KI-basierte Vorhersagen über das Mobilitäts- und Verbrauchsverhalten einzelner Kunden oder Objekte generieren - mit dem Ziel, Kunden über intelligente Steuer- und Kommunikationssysteme zu manipulieren oder Vorhersagedaten sogenannten Dritten (z. B. Versicherungsunternehmen) zur Verfügung zu stellen.

Der EU AI Act und die KI-Konvention des Europarats [12] schaffen dazu einen ersten Orientierungsrahmen, der aktuell über nationale Leitlinien von einzelnen Mitgliedstaaten geschärft wird.

1.1.2   Grundlagen Geschäftsmodell

Bevor das Geschäftsmodell Stromvertrieb beschrieben wird, soll zunächst ein grundlegendes Verständnis zu Begrifflichkeiten und Funktionsweisen von Geschäftsmodellen erarbeitet werden. Dazu wird zunächst der Begriff Geschäftsmodell in seine Einzelteile aufgespalten.

▶ Geschäft = Austauschbeziehung zwischen mindestens zwei Akteuren, die darauf abzielt, einen Bedarf zu decken oder einen bestimmten Wert für die Beteiligten zu schaffen [13].

▶ Modell (lat. modulus) = das vereinfachte Abbild einer Wirklichkeit; stellt Elemente dar, die miteinander in einer Beziehung stehen [14].

Modelle verfolgen unterschiedliche Ziele: *Entscheidungsmodelle* suchen anhand von mathematischen Gleichungen optimale Lösungen für Entscheidungen. *Simulationsmodelle* simulieren unterschiedliche Inputs und deren Wirkung auf Outputs. *Gestaltungsmodelle* bilden gestalterische Schaffensprozesse wie Software- und Hardwarekonstruktionen ab.

▶ Geschäftsmodelle = in Anlehnung an Johnson, Christensen, Kagermann [15] Modelle, die das Zusammenwirken unterschiedlicher Ressourcen und Kräfte zur Erzielung eines Ertrags beschreiben.

Der im Kontext des Lehrbuchs wichtige Begriff *Business Model* stammt aus dem angelsächsischen Sprachgebrauch. Er betont die Konzeption eines Geschäfts und damit die Gestaltung der (geschäfts-)spezifischen Transaktionsbeziehungen zwischen unterschiedlichen Akteuren. Im Fall des Stromvertriebs sind Akteure insbesondere Messstellenbetreiber, Lieferanten, Händler und Endkunden.

Je nachdem, welche Austauschs- und Transaktionsbeziehungen im Modell fokussiert betrachtet werden, werden unterschiedliche *Geschäftsmodelltypen* unterschieden:

Markt- und systemorientierte Modelle [16] stellen den Austausch von Unternehmen mit Elementen ihrer sogenannten Umwelt wie Kapitalgeber, Gesellschaft und Kunden, Technologien, Wirtschaft oder Natur in den Mittelpunkt der Betrachtung (siehe Abb. 1.5). Der durch den Austausch erzielte Unternehmenswert wird insbesondere durch die Marktposition eines Unternehmens gebildet. Eine starke Marktposition ermöglicht die Ausübung von Marktmacht gegenüber den genannten Elementen. Mit Marktmacht lassen sich Verkaufspreise gegenüber Kunden besser durchsetzen oder Einkaufspreise gegenüber Lieferanten reduzieren. Marktmacht ermöglicht zudem den Zugang zu Kapitalmärkten und zu güns-

Abb. 1.5 Marktmodell

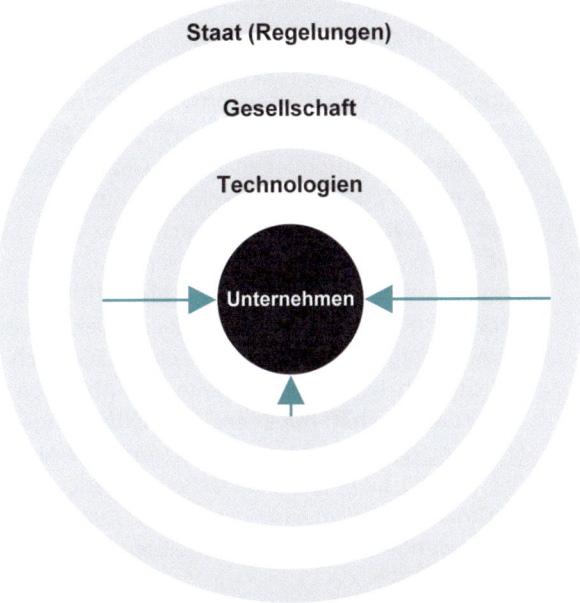

tigen Kapitalkosten zur Finanzierung notwendiger Investitionen. Marktposition und Marktmacht sind wiederum das Ergebnis unternehmerischer Entscheidungen, welche die Entwicklungen der Umweltelemente bestmöglich berücksichtigen. Das heißt auch, dass aus Sicht von Unternehmen die Marktumwelt permanent beobachtet werden sollte, um Veränderungen frühzeitig zu erkennen und diese im Hinblick auf die eigene Position im Markt zu bewerten. Die Veränderung des Geschäftsmodells kann dazu beitragen, dass eine bestehende Position im Markt verteidigt, ausgebaut oder gar geschwächt wird.

▶ **Aus der Praxis** Ein Stadtwerk in der Schweiz betreibt Geschäftsmodelle in den Vertriebsmärkten Stromgrundversorgung, Strommarktverträge und Energiedienstleistungen (u. a. Aufbau und Betrieb von PV-Anlagen) und hat in seinem Bestandsgebiet eine führende Marktposition. Nach Verabschiedung des Stromgesetzes soll nun geprüft werden, ob und wie einzelne *Regelungen* auf die Geschäftsmodelle wirken und ob Marktpositionen im Bestandgebiet gefährdet sind. Dazu beauftragt die Geschäftsleitung den Bereich Vertrieb mit der Erstellung eines Strategie-Reviews. Dieses beinhaltet die Aufstellung sämtlicher Regelungen mit Einfluss auf die bestehenden Geschäftsmodelle, Prämissen in Bezug auf die Gefährdungslage sowie konkrete Handlungsempfehlungen zur Sicherung der Marktpositionen.

Für die Stromgrundversorgung konnte festgestellt werden, das durch die Veränderung von Kalkulationsgrundlagen wie

- Mindestanteil Eigenproduktion von Erneuerbaren Energien,
- Pflicht zum Angebot eines Standardproduktes mit Fokus auf Produktionsanlagen im Inland,
- Absicherung der Kunden gegen Preisausschläge über langfristige Beschaffungsverträge

angesichts eigener Wasserkraftwerke mit niedrigen Stromgestehungskosten und bereits abgeschlossenen, langfristigen Beschaffungsverträgen keine gravierenden Preiserhöhungen in der Grundversorgung zu erwarten sind. Die noch verbliebenen marktberechtigten Kunden in der Grundversorgung sollen über zusätzliche Mehrwerte (Transparenz über die aktuelle Stromerzeugung und CO_2-Emissionen) gehalten werden. Damit wird grundsätzlich die bestehende Marktposition gestärkt. Absatzrisiken ergeben sich jedoch im Hinblick auf die Einführung von Lokalen Elektrizitätsgemeinschaften (LEG), da grundversorgte Kunden, die sich einer LEG anschließen nun zunehmend mit LEG-Strom beliefert werden (siehe auch Abschn. 4.4.3).

Für das Geschäft mit Energiedienstleistungen wurde festgestellt, dass die Erhöhung der Einmalvergütung für große PV-Anlagen (mit einer Leistung größer als 100 kWp) auf Parkflächen angesichts steigender Preise für Stahlkonstruktionen nicht ausreicht, um den Aufbau und Betrieb von Solar-Carports weiter wettbewerbsfähig zu betreiben und man sich perspektivisch aus dem

Geschäft verabschiedet. Zudem führt die Absenkung der Einmalvergütung für übrige PV-Anlagen sowie allfällige Abregelungen durch Stromnetzbetreiber zu einem Nachfragerückgang von PV-Anlagen bei Einfamilienhäusern und entsprechenden Absatzrisiken. Bestehende Vereinbarungen mit Fremdfirmen (Installateuren) zum Aufbau solcher Anlagen werden daraufhin geprüft und angepasst.

Marktchancen werden insbesondere bei der „Bespielung" eines neuen Effizienzdienstleistungsmarktes gesehen – z. B. über das Angebot von Effizienzprodukten und beim Aufbau eines Effizienz-Zertifikate-Handels. Hier gilt es in den nächsten Jahren entsprechende Marktpositionen systematisch aufzubauen.

Leistungsorientierte Modelle [17] zielen primär auf den *Content-* oder *Leistungserstellungsprozess* eines Unternehmens ab. Sie betrachten schwerpunktmäßig die innerbetriebliche *Wertschöpfung* und *Funktionen* eines Unternehmens – angefangen bei der Beschaffung von Roh-, Hilfs- und Betriebsstoffen über die Konzeption und Herstellung von Produkten oder Dienstleistungen (Produktion) bis zur Belieferung von Kunden über einen Vertrieb (Abb. 1.6).

Ertragsorientierte Modelle [18] beschreiben anhand verschiedener *Erlös-* und *Kostenquellen* die Logik der Margen- beziehungsweise Ertragserzielung. In Abb. 1.7 ist die *Ertragslogik* eines einzelnen Verkäufers dargestellt. Der Verkäufer nimmt das Angebot von einem Lieferanten an, ein Produkt (hier einen Batteriespeicher) zu einem Preis zu kaufen. Er überweist dem Lieferanten den angebotenen Betrag und bietet das gleiche Produkt einem Kunden zu einem höheren Preis an. Der Kunde nimmt das Angebot an und überweist dem Verkäufer den Geldbetrag zum vereinbarten Preis. Der Verkäufer erzielt aus dem Geschäft einen Erlös, der in diesem vereinfachten Fall genau dem Verkaufspreis des Produktes ent-

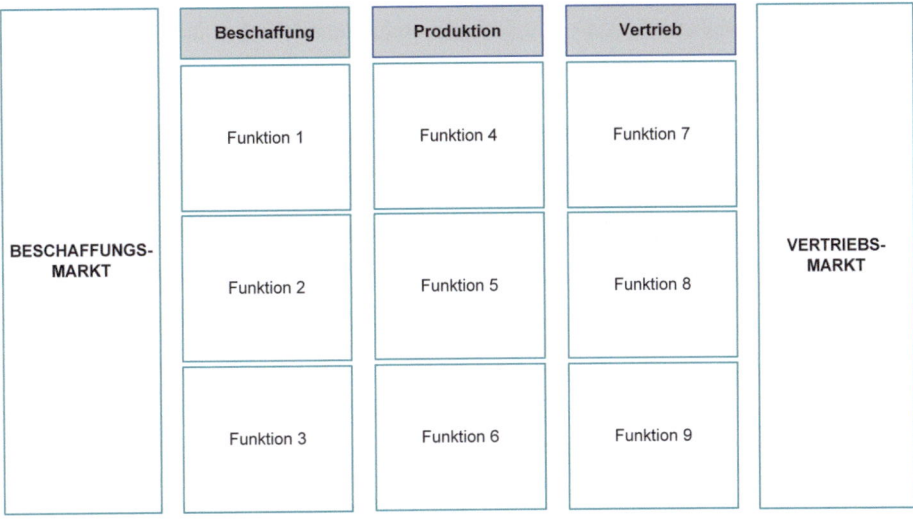

Abb. 1.6 Leistungsmodell

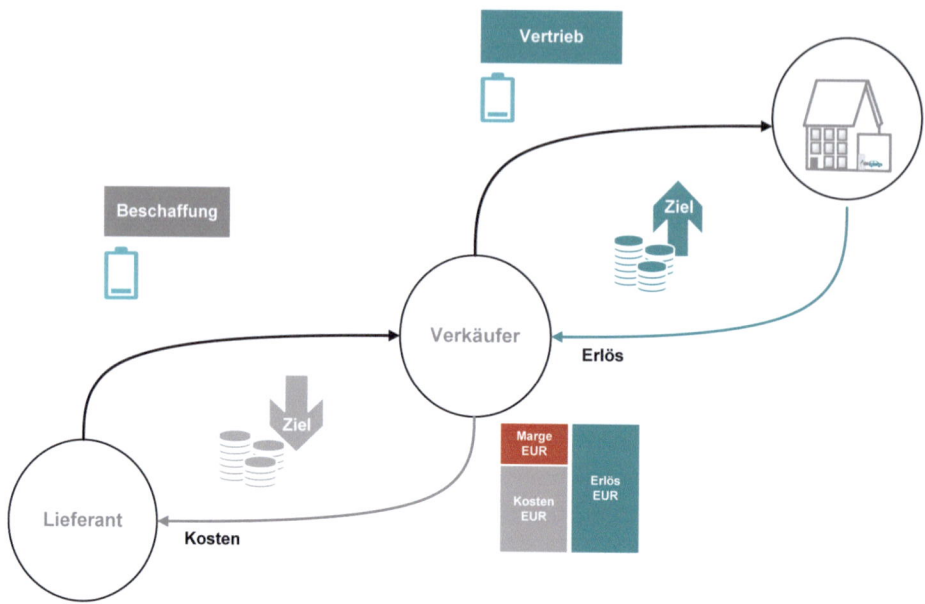

Abb. 1.7 Ertragsmodell

spricht. Seine Erlösquelle ist somit der Produktverkauf. Die Ertragslogik des Verkäufers und seines Geschäftsmodells besteht darin, einen Erlös zu erzielen, der höher ist als seine Beschaffungskosten. Dazu hat er zwei wesentliche Hebel, die er einsetzen kann. Er kann gegenüber seinem Lieferanten einen niedrigen Preis aushandeln oder gegenüber seinem Kunden einen möglichst hohen Preis durchsetzen. Beide Varianten führen zu einer Erhöhung seiner (Roh-)Marge.

Ein Modell, welches Elemente sämtlicher Geschäftsmodelltypen aufgreift, ist das sogenannte *Canvas-Modell* [19].

Das Canvas-Modell eignet sich insbesondere zur ersten Skizzierung und Beschreibung von Geschäftsideen und enthält die neun Bausteine Kundensegmente, Wertangebot, Kanäle, Kundenbeziehungen, Einnahmequellen, Schlüsselressourcen, Schlüsselaktivitäten, Schlüsselpartner und Kostenstruktur.

Der Baustein *Kundensegmente* beschreibt ausgehend von Kundenbedürfnissen, welche Kunden mit dem Angebot bedient werden sollen. Mit dem Baustein *Wertangebot* wird aufgezeigt, welche Mehrwerte das Angebot für Kunden generiert. Mit *Kanälen* werden sämtliche Interaktions- und Transaktionskanäle skizziert, über die das Angebot an die Kundensegmente vermittelt und vertrieben wird. Die *Kundenbeziehung* beschreibt, welche Art der Beziehung zum Kunden aus Sicht des Anbieters angestrebt wird (Beispiele: langfristig oder kurzfristig, persönlich oder unpersönlich, emotional oder rational) und wie die Beziehung zum Kunden aufgebaut werden soll. Der Baustein *Einnahmequellen* beschreibt die wesentlichen Erlösquellen (Beispiele: Erlöse aus dem Stromverkauf, Erlöse aus der Stromvermittlung) und die Erlösmechanik (Beispiele: einmalige Zahlungen, wiederkehrende Zahlungen). *Schlüsselressourcen* geben an, welche Ressourcen (Beispiele: Personalressourcen, IT-Systeme) auf jeden Fall zum Aufbau und Betrieb des Geschäftsmodells benötigt werden. Schlüsselressourcen leiten sich von *Schlüsselaktivitäten* ab, mit denen das Geschäftsmodell aufgebaut und betrieben wird. Unter *Schlüsselpartner* versteht man Partner, die das Geschäftsmodell langfristig mitgestalten. Neben Lieferanten können dies u. a. Kunden, externe Fachkräfte, Forschungseinrichtungen oder Kapitalgeber sein. Die *Kostenstruktur* ergibt sich aus den monetär bewerteten Schlüsselressourcen und wird durch das Verhältnis von verschiedenen Kostenarten (Beispiele: Personalkosten, Kapitalkosten) sowie zwischen fixen und variablen Kosten bestimmt.

Zur Beschreibung des Geschäftsmodells Stromvertrieb werden die in Abb. 1.8 aufgezeigten Teilmodelle herangezogen. Die Auswahl und inhaltliche Füllung der Teilmodelle erfolgt auf der Grundlage eigener Systematiken. So wird zur Einordung des Stromvertriebs in den Kontext der Stromversorgung zunächst die Wertschöpfung der Stromversorgung mit Fokus auf die klassische *Wertschöpfungskette* betrachtet. Das *Leistungsmodell* des Stromvertriebs bezieht sich dabei auf die vertriebliche Wertschöpfung zur Entwicklung und zum Verkauf von Produkten. In Abgrenzung zum Betriebsmodell (Kap. 2) fokussiert das Leistungsmodell des Stromvertriebs auf wesentliche Funktionen der Leistungserstellung. Grundsätzliche Mechanismen zur Erzielung von Preisen und Erlösen werden im Rahmen des *Preis- und Erlösmodells* skizziert. Im Rahmen des *Angebotsmodells* werden unter Beachtung der gesetz-

Abb. 1.8 Teilmodelle eines Geschäftsmodells

lichen Rahmenbedingungen Differenzierungsmöglichkeiten von Stromangeboten aufgezeigt. Das *Ergebnismodell* zeigt wesentliche Kausalitäten zur Erzielung von Ergebnissen auf. Das Ergebnismodell beinhaltet dabei auch *Investitionen und Kosten*, die im Hinblick auf die Ergebniserzielung anfallen.

1.1.3 Die Wertschöpfung der Stromversorgung

Da der (klassische) Stromvertrieb ein Teil der Stromversorgung ist, wird zunächst die Wertschöpfungskette der Stromversorgung beschrieben. Die Wertschöpfungskette der Stromversorgung zeigt, wie durch die Kombination verschiedener Produktionsfaktoren das Endprodukt Strom und ein damit verbundener Nutzen für Endkunden entsteht. Die Stromversorgung in Deutschland wurde zu Beginn der Elektrifizierung zunächst dezentral organisiert bevor sie im Zuge der Industrialisierung zunehmend zentralistisch wurde.

Die Wertschöpfung der dezentralen Stromversorgung hat seine Ursprünge Ende des 19. Jahrhunderts. Die ersten Stromversorgungsunternehmen waren dezentrale und dampfgetriebene Kesselblockanlagen, die umliegende Zechen und Fabriken und später stationäre Beleuchtungsanlagen mit Gleichstrom versorgten. Die damalige Wertschöpfung kann anhand eines Leistungsmodells (Abb. 1.9) wie folgt beschrieben werden: Die für die Stromerzeugung benötigte Kohle wurde von Kohlezechen bezogen und bezahlt. Im Produktionsprozess wurde die Kohle zur Erzeugung von Dampf verwendet. Der Dampf trieb einen Dynamo an und erzeugte Strom. Der Strom wurde dann über kurze Verbindungsleitungen innerorts an die Kunden geliefert. Diese nutzten den Strom für Beleuchtungszwecke. Da es zu dieser Zeit noch keine Stromzähler gab, wurde der Erlös mit einem Pauschaltarif pro Zeiteinheit und gemäß Anzahl der angeschlossenen Beleuchtungsanlagen generiert.

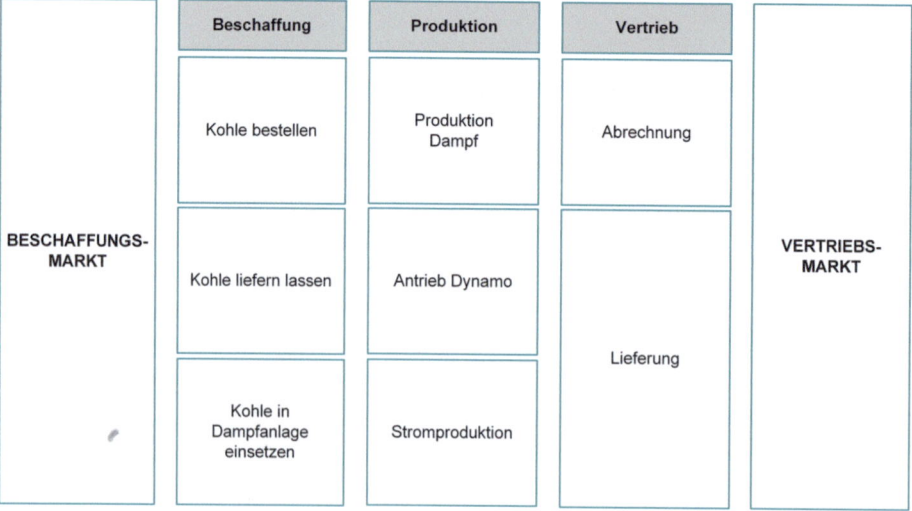

Abb. 1.9 Historisches Leistungsmodell eines Stromversorgers

In der Regel deckte der Tarif mindestens die variablen Kosten für die Beschaffung der Kohle sowie kapitalgebundene Kosten der Stromproduktion und Lieferung über erste Stromleitungen. Auch Demand Side Management als gezielte Steuerung der Stromnachfrage wurde notwendig, da die gleichzeitige Nutzung einer bestimmten Anzahl von Lampen die Lichtqualität minderten. Kunden wurden daher wie in Gummersbach per Anzeige über lokale Zeitungen aufgefordert, ihren Lichtkonsum zu bestimmten Zeiten zu reduzieren [20].

Mit der Entwicklung von Gleichstromzählern änderte sich das bisherige Leistungs- und Ertragsmodell durch die Einführung verbrauchsorientierter Tarife. Jetzt konnten Kunden verbrauchsscharf nach Kilowattstunden (kWh) abgerechnet werden. Dies erforderte neben einem verbrauchsabhängigen Tarif die Installation von Zählern, das regelmäßige Messen der Zählwerte sowie die Erstellung verbrauchsabhängiger Abrechnungen. Einer der ersten verbrauchsabhängigen Stromtarife war im Übrigen ein integrierter Beleuchtungstarif für das königliche Schauspielhaus in Berlin, der für 80 Pfennig je Kilowattstunde vom ersten öffentlichen Stromversorgungsunternehmen der Electricitäts-Werke Berlin angeboten wurde [21].

Mit der Entwicklung von großen Dampfturbinen Anfang des 20. Jahrhunderts veränderte sich das Umfeld der stromversorgenden Unternehmen, die ihr Geschäftsmodell abermals anpassten. Es setzte sich die Erkenntnis durch, die Kilowattstunde (kWh) Strom günstiger in großen Zentralen Kraftwerken zu erzeugen und über Wechselstromleitungen in die Verbrauchszentren zu transportieren und dort zu verteilen. Das Geschäftsmodell des *Vorlieferanten* in Form von Überlandwerken entstand. Diese erzeugten und lieferten Strom an eine Vielzahl von Stadt- und Ortsversorgungen, die wiederum die Kunden in ihrem Netzgebiet zu Stadt- oder Ortstarifen belieferten. Mit rund 10.000 hatte die Anzahl der Stadt- und Ortsversorgungen 1936 in Deutschland ihren Höhepunkt erreicht [21]. Das war auch die Zeit des Energiewirtschaftsgesetzes (EnWG), das alle Stromversorgungsunternehmen verpflichtete, nun ihren Strom nach einheitlichen Versorgungsbedingungen und zu allgemeinen Tarifen durchzuführen. Die Kostenorientierung der Tarife sollte zudem verhindern, dass die Gebietsmonopolisten ihre marktbeherrschende Stellung preismissbräuchlich gegenüber ihren Kunden ausnutzen. Die Orientierung der Tarifbildung an den Kosten prägte bis zur Abschaffung der Bundestarifordnung Elektrizität BTO Elt im Jahr 2007 ganz wesentlich die Ertragslogik in der traditionellen Stromversorgung. Danach mussten Stromversorgungsunternehmen ihre Tarife von Preisbehörden der verschiedenen Bundesländer genehmigen lassen. Und auch heute noch gilt das Grundprinzip der Kostenorientierung bei der Stromtarifierung in Ländern wie der Schweiz, Frankreich oder Italien, die bestimmte Kundensegmente im Rahmen einer regulierten Grundversorgung beliefern.

Die Wertschöpfung der zentralen Stromversorgung vollzieht sich auf der in Abb. 1.10 dargestellten *Wertschöpfungskette*. Teile der Wertschöpfungskette wie Erzeugung, Beschaffung und Vertrieb spielen sich in Deutschland heute weitgehend unter Marktbedingungen ab. Netzbezogene Teile wie Stromtransport, Stromverteilung und übergeordnete Aufgaben zur Sicherstellung des Gesamtsystems werden reguliert. Die Wertschöpfung kann sich je nach Blickwinkel auf *physikalische* oder *kommerzielle* Dimensionen beziehen. Um ein grundlegendes Verständnis der Wertschöpfung zu vermitteln, werden im Folgenden beide Dimensionen betrachtet.

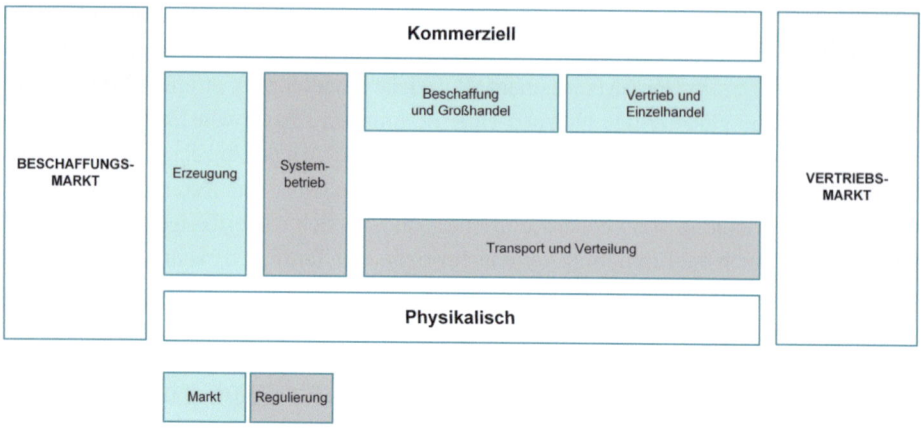

Abb. 1.10 Wertschöpfungskette Stromversorgung in Deutschland

Die Strom- beziehungsweise Elektrizitätsversorgung beginnt nach *physikalischer Denk-weise* mit der Beschaffung von Primärenergien wie Erdgas, Braunkohle oder Steinkohle auf den jeweiligen Beschaffungsmärkten. Die Primärenergien werden in Brennstoffe (Beispiel: Kohlestaub) umgewandelt und im Rahmen thermodynamischer Prozesse in einem Kraft-werk zur Erzeugung elektrischer Energie eingesetzt. Die erzeugte elektrische Energie wird in ein aufnehmendes Netz eingespeist, über ein weit verzweigtes Höchst-, Hoch-, Mittel-spannungs- und Niederspannungsnetz transportiert und schließlich an verschiedene Ab-nehmer verteilt. Diese nutzen die elektrische Energie dann für unterschiedliche Nutzenergien (Beispiele: Wärme, Kälte, Kraft, Mobilität). Eine besondere physikalische Herausforderung besteht darin, die für den Systembetrieb notwendige Gleichzeitigkeit von Stromangebot und Stromnachfrage zu jedem Zeitpunkt sicherzustellen. Dies kann nur durch ein intelligentes Zusammenspiel von Erzeugern, Stromnetzbetreibern, Stromvertrieben und Endkunden be-wältigt werden kann. Dies gilt für den möglichst effizienten Netzausbau genauso wie für die Bereitstellung von Regelleistung zum Ausgleich von physikalischen Netzschwankungen.

Die kommerzielle Betrachtung bezieht sich auf die Erzielung von Erlösen und Erträgen durch verschiedene Akteure, die auf unterschiedlichen Stufen der Wertschöpfungskette tätig sind.

Im kommerziellen Großhandel bilden sich Preise nach Stromangebot und Stromnach-frage. Erzeuger (Anlagenbetreiber) bieten Strommengen an. Nachfrager wie Vertriebsunter-nehmen fragen Strommengen nach. Der im Folgende skizzierte vereinfachte Marktmechanis-mus bezieht sich auf Day Ahead Auktionen von Spotmärkten (hier EPEX Day Ahead Spot).

Das Stromangebot kann man demnach als eine Vielzahl von Verkaufs-Angeboten der Be-treiber betrachten, die preisaufsteigend („Merit-Order-Prinzip") angeordnet sind und auf eine Tauschplattform hochgeladen werden. Dabei bieten Anlagenbetreiber Strommengen zu Prei-sen an, die sich auf oder oberhalb ihrer variablen Kosten (insbesondere Brennstoffkosten) be-finden. Damit ist sichergestellt, dass diese Angebote Erlöse erzielen, die mindestens die va-riablen Kosten des Anlagenbetriebs decken und damit für die Anbieter eine Marge sichern.

Die Stromnachfrage kann man als eine Vielzahl von Kauf-Angeboten betrachten, die ebenfalls auf die Tauschplattform hochladen werden. Ordnet man diese absteigend nach

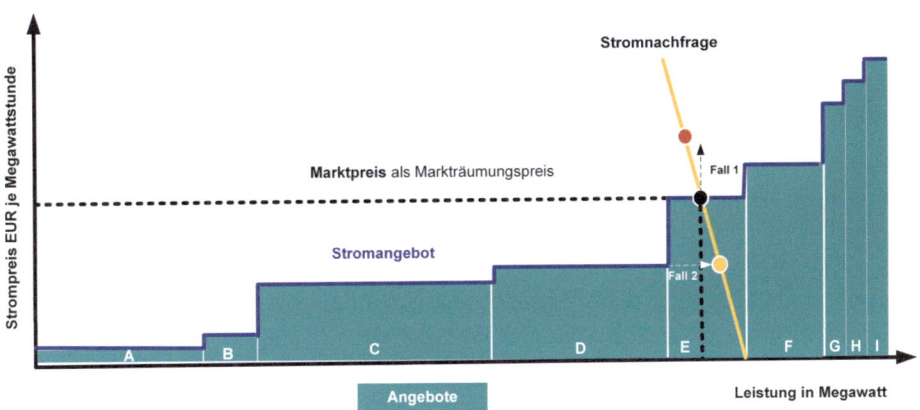

Abb. 1.11 Exemplarische Strompreisbildung (Merit-Order)

Preisen, entsteht die Stromnachfrage. Diese ist im Strommarkt relativ preisunelastisch – d. h. Preisänderungen haben nur geringe Auswirkungen auf die Stromnachfrage, da Strom unabhängig vom Preisniveau immer nachgefragt wird. Bildet man Stromangebot und Stromnachfrage anhand der Kauf- und Verkaufsdaten ab, erhält man die in Abb. 1.11 stark vereinfachten Angebots- und Nachfrageverläufe, die sich im Markträumungspunkt schneiden. Im Markträumungspunkt wird die Nachfragemenge über Angebote exakt bedient. Der sich ergebende Marktpreis „räumt" den Markt als Markträumungspreis somit leer.

Anbieter, die einen niedrigeren Preis als den Markträumungspreis angeboten haben (A,B,C,D), profitieren. Diese können mit ihren angebotenen Mengen nun Erlöse erzielen, die oberhalb ihrer variablen Kosten liegen. Anbieter, die einen höheren Preis als den Markträumungspreis (F,G,H,I) angeboten haben, können ihre geplanten Strommengen - zumindest in der betrachteten Marktauktion - nicht mehr absetzen und müssen sich ggfls. andere Märkte suchen.

Auch vorgelagerte Beschaffungsmärkte haben einen Einfluss auf Marktpreise. Steigen wie im Fall 1 angedeutet Brennstoffpreise (z. B. Erdgaspreise) steigen die Angebotspreise derjenigen Anbieter, die diese Brennstoffe in ihren Erzeugungsanlagen nutzen. Sollten diese Betreiber zudem relevant sein, um die Stromnachfrage zu decken, würde auch der Marktpreis steigen.

Insbesondere in Stunden mit hohen Erzeugungsmengen aus Erneuerbaren Energien sind die Marktpreise niedrig, da ein Großteil der Stromnachfrage in diesen Stunden bereits über kostengünstige Einspeisemengen aus Erneuerbare Energien gedeckt werden kann. Hochpreisige Angebote wie „E" kommen somit nicht zum Zuge. Niedrige und zum Teil negative „grüne" Marktpreise stellen sich in sonnenreichen Monaten meist im Zeitfenster zwischen 10:00 und 14:00 ein, da in diesen Stunden viel Solarstrom aus PV-Anlagen produziert und ins Stromnetz eingespeist wird (siehe Abb. 1.12).

Im Vertrieb beziehungsweise Einzelhandel verkaufen Stromanbieter Stromprodukte an Endkunden. Die Beschaffung entsprechender Mengen zu Großhandelspreisen ist dabei wesentliche Kernaufgabe - sie wird im Abschn. 2.4 im Detail beschrieben. Mit der Entwicklung kon-

01:00	02:00	03:00	04:00	05:00	06:00	07:00	08:00	09:00	10:00	11:00	12:00	13:00	14:00	15:00	16:00	17:00	18:00	19:00	20:00	21:00	22:00	23:00	00:00
57,86	56,94	57,9	63,4	91,8	94,44	99	92,19	92,72	87,27	79,22	69,92	60,12	57,27	56,96	68,5	81,74	96,05	108,81	111,84	102,55	92,78	89,38	77,54
69,62	67,07	70,23	87,16	103,61	111,90	98,37	89,38	79,07	64,5	52,02	33,08	24,88	21,24	29,15	52,56	69,26	83,92	81,87	78,77	65,7	38,57	19,97	0,61
3,44	5,61	7,2	24,8	47,38	63	70	58,9	45,45	34,52	27,01	21,25	17,43	17,7	21,94	45,01	79,78	98,26	96,6	98,82	94,38	87	90,14	83,85
80,92	79,25	82,77	88,18	108,68	123,76	120,67	105,07	95,16	90,68	86,92	80,81	77,84	77,08	82,89	95,04	103,46	134,86	139,6	128,95	111	98,49	101,55	94,9
92,58	90,3	90,24	90,54	94,7	93,03	93,19	89	80,1	75,18	65,01	58,91	58,04	65,85	79,73	99,16	107,62	123,1	128,99	109,23	99,08	87,34	89,1	88,09
79,07	79,08	75,06	84	75,1	68,61	67,46	61,11	49,09	43,85	33,92	12,07	17,98	9,09	12,1	35,17	62,03	72,61	76,85	77,15	71,86	55,4	54,4	47,57
30,83	7,01	3,55	0,03	86,32	73,38	65,14	44,94	4,37	1	-0,01	-0,81	-4,33	-9,99	-4,32	-0,04	0,16	13,69	30,71	41,83	1,07	-0,07	-4,28	-6,03
-4,2	-5,92	-3,74	-2,09	0,09	14,32	-0,09	-2,7	-6,79	-13,18	-15,73	-20,09	-21,77	-16,1	-8,9	-0,82	1,07	87,59	83,98	98,18	87,59	58,98	79,9	72,18
70,03	67,81	74,12	83,95	98,16	105,7	106,44	99,65	88,97	81,65	62,62	61,51	42,02	57,49	67,7	88	99,45	118,91	139,08	131,62	122,47	100,96	96,27	91,99
89,15	79,98	88,82	93	134,27	192,81	110,21	96,9	82,19	67,04	67,05	39,07	44,92	65,57	80,01	93,38	102,88	171,76	203,6	144,49	115,49	101,29	111,31	106,39
104,77	99,75	102,29	106,8	143,29	143,29	115,07	100,2	84,51	73,69	41,42	30,19	37,23	58,01	84,58	97,98	112,78	140,81	166,66	133	117,88	103,78	103,54	98,2
97,7	95,92	93,91	98,92	95,49	100	99,54	87,5	76,25	67,06	51,64	24,51	6	0,92	20,4	67,58	92,54	106,47	111,18	112,38	108,05	101,66	90,1	84,6
78,8	69,66	69	72,02	77,69	76,74	70,81	50,39	28,21	14,13	5,87	1,06	1,46	6,76	17,45	72,66	99,17	108,17	116,02	120	120,18	114,08	98,01	89,63
84,5	88,37	94,61	110,38	130,99	142,87	116,86	99,07	83,67	77,31	69,93	63,69	67,11	74,1	82,5	101,69	123,87	137,29	161,07	130,86	110,99	101,06	99,6	92,65
92,16	89,96	87,67	92,71	113,68	135	120,58	94,7	79,97	73,98	62,34	30,98	28,54	45,85	70,26	96,02	108,67	126,06	142,61	133,04	125,44	107,89	106,8	97,45
93,38	94,47	97	99,5	119,09	146,01	129,58	109,51	99,31	94,44	91,64	86,91	89,83	93,11	97,21	110,79	131,22	156,1	180,03	136,1	119,9	99,99	104,88	98,38
97,95	95,14	95,14	102,4	134,72	136,4	134,11	115,2	103,07	95,21	91,62	89,93	89,98	94,09	100	113,45	131,92	192,03	145,62	128,88	116,63	107,3	105,09	101,76
101,03	103,17	101,99	104,41	120,8	140,63	122,45	106,85	95,85	89,05	86,28	82,85	84,16	89,17	95,35	108,26	128	161,38	150,24	127,47	109,29	100,23	99,2	95,88
94,4	93,64	95,9	95,9	99,9	90,21	83,02	79,37	69,4	41,83	25,45	10,86	12,29	29,01	74,42	100,45	115,46	140,18	129,39	132,59	123,71	112,54	113,99	110,59
105,17	105,02	103,01	104,61	104,72	99,69	98,99	86,62	73,31	44	19,23	13,25	13,84	33,81	78,98	95,1	112	128,8	140	135,54	126,71	111,95	111,95	101,67
98,71	95,07	97,71	106,22	138,84	160,93	137,27	115,13	104,04	96,77	92,64	89,96	95,1	95,57	100	118,67	142,78	186,73	203,45	166,35	136,01	115	113,69	104,94
103,47	103,61	106,29	112,51	136,51	150,87	136,95	115,91	102,4	99,67	93,57	92,58	92,44	97,16	99,95	108,94	145,18	192,83	206,48	166,3	145,8	127,6	123,89	112,67
109,9	106,38	110,2	115,11	141,11	162	157,41	136,5	119,85	111,75	102,34	98,86	97,35	104,63	117,08	144,2	225,5	276,13	291,92	240,79	172,82	138,67	133,82	124,95
118,05	114,58	121,73	136,28	164,9	165,62	163,63	131,97	113,51	108,94	108,99	107,48	111,39	116,03	122,88	158,97	211,78	284,91	349,29	187,64	159,27	130,09	105,24	96,24
95,71	95,9	96,76	103	124,22	135,12	139,42	129,03	116,67	110,61	101,95	100	95,58	93,27	100,82	122,02	142	161,26	151,43	138,13	127,89	107,89	109,9	104,1
101,91	99,52	96,12	93,63	95,48	95,9	98,3	92,64	85,11	80,38	69,91	46,27	56,38	80,53	86,87	95	103,76	123,82	192,21	130,02	122,98	110,63	102,39	98,31
96,91	96	99,16	98,07	99,16	96,32	94,1	94,92	93,24	93,98	93,26	87,6	87,87	89,06	96,33	105,62	119,94	129,13	125,08	127,14	119	102,99	93,31	88,52
85	80,66	85,24	93,35	111,18	140,51	145,66	124,55	116,58	114,86	105,07	100,25	100,59	117,58	116,47	150,15	182,85	174,98	166,73	142,4	123,72	107,94	103,09	96,97
95,04	95,04	95,86	98,81	121,88	147,16	168,78	150,84	131,77	116,98	111,19	102,85	100,15	107,64	114,09	140,63	155,85	170,81	182,6	136,68	122,08	102,81	100,12	92,6
96,36	94,57	96,81	97,68	128,15	144,13	139,91	124,7	110,29	99,3	97,74	95,58	94,1	96,65	95,74	115,33	139,92	189,02	168,99	134,4	119,49	101,59	96,31	91,76
91,43	90,81	88,47	91,43	105,41	141,51	127,72	114,13	96,87	92	90,06	88,04	88,25	87,01	89,01	99,72	119,05	148,55	139,18	125,5	106,03	96,89	98,9	95,97

Abb. 1.12 Großhandelspreise, Day-Ahead, Marktgebiet DE/LU für August 2023 [22]

kreter Stromangebote beschäftigen sich insbesondere die Abschn. 1.2.2 und 1.2.3. *Im Bereich des Stromnetzbetriebs* ermöglichen Stromnetzbetreiber mit ihrer Netzinfrastruktur den sicheren Stromtransfer zwischen verschiedenen Erzeugungs- und Entnahmestellen.

Die eigentliche DNA einer eher zentral ausgerichteten Stromversorgung kann aus dem *Energiewirtschaftsgesetz (EnWG)* abgeleitet werden. Gemäß § 1 EnWG besteht der Zweck einer möglichst sicheren, preisgünstigen, verbraucherfreundlichen, effizienten, umweltverträglichen und treibhausgasneutralen leitungsgebundenen Versorgung der Allgemeinheit mit Elektrizität [6]. Sämtliche Wertschöpfungsstufen tragen dabei im Idealfall zur Zielerreichung bei. Auf der Stufe des Einzelhandels bilden sich Verkaufspreise in einem intensiven Preiswettbewerb. Ein wettbewerblich organisierter Großhandel für unterschiedliche Produkte (langfristige Terminprodukte, kurzfristige Spotprodukte) sorgt - wie weiter oben skizziert wurde - über Marktpreise für den Ausgleich von Angebot und Nachfrage auf unterschiedlichen Handelsmärkten. Eine staatlich verordnete Anreizregulierung sorgt dafür, dass Stromnetzbetreiber für den Zugang zu Transport- und Verteilnetzen keine monopolistischen Preise erzielen und Anreize haben, ihre Netze sicher und effizient zu betreiben.

Während Erlöse, die für den Betrieb und zur Aufrechterhaltung der Netzinfrastruktur von den verschiedenen Netzbetreibern generiert werden, reguliert sind, bilden sich Preise für *Regelleistung* (Anmerkung: Leistung, die zum Ausgleich von Leistungsschwankungen im Stromnetz aufgebracht wird und zur Aufrechterhaltung der Normalfrequenz von 50 Hz dient) ebenfalls auf wettbewerblich organisierten Märkten. Dabei unterscheidet man Märkte für Primärregelleistung, Sekundärregelleistung und Minutenreserveleistung. Unter *Primärregelleistung* versteht man eine Leistung, die von Erzeugungsanlagen innerhalb von 30 s erbracht werden muss und mindestens 15 min im System zur Verfügung steht. Die *Sekundär-regelleistung* muss innerhalb von 5 min zur Verfügung stehen und löst die Primärleistung ab. Die *Minutenreserveleistung* muss nach einer Vorlaufzeit von 15 min erbracht werden.

Anbieter auf diesen Märkten sind Betreiber von Stromerzeugungsanlagen, die die Qualifikation besitzen, die Regelleistungsprodukte anzubieten. Als Nachfrager von Regelleistung treten in Deutschland die vier Übertragungsnetzbetreiber auf, die die Ausschreibung der Produkte auf einer Ausschreibungsplattform organisieren.

Die Wertschöpfung der dezentralen Stromversorgung beginnt mit dem Aufbau von erneuerbaren Stromerzeugungsanlagen (Beispiele: PV- und Windenergieanlagen) auf privaten und gewerblich genutzten Dach- und Freiflächen. Je nach Ausrichtung des Geschäftsmodell werden die lokal erzeugten Strommengen ins Stromnetz eingespeist oder vor Ort – z. B. im Einfamilienhaus oder Mehrfamilienhaus - selbst verbraucht. Je mehr Strom vor Ort selbst verbraucht wird, desto weniger Strom wird aus dem öffentlichen Stromnetz im Rahmen von Stromtarifen bezogen. Damit sinken die im Einzelhandel verkauften Strommengen der Stromvertriebe, die nun weniger Strommengen für ihre Kunden beschaffen müssen. Auch wird es angesichts der fluktuierenden Erzeugungsmengen für die Stromvertriebe schwieriger, die notwendigen Reststrommengen ihrer Kunden zu prognostizieren.

Die eingespeisten Strommengen aus dezentralen Erzeugungsanlagen belasten insbesondere die Niederspannungsnetze. Da sich Lastflüsse umkehren können und somit zusätzliche Belastungen der Betriebsmittel im Netzsystem verursachen, muss die dezentrale Erzeugung künftig bestmöglich mit lokal-flexiblen Verbrauchslasten abgestimmt werden, um einen teuren Netzausbau zu verhindern. Hierdurch verändern sich bisherige Verantwortlichkeiten auf der Wertschöpfungskette. Erzeuger, Netzbetreiber und Verbraucher müssen sich künftig verstärkt über die Nutzung von Verbrauchs- und Einspeiseflexibilitäten am Systembetrieb beteiligen.

Dem Stromvertrieb kommt hierbei zunächst eine begleitende Rolle zu. Er kann zwar über die ungesteuerte Weitergabe von dynamischen Marktpreisen an Kunden Anreize setzen, in Tiefpreisphasen möglichst viel und in Hochpreisphasen möglichst wenig Strom zu verbrauchen. Ob dadurch lokale Netzengpässe präventiv vermieden oder verstärkt werden und welchen Wert dem angereizte Verhalten beigemessen wird, ist aber aktuell noch unklar. Gleichwohl haben sich in den letzten Jahren Geschäftsmodelle entwickelt, mit denen die kommerziellen Nutzung von Lastflexibilitäten verfolgt wird (siehe Kap. 4).

1.2   Die Teilmodelle im Stromvertrieb

1.2.1   Das Leistungsmodell

Das Leistungsmodell des Stromvertriebs bildet im Kontext dieses Lehrbuchs den grundlegenden Rahmen für das Betriebsmodell, das in Kap. 2 im Detail anhand verschiedener Funktionen beschrieben wird. Das Leistungsmodell Stromvertrieb ist Teil der Wertschöpfungskette Stromversorgung und beinhaltet die in Abb. 1.13 aufgezeigten Funktionen.

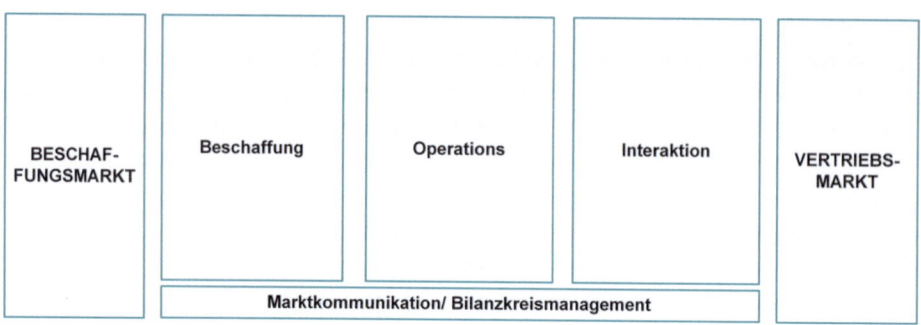

Abb. 1.13 Leistungsmodell Stromvertrieb

Über die *Beschaffung* werden Strommengen auf den verschiedenen Beschaffungsmärkten zu Marktpreisen beschafft. Der Bereich *Operations* sorgt für die Abwicklung der zur Produkterstellung notwendigen Prozesse. Die *Interaktion* beinhaltet die Gestaltung sämtlicher Austausch- und Transaktionsbeziehungen mit Kunden, die zum Verkauf des Produktes Strom benötigt werden. Über die *Marktkommunikation* wird der für Stromlieferanten verpflichtende Informations- und Datenaustausch mit unterschiedlichen Marktakteuren wie Messstellenbetreiber oder Stromnetzbetreibern abgewickelt. Damit ist der Stromvertrieb insgesamt als eigenständiges Geschäftsmodell anzusehen, dessen Ziel im Kern darin besteht, Strommengen auf den Großhandelsmärkten zu einem Marktpreis zu beschaffen, um diese Mengen unter Berücksichtigung gesetzlicher Vorgaben anhand konkreter Angebote an Kunden zu verkaufen und im Rahmen von Lieferverträgen zu liefern.

Der Verkaufspreis sollte dabei im Idealfall sämtliche anfallenden Kosten decken, die auf der Wertschöpfungskette anfallen, insgesamt niedriger als Wettbewerberpreise sein und die maximale Zahlungsbereitschaft des Endkunden ausschöpfen. Darüber hinaus ist der Stromvertrieb daran interessiert, Kunden möglichst dauerhaft an das eigene Unternehmen zu binden, um über lange Vertragslaufzeiten hohe *Kundenwerte* (siehe Abschn. 1.2.4) zu generieren.

Stromvertrieb findet in *organisatorischen Einheiten* statt. In liberalisierten Märkten sind diese Einheiten selbstständige und unabhängige Stromvertriebsgesellschaften, Teil- oder Mehrheitsgesellschaften eines Energiekonzerns oder Abteilungen von Stadt- und Gemeindewerken. Im aktuellen Gesetzes- und Regulierungsrahmen in Deutschland wird – wie in Abschn. 1.1.1 bereits erwähnt wurde – zudem der Begriff des *Stromlieferanten* verwendet.

Der Stromlieferant hat spezifische *Rollen*, *Auflagen* und *Pflichten* zu erfüllen. So müssen Lieferanten eine Lieferantenanzeige nach § 5 EnWG vornehmen [6], ihre Unternehmensstammdaten an die Bundesnetzagentur melden und sich im sogenannten Marktstammdatenregister [23] registrieren lassen. Zur Belieferung ihrer Kunden müssen sie zudem Virtuelle Mengenkonten (Bilanzkreise) bei den Übertragungsnetzbetreibern anmelden und diese gemäß der Marktregeln für die Durchführung der Bilanzkreisabrechnung Strom (MaBiS) führen und abrechnen [24]. Trotz Berücksichtigung zahlreicher Regelungen wird der Stromvertrieb in Deutschland grundsätzlich nicht reguliert, d. h. Stromlieferanten kalkulieren ihre Strompreise für Endkunden unter Beachtung regulierter Stromnetzentgelte, feststehender Steuern und Abgaben sowie eigener Kosten frei im Markt (siehe folgenden Abschn. 1.2.2).

1.2.2 Das Preis- und Erlösmodell

Das Preis- und Erlösmodell widmet sich insbesondere der Logik der Bildung von Strompreisen, die zusammen mit Stromverbräuchen die wesentliche Erlösquelle des Stromvertriebs darstellen. Um das grundsätzliche Prinzip der Strompreisbildung zu erläutern, wird im Folgenden zwischen den Begriffen *Costing* und *Pricing* unterschieden.

Das Costing legt fest, welche Kosten mit einem Verkaufspreis zu decken sind. In der Regel wird zwischen fixen und variablen Kosten unterschieden. *Fixe Kosten* fallen unabhängig von gelieferten Mengen an. Typische *fixe Kosten* sind kapitalgebundene Kosten wie Abschreibungen oder Zinszahlungen für die Abtragung von Investitionskrediten. Variable Kosten sind abhängig von gelieferten Mengen. Typische variable Kosten sind Kosten für Primärenergien oder Steuern und Abgaben, die sich auf gelieferte Mengen beziehen. Das Grundprinzip der *kostenorientierten Strompreisbildung* wird im Folgenden näher beschrieben, da es auch in liberalisierten Märkten wie in Deutschland nach wie vor angewendet wird – wenngleich es durch marktorientierte Ansätze wie *kundenorientierte* und *wettbewerberorientierte Preisbildung* ergänzt wird. Die Grundlage der Stromtarifierung bildet fast immer eine Kostenträgerrechnung, welche unterschiedliche Kosten, die für die Belieferung von Kunden anfallen, auf verschiedene Kundensegmente aufteilt. Die Verteilung der Kosten auf unterschiedliche Preiskomponenten obliegt in Deutschland den Stromvertrieben.

Die *Beschaffungskosten* setzen sich zusammen aus einem durchschnittlichen Einkaufspreis je Kilowattstunde (kWh) für das jeweilige Kundensegment oder den zu beliefernden Einzelkunden. Der Einkaufspreis wird beispielsweise über den Kauf von unterschiedlichen Mengentranchen auf den Großhandelsmärkten erzielt und gilt für das nächste Lieferjahr (siehe auch Abb. 1.16). Zusätzlich beinhalten die Beschaffungskosten Risikozuschläge, beispielsweise für den Fall, dass die beschafften Mengen von den zu liefernden Mengen abweichen. Die Risikozuschläge unterscheiden sich somit nach der Prognosegüte unterschiedlicher Kunden und Kundensegmente. Grundversorger in Deutschland müssen bei der Kalkulation von Grundversorgungstarifen die Aufnahme von Kunden insolventer Lieferanten und die dadurch notwendige Beschaffung von zusätzlichen Mengen im Costing berücksichtigen.

Netzentgelte, Steuern und Abgaben machen heute in Deutschland über 50 % des Strompreises für Haushaltskunden aus. Sie sind durchlaufende Posten und von Stromvertrieben kaum beeinflussbar.

Darüber hinaus gibt es Kosten, die für vertriebliche Aktivitäten anfallen. Man spricht in diesem Zusammenhang auch von *Cost to Serve* und *Cost to Akquire*.

Unter *Cost to Serve* versteht man vereinfacht Kosten, die für die Betreuung und Abwicklung von Bestandskunden anfallen. Diese sind insbesondere Kosten, die im operativen Bereich des Betriebsmodells anfallen (siehe Kap. 2). Sie umfassen beispielsweise Kosten für die Erstellung von Abrechnungen und Rechnungen, Kosten für die Beantwortung von Kundenfragen- und Kundenanfragen oder Kosten für die Pflege und Dokumentation aktueller Verträge, Abschläge und Produkte. Auch Zusatzkosten, die im Rahmen der Grundversorgung für verpflichtend zurückzunehmende Kunden anfallen, müssen berücksichtigt werden.

Cost to Akquire fallen dagegen für die Gewinnung von Neukunden an. Diese hängen insbesondere von den *Customer Journeys* ab. Unter Customer Journey versteht man vereinfacht den Weg des Kunden zum Vertragsabschluss. Der Weg beinhaltet verschiedene Schritte, die der Kunde macht, um sich über Angebote zu informieren, diese zu vergleichen und schließlich abzuschließen (siehe Kap. 2). Cost to Akquire beziehen sich somit auf den Aufbau und die Gestaltung von Vertriebskanälen (Beispiele: Vertriebsagenten, Präsenz in Social Media), die den Kunden auf seinem Weg zum Vertrag unterstützen.

Ausgehend von einem reinen Einkaufspreis zeigt der in Abb. 1.14 aufgezeigte Preispfad unter Berücksichtigung der verschiedenen Kostenpositionen exemplarisch dessen Entwicklung zum Transfer-, Selbstkosten- und finalen Verkaufspreis. Der Verkaufspreis ist hier zunächst als „All-inclusive"-Preis oder Einheitspreis zu verstehen. Im Strommarkt finden sich heute Einpreistarife bestehend aus einem Arbeitspreis je Kilowattstunde und Zweipreistarife bestehend aus einem fixem Grundpreis und einem Arbeitspreis je Kilowattstunde (siehe Abb. 1.15).

In Deutschland wird die Aufteilung der Kosten auf *Grundpreise* und *Arbeitspreise* grundsätzlich frei vorgenommen. Sie basiert aber in Teilen immer noch auf der Logik der kostenorientierten Stromtarife, die über Jahrzehnte in der Bundestarifordnung Elektrizität (BTO Elt) festgeschrieben war und nach der sämtliche Stromanbieter ihre Allgemeinen Tarife ausrichten und von Preisbehörden genehmigen lassen mussten. Danach wurden *fixe Kosten* wie Mess-, Netz- und Vertriebsgemeinkosten überwiegend in den *Grundpreis* einberechnet. *Variable Kosten* wie Beschaffungs- und variable Netzbetriebskosten wurden in den *Arbeitspreis* integriert. Während Berechnungsvorgaben und Genehmigungen von Tarifen in Zeiten monopolitischer Energiemärkte aus Verbraucherschutzgründen seine Berechtigung hatte, erwiesen sich diese im vollständig liberalisierten Strommarkt ab 1998 zunehmend als Hemmnis für die freie Preis- und Tarifbildung. Sie wurden dann folgerichtig im Jahr 2006 abgeschafft.

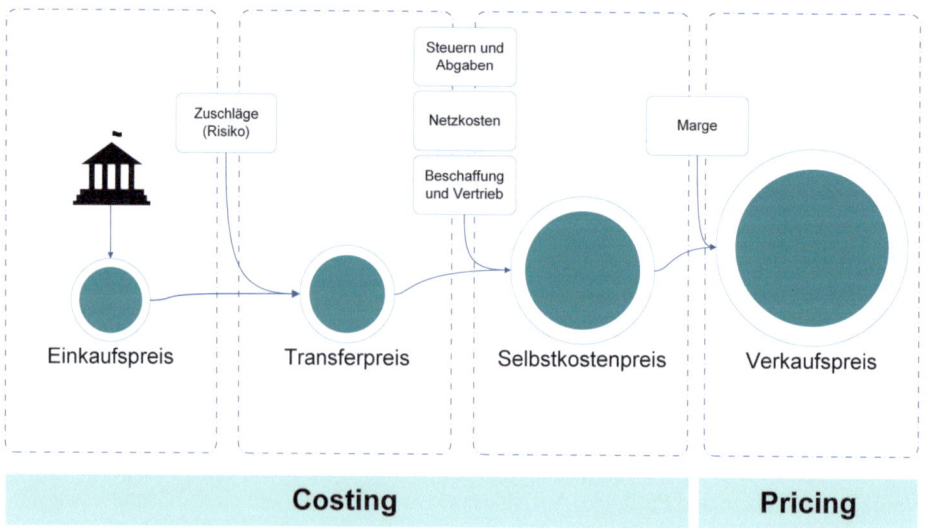

Abb. 1.14 Preispfad

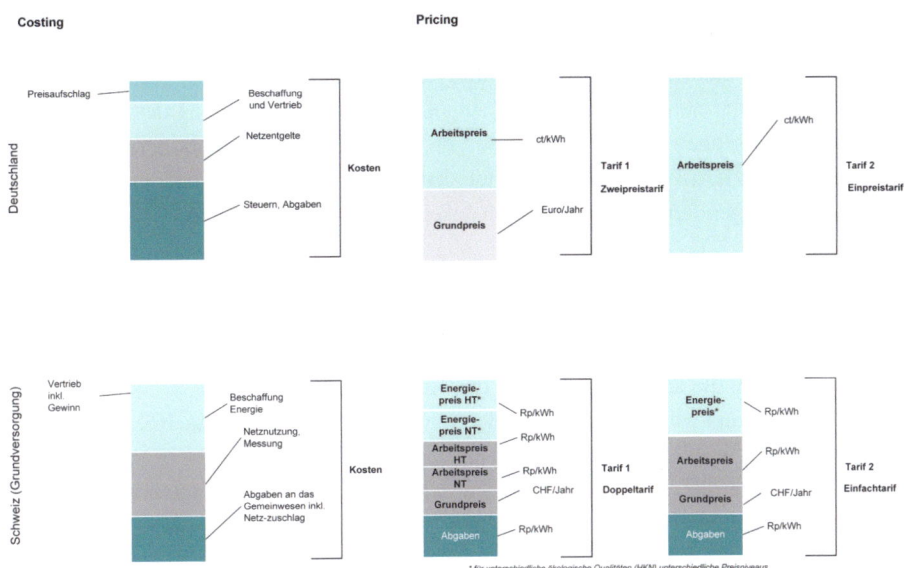

Abb. 1.15 Preismodell zur Erzielung eines Verkaufspreises. (Eigene Darstellung)

In der Schweiz wird die Kalkulation von Grundversorgungstarifen über konkrete Berechnungsvorgaben geregelt. Netzbetreiber mit Endkunden sind hier verpflichtet, die durchschnittlichen Gestehungskosten aus Schweizer Eigenproduktion (eigene Produktionsanlagen, Beteiligungen und bezahlte Einspeisevergütungen an Betreiber von PV-, Wind- und Wasserkraftanlagen) sowie die Beschaffungskosten aus mittelfristigen und langfristigen Bezugsverträge bei ihrer Tarifgestaltung zu berücksichtigen und auf den Preisbestandteil „Energie" (Energietarif) anzuwenden [25]. Auch Vertriebs- und Verwaltungskosten inklusive eines Gewinnanteils können als Kostenpaket dem Preisbestandteil „Energie" bis zu einer bestimmten Höhe angerechnet werden. Zusätzlich fallen Netzkosten für den Transport, die Verteilung und die Reservehaltung von Strom an. Sie werden im Preisbestandteil „Netznutzung" (Netznutzungstarif) berücksichtigt.

In der Schweiz werden im Stromverkauf an Endkunden innerhalb der Grundversorgung *Einfachtarife* und *Doppeltarife* angeboten (siehe Abb. 1.15). Einzeltarife gelten für sämtliche Stunden des Tages. Doppeltarife berücksichtigen in ihren Energie- und Netznutzungstarifen zeitabhängige Kosten von Verbräuchen. Die Energie- und Netznutzungspreise sind dann zu Hochtarifzeiten (Beispiel: 7 Uhr bis 20 Uhr) als zu Niedrigtarifzeiten. Angesichts zunehmender Spannen von Netzbelastungen und Großhandelspreisen werden Doppeltarife verstärkt in Richtung zeitvariabler Tarifen mit mehr als zwei Zeiteinheiten ausgebaut (siehe Abschn. 4.2.4).

Das Pricing setzt auf dem Costing auf und betrachtet diejenigen Preiselemente, die als Aufschlag auf den Selbstkostenpreis erhoben werden, um die maximale Zahlungsbereitschaft von Kunden in den Vertriebsmärkten abzuschöpfen. Während das Costing einen rein kostenrechnerischen und technischen Vorgang darstellt, setzt sich das Pricing mit unterschiedlichem Entscheidungsverhalten von Kunden und Wettbewerbern auseinander und muss damit verhaltenswissenschaftliche und psychologische Erkenntnisse berücksichtigten. Hinzu kommen unternehmensstrategische Aspekte (Beispiele: Erhöhung des Marktanteils in bestimmten Regionen über Niedrigpreise), die das Pricing berücksichtigen muss.

Das kundenorientierte Pricing richtet den Blick auf Kunden und setzt sich insbesondere mit folgenden Fragestellungen auseinander:

- Welchen Aufpreis akzeptieren Kunden, wenn ich ihnen statt einem durchschnittlichen Strommix 100 % Wasserkraftstrom aus Norwegen garantiere?
- Steigt die Zahlungsbereitschaft meiner Kunden, wenn der Wasserkraftstrom aus einer Anlage stammt, die sich in der Region des Kunden befindet?
- Welchen Aufpreis würden meine Kunden maximal zahlen, wenn sie 100 % Strom aus fluktuierenden Wind-, PV- und Biomasseanlagen aus ihrer Region beziehen könnten?
- Wie hoch sollte die relative Differenz zwischen verschiedenen Zeitzonentarifen sein, damit Kunden notwendige Hausarbeiten wie Wäschewaschen oder Trocknen in Niedrigpreiszonen verlagern?
- Um wie viel Prozent erhöht sich die Verbleibewahrscheinlichkeit meiner Kunden bei einem Treuebonus von 100 EUR nach Ablauf eines Vertragsjahres?

Das wettbewerberorientierte Pricing richtet den Blick auf Wettbewerber, analysiert die im Markt angebotenen Wettbewerbspreise und berücksichtigt aktuelles und zukünftiges Verhalten von Wettbewerbern im Rahmen der eigenen Preisfindung. Welche Preisposition im Vergleich zu Wettbewerbern eingenommen werden soll, hängt insbesondere von der grundsätzlichen Positionierung der Stromprodukte (Beispiele: „Premium" oder „Low Price") in den Vertriebsmärkten ab. Die für ein wettbewerbsorientiertes Pricing eingesetzten Instrumente unterscheiden sich insbesondere nach dem Zugang zu relevanten Preisdaten. Im Vertriebsmarkt für Haushalts- und Gewerbekunden (SLP-Markt) sind Tarife weitgehend über kommerzielle Verkaufsplattformen oder spezialisierte Datenbanken für jedes Netzgebiet transparent. Einige bundesweit tätige Anbieter in Deutschland passen ihre Preise täglich an eine veränderte Wettbewerbssituation an, um Kunden zu gewinnen. Hierzu werden je Vertriebsgebiet Wettbewerberpreise in Bezug auf definierte Preisabstände zum eigenen Preis beobachtet. Sinken oder steigen die Preisabstände, wird der eigene Verkaufspreis – auch über variable Boni – angepasst.

Im Großkundenmarkt (RLM-Markt) ist man zum Teil auf nicht öffentliche Informationsquellen wie Anbieter, eigene oder fremdversorgte Kunden und Verbände angewiesen, um aktuelle Angebotspreise von Wettbewerbern zu bekommen. Angesichts einer zunehmenden Anzahl an digitalen Handels-, Auktions- und Ausschreibungsplattformen, auf denen Anbieter Angebote für ausgeschriebene Lastprofile einstellen können, steigt aber auch hier tendenziell die Preistransparenz.

Das kundenwertorientierte Pricing steht in einem engen Zusammenhang mit den zu erzielenden Erlösen (Erlös = Preis* verkaufte Strommenge) und dem Kundenwert (siehe

Abschn. 1.2.4). Der Kundenwert gibt vereinfacht an, wie viel Geld sich mit einem Kunden über die Vertragslaufzeit verdienen lässt. Da der Kundenwert neben dem Preis und den Kosten auch vom Verbleib beziehungsweise Wechsel eines Kunden zu einem anderen Anbieter abhängt, werden Kostensicht, Kundensicht und Wettbewerbersicht gleichermaßen im Rahmen des kundenwertorientierten Pricings berücksichtigt.

Neben den beschriebenen Ansätzen gibt es verschiedene zusätzliche Kriterien, die die Preisfindung beeinflussen. Dazu gehören insbesondere Besonderheiten in bestimmten *Regionen*, die in Form von unterschiedlichen Netzkosten sowie unterschiedlichem Anbieter- und Kundenverhalten vorliegen und daher ein regional beziehungsweise lokal differenziertes Pricing auf der Ebene von Postleitzahlengebieten (PLZ-Gebieten) erfordern.

▶ **Aus der Praxis** Ein Anbieter bietet im Stromvertriebsmarkt für Haushaltskunden bundesweit Tarife über kommerzielle Plattformen an. Zur Kostendeckung berücksichtigt er unterschiedliche Netzentgelte in den unterschiedlichen Netzgebieten. Die Höhe der Netzentgelte kann aus einer Datenbank entnommen werden. Interne Ergebnis-Vorgaben ergaben die Ziel-Position der Verkaufspreise, die sich mindestens 10 % unterhalb der jeweiligen Grundversorgungspreise bewegen sollen und deren Abstand zu den jeweiligen zehn günstigsten Anbietern im Jahresdurchschnitt nicht mehr als 10 % betragen darf. Zudem soll der Kundenwert über eine betrachtete Vertragslaufzeit von zwei Jahren mindestens 200 EUR betragen. Über ein Preiscockpit, das auf mehrere Tarif- und Kostendatenbanken zugreift, werden im Überblick sämtliche Netzgebiete angezeigt, in denen die aufgezeigte Zielposition erfüllt wird und in welchen Netzgebieten eine Preisanpassung erfolgen sollte. In quartalsweisen Preisgesprächen werden zudem auf der Grundlage getätigter Abschlüsse die Erreichung der Ergebnisvorgaben und die Ziel-Position überprüft, die gegebenenfalls angepasst wird.

1.2.3   Das Angebotsmodell

Das Angebotsmodell des Stromvertriebs beschreibt wesentliche Grundlagen, die bei der Erstellung von Angeboten zu beachten sind und zeigt Möglichkeiten auf, wie man Angebote gestalten und von Angeboten konkurrierender Unternehmen differenzieren kann.

Um ein gemeinsames Verständnis zu den oft synonym verwendeten Begriffen Tarif, Produkt, Service und Angebot vorzunehmen, werden an dieser Stelle folgende Definitionen vorgenommen:

▶ **Tarif** = feste Preisstruktur, die aus verschiedenen Preiskomponenten besteht.

▶ **Produkt** = eindeutig definiertes Gut, das für Kunden einen Job erledigt und Nutzen beziehungsweise einen Wert stiftet und für das der Kunde zahlt.

▶ **Service** = eindeutig definierte immaterielle Leistung, die für den Kunden einen Job erledigt und Nutzen bzw. einen Wert stiftet, für die der Kunde nicht unbedingt zahlt, da der Service Bestandteil eines Produktes ist.

▶ **Angebot** = Antrag oder Willenserklärung zum Abschluss eines Vertragsverhältnisses.

Stromangebote beziehen sich somit auf den Verkauf von Stromprodukten in den verschiedenen Stromvertriebsmärkten mit dem Ziel, die Zahlungsbereitschaften der Kunden für bestimmte Produkte zu nutzen und möglichst hohe Ergebnisse (siehe Abschn. 1.2.4) zu erzielen. Ein Stromprodukt enthält somit einen Stromtarif und zusätzlich nutzenstiftende Elemente wie Dynamiken der Preisanpassung, ökologische Mehrwerte oder spezielle Services. Stromangebote können grundsätzlich von jedem Unternehmen unterbreitet werden, das die in Abschn. 1.2.1 genannten Auflagen und Pflichten für Lieferanten erfüllt.

Grundsätzlich gilt im Stromvertriebsmarkt Deutschland wie in anderen Märkten Vertragsfreiheit – allerdings wird diese durch zahlreiche Regelungen begleitet.

Gesetzliche Regelungen im Bereich der Angebotserstellung betreffen insbesondere die Stromgrundversorgungsverordnung und das Energiewirtschaftsgesetz. Sogenannte *Grundversorgungstarife* werden durch die Stromgrundversorgungsverordnung geregelt. Diese können nur von Unternehmen mit Grundversorgerstatus angeboten werden. Regelungen, die die Gestaltung von *Sondertarifen* betreffen, ergeben sich im Wesentlichen aus dem Energiewirtschaftsgesetz. Sondertarife können in Deutschland von jedem Stromlieferanten angeboten werden.

Die Stromgrundversorgungsverordnung (StromGVV) regelt nach „§ 1 Anwendungsbereich" die allgemeinen Bedingungen, zu denen Elektrizitätsversorgungsunternehmen Haushaltskunden in Niederspannung im Rahmen der Grundversorgung nach § 36 Abs. 1 des Energiewirtschaftsgesetzes zu allgemeinen Preisen mit Elektrizität zu beliefern haben. Grundversorger ist nach § 36 Energiewirtschaftsgesetz das Energieversorgungsunternehmen, das die die meisten Haushaltskunden in einem Netzgebiet der allgemeinen Versorgung beliefert [26]. Betreiber von Stromnetzen sind verpflichtet, den Grundversorgerstatus im Netzgebiet alle drei Jahre festzustellen und anzuzeigen. Die im Rahmen der Grundversorgung stattfindende Produkt- beziehungsweise Tarifentwicklung unterscheidet sich von der außerhalb der Grundversorgung stattfindenden Produktentwicklung insbesondere in folgenden Aspekten: (1) Der Grundversorgungsvertrag kommt zwischen Abnehmer und Grundversorger zustande, wenn Elektrizität aus dem Elektrizitätsversorgungsnetz entnommen wird und kein gültiger Liefervertrag des Abnehmers vorliegt. (2) Der Grundversorger hat den Abnehmer zu Allgemeinen Preisen zu beliefern. (3) Der Grundversorgungsvertrag hat keine Vertragslaufzeit. (4) Der Grundversorgungsvertrag kann mit einer Frist von 14 Tagen gekündigt werden (5). Änderungen der Allgemeinen Preise werden jeweils zum Monatsbeginn und nach öffentlicher Bekanntgabe wirksam, die mindestens sechs Wochen vor der beabsichtigten Änderung erfolgen muss. Auch die Abwicklung der außerhalb der Grundversorgung angebotenen Tarife erfolgt nach Regularien, die sich insbesondere aus dem Energiewirtschaftsgesetz (EnWG) ergeben.

Das Energiewirtschaftsgesetz (EnWG) [6] verpflichtet Lieferanten gemäß § 40 EnWG, Letztverbrauchern eine monatliche, vierteljährige oder halbjährige Abrechnung anzubieten. Letztverbrauchern, deren Zähldaten von einem Messsystem kontinuierlich ausgelesen werden, muss eine monatliche Verbrauchsinformation, die auch die Kosten des Letztverbrauchers widerspiegelt – kostenfrei – zur Verfügung gestellt werden. Zudem müssen Tarife außerhalb der Grundversorgung einfach und verständlich sein und die zugehörigen Verträge Bestimmungen über Vertragsdauer, Preisanpassungen, Kündigungsfristen, Rücktrittsrechte, Zahlungsweise, Haftungs- und Entschädigungsregelungen, Lieferantenwechsel und Hinweise auf Verbraucherrechte im Hinblick auf die Streitbeilegungsverfahren enthalten.

Im Gegensatz zu teilregulierten Vertriebsmärkten (Beispiele: Schweiz, Italien, Frankreich) gibt es in Deutschland keine staatliche Preiskontrolle mehr. Rechtsstreitigkeiten im Hinblick auf Preishöhe, Preisstrukturen oder Preiserhöhungen werden von den zuständigen Gerichten ausgetragen. Zudem gibt es die Möglichkeit der außergerichtlichen Streitbeilegung über eine Schlichtungsstelle, die von den Verbraucherverbänden (Verbraucherzentrale Bundesverband) und den Verbänden der Energiewirtschaft getragen wird. Die Schlichtungsstelle wurde 2011 vom Bundesministerium für Wirtschaft und Energie gegründet. Sie soll unabhängig und neutral etwaige Streitfälle aufnehmen und zwischen den beteiligten Parteien vermitteln. Neben der Schlichtungsstelle gibt es zahlreiche weitere Möglichkeiten für Verbraucher, Beschwerden mit ihrem Lieferanten außergerichtlich zu klären. Dazu gehören Beschwerde-Hotlines der Lieferanten, Verbraucherzentralen der Bundesländer und spezielle Internetportale wie Reclabox. Gegenstand von Beschwerden sind meist intransparente Preiserhöhungen während der Vertragslaufzeit, falsche Abschlagsbeträge sowie verzögerte und falsche Endabrechnungen.

Stromangebote lassen sich neben der Preishöhe nach Preisstrukturen (Tarife) und Preisinstrumenten unterscheiden.

Preisstrukturen umfassen neben Zweipreistarifen auch Einpreistarife wie *Arbeitspreisangebote* und *Flatrates*. Arbeitspreisangebote basieren lediglich auf einer Preiskomponente, dem Arbeitspreis. Der Arbeitspreis wird – wie in Abschn. 1.2.2 bereits erwähnt wurde - je verbrauchter Kilowattstunde berechnet. Damit sind die zu zahlenden Arbeitspreisentgelte für Kunden verbrauchsabhängig. Bei sogenannten *Flatrates* können Kunden dagegen für einen fixen Betrag pro Zeiteinheit beliebig viel Strom konsumieren. Flatrates werden beispielsweise als Monats- oder Jahresflatrate angeboten.

Als Preisinstrumente bezeichnet man Regelungen wie *Boni, Rabatte* oder *Preisanpassungen*, die einen Einfluss auf die Preishöhe und die zu zahlenden Beträge der Kunden haben. Als Boni bezeichnet man Einmalzahlungen, die an bestimmte Bedingungen wie Erstanschluss (Neukundenboni), Vertragslaufzeit (Treueboni), Verbrauchsreduzierung (Effizienzboni) oder an Aktivitäten wie zurückgelegte Laufkilometer (Kilometerboni) geknüpft sind. Rabatte beziehen sich auf die Reduzierung der einzelnen Preiskomponenten (Beispiele: Arbeitspreisrabatt, Grundpreisrabatt). Sie sind ebenfalls an bestimmte Bedingungen geknüpft und werden beispielsweise für den Bezug mehrerer Produkte (Kombirabatt) angeboten. Preisanpassungen während der Vertragslaufzeit sind meist durch Kostenerhöhungen bedingt, die Stromanbieter zu tragen haben und aufgrund von Formulierungen in den AGB an Kunden weiterreichen können. Beispiele sind unterjährige Netzkostenzuschläge der Netzbetreiber, die sich in der Regel nachträglich auf das Costing der

Tab. 1.2 Vertragliche
Regelungen für
Haushaltskunden mit Vertrag
bei einem Lieferanten, der
nicht Grundversorger ist [1]

Regelung	Durchschnittlicher Umfang
Mindestvertragslaufzeit	11 Monate
Preisstabilität	13 Monate
Vorauskasse	10 Monate
Einmalige Bonuszahlung	43 EUR
Freie Kilowattstunden	119 kWh

angebotenen Grundpreise auswirken. Preise können aber auch vertraglich an das Abnahmeverhalten der Kunden gebunden werden. So findet man in etlichen Verträgen mit Großkunden Preisklauseln, die sich auf die Überschreitung von bestimmten Mengenkorridoren oder Höchstleistungen beziehen und die Erhebung von höheren Leistungsentgelten oder Regelenergiezuschlägen rechtfertigen.

Stromangebote beinhalten neben Preishöhen und Preisstrukturen insbesondere **vertragliche Regelungen** wie Kündigungsfristen, Mindestvertragslaufzeiten, Preisstabilitäten oder unterschiedliche Zahlungsmodalitäten (siehe Tab. 1.2).

Stromprodukte unterscheiden sich neben Preisen und vertraglichen Regelungen ebenfalls durch die ökologische Qualität der Stromprodukte und die damit verbundenen ökologischen Mehrwerte für Kunden.

Ökologische Mehrwerte können in Form von *Herkunftsnachweisen (HKN)* dokumentiert werden.

▶ **Definition Herkunftsnachweis (HKN)** = elektronisches Dokument, das die Herkunft des Stroms ausweist.

Der Herkunftsnachweis ist somit eine Art Geburtsurkunde einer Megawattstunde (MWh) Strom. In der Geburtsurkunde befinden sich Angaben zur zugehörigen Erzeugungsanlage und zum Erzeugungszeitpunkt.

Herkunftsnachweise (HKN) ermöglichen die Trennung des physisch gelieferten Stroms von der Erzeugungseigenschaft. Die Grundidee des Herkunftsnachweises stammt ursprünglich aus den USA [27]. Sie ist eng mit der Forderung verbunden, die Umweltauswirkungen der Stromerzeugung aus verschiedenen Anlagen gegenüber Verbrauchern zu dokumentieren. Sogenannte Renewable Energy Certificates (RECS) dokumentieren die Herkunft des Stroms aus Regenerativen Anlagen und können unabhängig von der zugrundeliegenden Energie gehandelt werden.

Der Handel mit Herkunftsnachweisen findet heute länderübergreifend statt und unterliegt in EURpa einheitlichen Regeln des EURpean Energie Certificate Systems (EECS). Der Handel wird durch Register – in Deutschland durch das HKN-Register des Umweltbundesamtes [28] – technisch ausgeführt und durch die Association of Issuing Bodies (AIB) kontrolliert [29].

Die Ausstellung der Herkunftsnachweise unterliegt dabei den unterschiedlichen Ländern. So werden in Deutschland heute lediglich Herkunftsnachweise für nicht geförderten Strom aus Erneuerbaren Anlagen (sogenannte sonstige Erneuerbare Energien) ausgestellt. In der

Schweiz dagegen besteht laut Energieverordnung (EnV) die Pflicht, Herkunftsnachweise für Strom aus sämtlichen Anlagen ab einer Anschlussleistung von 30 kVA zu erfassen [30]. Der Lebenszyklus eines Stromherkunftsnachweises beginnt bei seiner Erzeugung und endet mit seiner Entwertung, die nach der nachweislichen Belieferung eines Kunden erfolgt. Herkunftsnachweise können somit von Stromlieferanten zur Kennzeichnung des an Kunden gelieferten Stroms und somit zur Dokumentation bestimmter Eigenschaften (u. a. Erzeugungstechnologie, Anteilseigner, Alter der Anlage) eingesetzt werden.

Heute dienen Herkunftsnachweise zum einen der Erfüllung von Auflagen aus der Stromkennzeichnungspflicht (siehe auch Abschn. 2.2), zum anderen werden Herkunftsnachweise zur Gestaltung sogenannter Grünstrom- oder Ökostromprodukte verwendet.

▶ **Definition Grünstromprodukt** = Strom aus erneuerbaren Erzeugungsanlagen.
Beispiele: Solar-, Windkraft-, Biomasse-, Geothermie-, Wasserkraftanlagen

Grünstromprodukte unterscheiden sich somit durch die durch Herkunftsnachweise dokumentierten Grünstrommerkmale wie Art der Stromherkunft, Standort, Alter und Umweltwirkungen der Stromherkunftsanlagen. Je nach Zusammensetzung der Merkmale können Grünstromprodukte zusätzlich mit unterschiedlichen Gütesiegeln versehen werden.

▶ **Definition Gütesiegel** = Nachweis darüber, dass ein Produkt eine oder mehrere Qualitätsmerkmale besitzt.
Herkunftsnachweise können bestimmte Qualitätsmerkmale bestätigen.

In den Stromvertriebsmärkten haben sich eine Vielzahl von *Gütesiegeln* (Tab. 1.3) etabliert. Um ein Gütesiegel für ein bestimmtes Stromprodukt zu erhalten, müssen sich Lieferanten vom Gütesiegel-Anbieter gemäß eines standardisierten Zertifizierungsverfahrens zertifizieren lassen.

Die Zertifizierungsverfahren der Anbieter unterscheiden sich in Ablauf, Dauer und den resultierenden Zertifizierungskosten. In der Regel erfolgt nach Prüfung der grundsätzlichen Zertifizierungsfähigkeit der Produkte ein Audit durch die Anbieter, welche mit einem End-

Tab. 1.3 Gütesiegel [31]

Bezeichnung	Anbieter	Qualitätsmerkmale, u. a.
Geprüfter Ökostrom	TÜV Nord	- stammt zu 100 % aus Erneuerbaren Energien - stammt zu einem Drittel aus Neuanlagen oder - finanziert neue Anlagen durch Preisaufschläge
EE02	TÜV Süd	- stammt zu 100 % aus Erneuerbaren Energien - Zeitgleichheit zwischen Erzeugung und Verbrauch in der kürzest möglichen Zeiteinheit (mindestens im Stunden-Rater) - finanziert neue Anlagen durch Preisaufschläge

(Fortsetzung)

Tab. 1.3 (Fortsetzung)

Bezeichnung	Anbieter	Qualitätsmerkmale, u. a.
Grüner Strom-Label [32]	NABU, BUND und weitere Organisationen	- wird physisch von einer Regenerativen Anlage über einen Liefervertrag bezogen - festgelegter Förderbetrag je kWh für Bau und Betrieb Regenerativer oder Kraft-Wärme-Kopplungs-Anlagen oder definierte alternative Verwendung (Effizienzmaßnahmen, Bürgerprojekte) - keine direkte Beteiligung des Labelnehmers an Atomkraftwerken - keine direkte Beteiligung an einem Kohlekraftwerk zum Stichtag 01.01.2027
OK Power [33]	Energievision e. V.	- stammt zu 100 % aus erneuerbaren Energiequellen - stammt mindestens zu 33 % aus zusätzlichen Neuanlagen - keine mittelbare und unmittelbare Beteiligung an Atom-, Stein- und Braunkohlekraftwerken - Förderbeitrag zur Beschleunigung der Energiewende und Integration erneuerbarer Energien ins Energiesystem - besondere Anforderungen an Erzeugungsanlagen (Vorzugskriterien: sanierte und reaktivierte Anlagen) - besondere Vertragsbedingungen wie *keine* Vorkasse, Mindestabnahmeverpflichtungen, festgelegte Mengenpakte
Naturemade Star – Lieferlizenz [34]	Verein für Umweltgerechte Energie – VUE Schweiz	- stammt zu 100 % aus Naturemade-Star-zertifizierten Anlagen - Fondsabgabe auf lizensierte Liefermengen - stammt damit aus Anlagen, die bestimmte Grenzwerte der Umweltbelastung und Gefährdung von Fischen im Bereich der Wasserkraftnutzung einhalten

bericht und der Ausstellung des Zertifikates abgeschlossen wird. Die Prüfung der Zertifizierungsfähigkeit beinhaltet auch die Prüfung des verwendeten Bilanzierungsverfahrens. Dieses wird verwendet, um einen bilanziellen Ausgleich zwischen Stromerzeugungsmengen (kWh) und Stromabsatzmengen (kWh) innerhalb eines Bilanzierungszeitraumes zu garantieren. Der Bilanzierungszeitraum beträgt meist 12 Monate. Ob sich künftig angesichts stark fluktuierender Erzeugungsmengen aus erneuerbaren Anlagen kürzere Bilanzierungszeiträume durchsetzen, muss abgewartet werden. Erste granulare Herkunftsnachweise mit Bilanzierungszeiträumen von 15 min Intervallen werden im Rahmen von Pilotprojekten verwendet [35].

Gütesiegel können unterschiedliche Gültigkeitsdauern besitzen, und Herkunftsnachweise müssen zum Teil wie im Fall des Grüner Strom-Labels mit Lieferverträgen gekoppelt werden, um den physischen Strombezug aus einer Anlage nachzuweisen. Die operative Abwicklung der Herkunftsnachweise wird meist über zentrale elektronische Plattformen sichergestellt, welche für Stromlieferanten und Stromproduzenten wesentliche

Prozesse der Registrierung, Ausstellung, Übertragung, des Transfers und der Löschung unterstützen. Die Abwicklung der Herkunftsnachweise erfolgt in Deutschland über das Herkunftsnachweisregister (HKNR) des Umweltbundesamtes. In der Schweiz erfolgt die Abwicklung über das Herkunftsnachweissystem der Swissgrid und in Österreich über die Stromnachweisdatenbank der Regulierungsbehörde e-Control.

▶ **Aus der Praxis** Aufgrund der Veränderungen der Zertifizierungsrichtlinien von naturemade (Verein für umweltgerechte Energie) muss ein Stadtwerk in der Schweiz für das folgende Jahr seine naturemade-zertifizierten Produkte überprüfen, um auch im nächsten Jahr vom Verein für Umweltgerechte Energie eine Lieferlizenz zu erhalten. Das Produktmanagement sondiert anhand des neuen Regelwerks die veränderten Reglungen und den notwendigen Anpassungsbedarf in Bezug auf Art und Menge der zu führenden Herkunftsnachweise (HKN) je Produkt. Dazu wird für jedes Bestandsprodukt die prozentuale HKN-Verteilung visualisiert und der HKN-Sollverteilung gemäß neuem Regelwerk gegenübergestellt und verglichen. Daraus ergibt sich ein Anpassungsbedarf für zwei Produkte. Anhand einer Absatzprognose für das folgende Jahr werden für diese Produkte die zu beschaffenden HKN-Mengen festgelegt. Das Produktmanagement informiert den Bereich Beschaffung über die prognostizierten Mengen und die für das folgende Lieferjahr zu beschaffenden HKN-Mengen je Produkt. Die Beschaffung wiederum sondiert anhand von Preisanfragen bei potenziellen HKN-Lieferanten die voraussichtlichen Beschaffungskosten und informiert die Vertriebsleitung über die voraussichtlichen Zusatzkosten. Nach Genehmigung der Vertriebsleitung beginnt die Beschaffung mit dem Bezug der notwendigen Herkunftsnachweise für das folgende Lieferjahr.

Neben den bereits genannten Merkmalen spielen die Art der Strombeschaffung und das Beschaffungsmodell eine wesentliche Rolle bei der Angebotsdifferenzierung im Stromvertrieb – und zwar insbesondere im Segment der Großkunden (RLM-Kunden).

Beschaffungsmodelle werden grundsätzlich in *Fixpreis-* und *Anpassungsmodelle* eingeteilt. Im Rahmen von *Fixpreismodellen* bekommen Kunden einen Preis für die gesamte Vertragslaufzeit garantiert. Risiken, die sich aus Abweichungen zwischen gelieferten und verbrauchten Mengen ergeben, übernimmt der Stromanbieter. Die Preissetzung erfolgt bei der sogenannten Stichtagsbeschaffung entweder zu einem Zeitpunkt, zu dem die gesamte Menge für den Kunden zu einem Marktpreis beschafft und kalkuliert wird. Oder es kann anhand einer Tranchenbeschaffung die gesamte Menge in Teilmengen aufgeteilt werden. Die Teilmengen werden dann jeweils zu unterschiedlichen Zeitpunkten und zu unterschiedlichen Marktpreisen beschafft (Abb. 1.16). Nach Beendigung der Beschaffungsphase ergibt sich ein Durchschnittspreis (Preis C). Damit sinkt das Risiko, die gesamte Menge zu einem vergleichsweise hohen Marktpreis (Preis B) einzukaufen. Tranchenmodelle können gemäß der Wahl des Beschaffungszeitraumes, der Beschaffungszeitpunkte und der Tranchenhöhe vari-

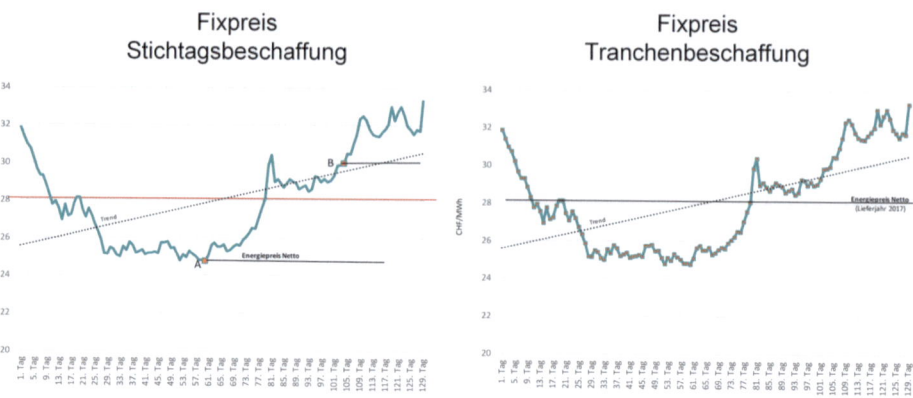

Abb. 1.16 Fixpreismodelle

ieren. Zudem können unterschiedliche Preisformeln zur Bestimmung „optimaler" Beschaffungszeitpunkte bei unterschiedlichen Preisverläufen eingesetzt werden. Auch im Hinblick auf Information und Einbindung des Kunden im Beschaffungsprozess sind unterschiedliche Varianten möglich. Um den Beschaffungsaufwand durch eingeschwungene Routinen möglichst niedrig zu halten, bieten sich für kleinere Kunden *standardisierte Tranchenmodelle* mit vorher festgelegten Beschaffungszeitpunkten und gleich hohen Tranchenmengen an. Beide Modelle bieten aus Sicht der Kunden den Vorteil eines fixen Preises, mit dem die betrieblichen Energiekosten kalkuliert werden.

Insbesondere Großunternehmen kaufen ihren Strom häufig über Anpassungsmodelle wie *Strukturierte Lieferungen* im Rahmen von Fahrplanlieferungen ein. Strukturierte Lieferungen basieren auf dem Einkauf unterschiedlicher Beschaffungsprodukte (z. B. Monats-/ Quartals-/Jahresbänder sowie Spotmarktprodukte) zu unterschiedlichen Zeitpunkten für einen sogenannten *Fahrplan*, der für jede Viertelstunde die zu erwartenden Verbrauchsmengen des Kunden angibt. Beschaffungsmengen können so an sich verändernde Verbrauchsprognosen angepasst werden. Da Abweichungen zwischen tatsächlich gelieferten und bezogenen Mengen über Regelenergiekosten vom Kunden selbst getragen werden müssen, ergibt sich für diesen ein Anreiz, seinen Fahrplan kontinuierlich an sein tatsächliches Abnahmeverhalten anzupassen und zu optimieren. Dies erfordert aus Sicht der Kunden zwar einen höheren Aufwand für die notwendigen Prognosen. Im Gegenzug profitiert er jedoch von günstigen Preisen, die durch eine individuelle und variable Zusammenstellung der gewählten Beschaffungsprodukte und der Nutzung eigener Flexibilitäten (z. B. durch kurzfristige Lastverlagerung oder Eigenerzeugung) erreicht werden können.

Auch Angebote im Kleinkundensegment liegen zunehmend außerhalb von Fixpreismodellen. So bieten *Dynamische Tarife* (siehe Abschn. 4.2.4), mit denen schwankende Großhandelspreise im Tagesverlauf an Kunden weiterverrechnet werden, Anreize für die zeitliche Verschiebung des Stromverbrauchs.

▶ **Aus der Praxis** Ein Stadtwerk bietet heute für Bestandskunden drei verschiedene Stromtarife mit zwei verschiedenen ökologischen Upgrades an.

Der Basistarif besteht aus einem durchschnittlichen Erzeugungsmix gemäß aktueller Stromkennzeichnung.

Upgrade 1 bietet Kunden einen Tarif bestehend aus 100 % Wasserkraft-Strom aus Norwegischer Wasserkraft mit einem Aufpreis von 0,5 Cent/kWh an.

Upgrade 2 besteht aus einem Mix Erneuerbarer Anlagen aus der Region. Upgrade 2 kann zu einem Aufpreis von 4 Cent/kWh bezogen werden.

Kundenbefragungen und die Wechselstatistik zeigen, dass immer mehr Basiskunden ihren Tarif zum Ende der Jahres kündigen und zu einem günstigen 100-%-Wasserkraftprodukt eines anderen Anbieters wechseln. Upgrade 2 wird nach über drei Jahren nur von 0,5 % der Kunden genutzt. Auch Upgrade 1 erreicht nicht den erwarteten Kundenanteil von 5 %. Der Vorstand des Stadtwerks beauftragt die Produktentwicklung mit dem „Redesign" des Tarifsystems, das sowohl das Costing als auch das Pricing der bestehenden Tarife im Hinblick auf den Gesamtwert des Portfolios überarbeitet. Durch Kundenbefragungen stellt sich u. a. heraus, dass wechselbereite und umweltorientierte Kunden im Basistarif mit Upgrade 1 keine Alternative zu Wettbewerbsangeboten haben, da Upgrade 1 mit 0,5 Cent/kWh Aufpreis als insgesamt zu teuer wahrgenommen wird. Aktuelle Beschaffungskonditionen für Herkunftsnachweise HKN aus Norwegischer Wasserkraft werden zudem auf 0,05 Cent/kWh geschätzt. Die Produktentwicklung schlägt daraufhin folgende Maßnahmen vor:

1. Ökologisches Upgrade des Basistarifs auf 100 % Wasserkraft.
2. Verringerung des Selbstkostenpreises durch Ausschöpfung von Preisspielräumen bei der HKN-Beschaffung, u. a. durch Erreichung von preislich attraktiven Mengenkorridoren.
3. Erhebung eines minimalen Aufschlags für den ökologischen Mehrwert in Höhe 0,01 Cent/kWh auf den Selbstkostenpreis des Basisproduktes.
4. Teures Upgrade-2-Produkt wird zu einem günstigen Upgrade-1-Produkt mit Aufschlag von 0,5 Cent/kWh für Strom aus Anlagen aus der Region inklusive hohem Anteil von Laufwasserkraftwerken
5. Kommunikation der neuen Produkte erfolgt im Rahmen der anstehenden beschaffungs- und netzkostenbedingten Tarifpreissenkung.

1.2.4 Das Ergebnismodell

Um es zunächst einfach zu machen: Vertriebsergebnisse entstehen aus dem Zusammenwirken von unterschiedlichen Vertriebseinheiten und Kräften, die auf den Verkauf von Strom an Kunden zielen. Mit dem Verkauf von Strom werden *Umsatzerlöse* erzielt, die unter Abzug anfallender *Kosten* zu Ergebnissen – im Idealfall zu *Gewinnmargen* – führen können. Gewinnmargen lassen sich für jede Einheit (kWh) und damit auch für jeden Kunden bestimmen.

Je mehr Kunden Strom kaufen und je größer die verbrauchten Mengen je Kunde sind, desto höher sind die verkauften Mengen je Zeiteinheit (Beispiele: 1 Jahr, 2 Jahre, 3 Jahre). Verlängern sich die Zeiteneinheiten, erhöhen sich die verkauften Mengen. Erhöhen sich die verkauften Mengen, erhöhen sich gleichzeitig – bei konstanten Preisen und Kosten – die erzielten Gewinnmargen. Um die Gewinnmargen zu maximieren, müsste man so viele Kunden wie möglich gewinnen. Soviel zur Theorie. Der Stromvertrieb in der Praxis sieht dagegen anders aus. Stromvertriebe sehen sich unterschiedlichen Kundensegmenten gegenüber. In jedem Kundensegment gibt es Kunden mit unterschiedlichen Vertragslaufzeiten und Verweildauern, und nicht jeder Kunde ist per se profitabel – überdeckt also mit seinen Zahlungen die für seine Belieferung anfallenden Kosten. Dies gilt für sogenannte Privat- und Geschäftskunden gleichermaßen.

Kundenwertberechnungen dienen dazu, die Ergebnisbeiträge jedes einzelnen Kunden und jedes Kundensegmentes transparent zu machen. Damit dienen Kundenwertberechnungen zur Steuerung des Vertriebs, die anhand von *Kundenwertkennzahlen* erfolgt. Man unterscheidet zwischen unterschiedlichen Kundenwertverfahren.

Mit *Scoring-Verfahren* werden – wie in Abb. 1.17 exemplarisch dargestellt – Kunden anhand von bestimmten Einzelkriterien bewertet. Die Bewertung erfolgt anhand der Vergabe von Punkten für jedes Einzelkriterium. Über die Gewichtung der Einzelkriterien ergibt sich für jeden Kunden eine Gesamtpunktzahl (Score). Kriterien beziehen sich auf ökonomische Größen wie Umsatz oder Deckungsbeiträge sowie auf verhaltensrelevante Größen wie Loyalitäten und spiegeln damit vertriebliche Zielsetzungen wider.

Abb. 1.17 Scoring-Verfahren

Mit dem *Customer-Lifetime-Value-Verfahren* wird der Wert des Kunden über die gesamte, voraussichtliche Vertragslaufzeit (*n*) berechnet und anhand einer monetären Größe (*EUR, CHF*) dargestellt. In einer einfachen Form entspricht der Kundenwert den erzielten aufsummierten Deckungsbeiträgen in den jeweiligen Vertragsperioden. Die anzuwendende Basis-Formel für den Kundenwert *K* lautet:

$$K = DB_{\text{Periode 1}} + DB_{\text{Periode 2}} + \dots DB_{\text{Periode n}}$$

Grundlage des Customer-Value-Verfahrens bildet die *Deckungsbeitragsrechnung*. Die Deckungsbeitragsrechnung subtrahiert stufenweise von den erzielten oder zu erzielenden Umsatzerlösen die anfallenden Kosten (siehe Tab. 1.4). In der ersten Stufe werden zunächst sämtliche Kosten berücksichtigt und „zum Abzug" gebracht, die dem Verbrauch unmittelbar zugeordnet werden können. Bei der Belieferung eines Kunden mit Strom sind dies die verbrauchsabhängigen Größen wie Netzkosten, Beschaffungskosten, Steuern und Abgaben. In einer zweiten Stufe werden Kosten berücksichtigt, die über einen Verteilungsschlüssel zugeordnet werden können.

In der betrieblichen Praxis findet man neben der *stufenweisen Deckungsbeitragsrechnung* auch Verfahren, die sich an unterschiedlichen *Bereichskostenblöcken* (Beispiel: Beschaffungskostenblock, Vertriebskostenblock) orientieren. Zudem wird zwischen realisierten *Ist-Deckungsbeiträgen* und *Plan-Deckungsbeiträgen* unterschieden. Ist-Deckungsbeiträge dienen zusammen mit weiteren Kennzahlen (Kapital-, Vermögens- und Risikokennzahlen) der ökonomischen Beurteilung des Vertriebsgeschäftes. Plan-Deckungsbeiträge dienen insbesondere der Zielpreisermittlung im Rahmen der Kalkulation von Angeboten.

Der Kundenwert kann ex-post – nach Ablauf der Vertragslaufzeit – berechnet werden. Zur Beurteilung des voraussichtlichen Wertes eines Kunden im Vorfeld von vertrieblichen Entscheidungen (Beispiel: Beantwortung der Frage, ob der Kunde gewonnen werden soll) eignet sich die *Barwertberechnung*. Mit der Barwertberechnung werden die Deckungsbeiträge auf den Entscheidungszeitpunkt mit einem Kalkulationszins (*i*) abgezinst. Der be-

Tab. 1.4 Mehrstufige Deckungsbeitragsrechnung (Beispiel)

Stufe	Beträge
0	**Umsatzerlöse**
	(-) Netzentgelt (Arbeitskomponente)
	(-) Steuern und Abgaben (variabel)
	(-) Beschaffung Mengen (Börse/OTC/Produktion)
1	**= Deckungsbeitrag 1 (DB1)**
	(-) Vertriebskosten
	(-) Netzkosten (Leistungskomponente)
2	**= Deckungsbeitrag 2 (DB2)**
	(-) Vertriebsgemeinkosten
	(-) Beschaffungsgemeinkosten
3	**= Deckungsbeitrag 3 (DB3)**
	(-) Verwaltungsgemeinkosten
4	**= Deckungsbeitrag 4 (DB4)**

rechnete Barwert ist damit ein ex-ante Wert, der angibt, welcher Wert (*KW*) mit dem Kunden über die Vertragslaufzeit voraussichtlich generiert werden kann. Dieser Wert steigt mit der Verlängerung der Vertragslaufzeit (*n*), fallenden Kosten und steigenden Umsatzerlösen. Die Basis-Formel für die Berechnung des Kundenwertes anhand einer Barwertberechnung lautet:

$$KW = \sum_{n}^{t=1} \frac{DBt}{\left(1+i\right)^{n}}$$

Unter der vereinfachten Annahme, dass mit jedem Kunden eines bestimmten Kundensegmentes gleichhohe Umsatzerlöse und Kosten über identische Vertragslaufzeiten generiert werden, kann der *Segmentwert* mit einem vereinfachten Verfahren berechnet werden. Der Segmentwert (*SW*) ergibt sich dabei durch die Multiplikation der Kundenanzahl (*At*) mit den voraussichtlich zu erzielenden Deckungsbeiträgen je Kunde und der anschließenden Diskontierung auf den Entscheidungszeitpunkt. Die Basis-Formel für die Berechnung des Segmentwertes lautet:

$$SW = \sum_{n}^{t=1} \frac{At \cdot DBt}{\left(1+i\right)^{n}}$$

Welche Deckungsbeitragsstufe (DB1, DB2, DB3 oder DB4) in den jeweiligen Basis-Formeln berücksichtigt wird, hängt entscheidend von der Leistungsfähigkeit der innerbetrieblichen Kostenrechnung und der IT-Systeme ab. Auch werden die Basis-Formeln in der vertrieblichen Praxis bei Vorhandensein entsprechender Kundendaten um weitere wertbestimmende Faktoren wie *Zahlungsausfallrisiken*, *Kündigungsrisiken* oder *Verbleibewahrscheinlichkeiten* oftmals ergänzt.

Verbleibewahrscheinlichkeiten und Kündigungsrisiken von Kunden lassen sich über analytische Verfahren berechnen. Anhand von Kundenbefragungen werden zunächst ursächliche Indikatoren wie Kundenzufriedenheiten und Kundenloyalitäten ermittelt. Mit Datenanalysen (Data Analytics) werden Kündigungsdaten aus Kündigungsstatistiken in kausale Zusammenhänge mit den vorliegenden Kunden(stamm-)daten und Ereignissen gebracht. Über „Wenn-dann"-Verknüpfungen werden Vorhersagen darüber getroffen, wann welcher Kunde mit welcher Wahrscheinlichkeit kündigt. Technologische Entwicklungen in den Bereichen Data Analytics und Predictive Analytics führen dazu, dass die Vorhersage von Kündigungen und die Ermittlung von Kündigungsrisiken erhöht werden können (siehe auch Kap. 3). Dies trifft gleichermaßen auch auf Zahlungsausfallrisiken zu. Damit wird die Prognose der Kundenwerte aufgrund der immer geringer werdenden Prognosefehler immer präziser. Dies ersetzt jedoch keineswegs das „Selbstdenken". Die Ursache von bestimmtem Kundenverhalten liegt sehr oft im psychologischen Bereich und kann nur bedingt über Datenkorrelationen und Algorithmen erklärt werden – ein guter Grund für Vertriebsverantwortliche, sich auch in Zukunft intensiv mit Kundenmotiven und Kundeneinstellungen zu befassen. Über die Einbeziehung von Verbleibewahrscheinlichkeiten (*Rt*) ergibt sich der modifizierte Kundenwert wie folgt:

$$KW = \sum_{n}^{t=1} \frac{Rt \cdot DBt}{\left(1+i\right)^{n}}$$

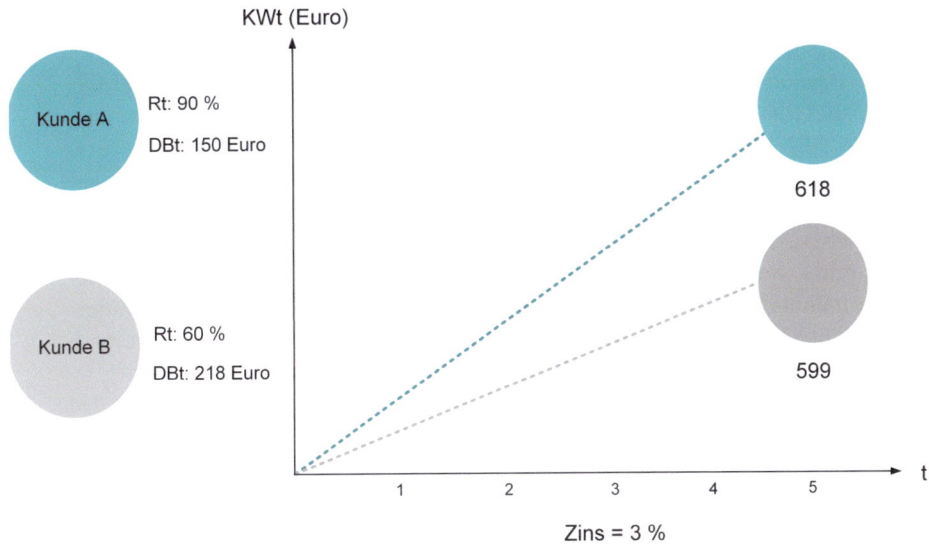

Abb. 1.18 Berechnungsbeispiel Kundenwert

Eine höhere Verbleibewahrscheinlichkeit erhöht somit tendenziell den Kundenwert. Allerdings gilt zu beachten, dass höhere Verbleibewahrscheinlichkeiten von Kunden in den meisten Fällen nicht zum „Nulltarif" zu erreichen sind. Daher müssen Kosten oder Preissenkungen, die in Verbindung mit der Erhöhung von Verbleibewahrscheinlichkeiten stehen, in den verwendeten Deckungsbeitrag einkalkuliert werden.

Das Berechnungsbeispiel in Abb. 1.18 zeigt exemplarisch, dass ein *Kunde A* mit niedrigeren jährlichen Deckungsbeiträgen und höherer Bindung zum Unternehmen über einen betrachteten Zeitraum von fünf Jahren wertvoller ist als ein *Kunde B*. *Kunde B* erwirtschaftet zwar höhere jährliche Deckungsbeiträge pro Jahr, seine jährliche Verbleibewahrscheinlichkeit ist im Vergleich zu *Kunde A* jedoch niedriger.

Insofern haben zusätzliche Ausgaben für die Bindung von Kunden ihre Berechtigung – und zwar immer dann, wenn die daraus resultierende Erhöhung des Kundenwertes höher ist als die zusätzlichen Ausgaben für Kundenbindungsmaßnahmen.

▶ **Aus der Praxis**   Ein Stromanbieter möchte einen neuen Tarif im Markt für private Haushaltskunden einführen.

Mit dem Tarif, der eine Grundvertragslaufzeit von sechs Monaten und Kündigungsfristen von zwei Wochen zum Monatsende besitzt, sollen möglichst viele Neukunden gewonnen werden. Sämtliche Neukunden erhalten kostenlos einen Smart Meter geliefert, mit dem sie ihren Gesamtverbrauch und den Verbrauch einzelner Geräte visualisieren können.

Der Durchschnittsverbrauch der Zielkunden liegt bei 4000 kWh pro Jahr. Marktanalysen ergeben eine Preisbereitschaft der Kunden in Höhe von 30 Cent/kWh inklusive sämtlicher Steuern und Abgaben. Data-Analytics-Verfahren berechnen eine durchschnittliche Verbleibewahrscheinlichkeit pro Jahr von 80 %,

d. h., jeder Kunde wird mit einer 80-%-Wahrscheinlichkeit das jeweilige Vertragsjahr erfüllen.

Der Kundenwert soll über einen Zeitraum von fünf Jahren berechnet werden. Dabei soll der DB2 als Bezugsgrösse verwendet werden. Bei der Berechnung der DB2-relevanten Vertriebskosten sollen lediglich die Cost to Serve berücksichtigt werden. Akquisekosten und Kosten für die Beschaffung der Smart Meter werden als Investition betrachtet. Investitionen und DB2-relevante Vertriebskosten je Kunde sinken bei zunehmender Kundenanzahl. Die Kundenanzahl wird über den Betrachtungszeitraum geschätzt. Die Prognose der Beschaffungskosten für die Jahre 1 bis 5 wird anhand der aktuellen Beschaffungsbücher, Langfristprognosen und sogenannten Preis-Forward-Curves bestimmt, mit denen zukünftige Beschaffungsmengen bewertet werden.

Die Prognose der Netzkosten erfolgt anhand einer Netzentgeltdatenbank, die Annahmen bezüglich künftiger Kostenszenarien je Netzgebiet enthält. Die Prognose der Steuern und Abgaben erfolgt ebenfalls anhand von Einschätzungen. Der Kalkulationszins wird auf der Basis interner Renditevorgaben festgelegt. Die nun vorliegende Datenbasis wird in einzelne Datenfenster eines Berechnungstools eingegeben. Das Berechnungsergebnis zeigt den voraussichtlichen Kundenwert eines durchschnittlichen Kunden über den Betrachtungszeitraum von fünf Jahren. Dieser wird nun den erforderlichen Investitionen gegenübergestellt.

Es zeigt sich, dass mit den genutzten Annahmen der Kundenwert niedriger ist als die für die Gewinnung der Kunden aufzuwendenden Investitionen. Daraufhin beauftragt die Geschäftsleitung das Produktmanagement, auf der Basis der Grundmodells Ideen für zusätzliche Erlösquellen zu generieren.

Neben dem Kundenwert als *Einzelergebnis* wird im Rahmen des Ergebnismodells das *Gesamtergebnis* betrachtet, das auch vereinfacht als Summe der Einzelergebnisse aufgefasst werden kann. Je nach verwendeter Deckungsbeitragsgröße kann über die Summierung der Einzelergebnisse eine Annäherung an *finanzwirtschaftliche Ergebnisgrößen* erfolgen.

Finanzwirtschaftliche Ergebnisgrößen lassen sich in unterschiedlichen Kennzahlen darstellen.

EBIT bedeutet „Earnings Before Interest and Taxes" und wird auch als Gewinn vor Steuern und Zinsen bezeichnet. *EBITDA* als „Earnings Before Interest, Taxes, Depreciation and Amortization" bezeichnet den Gewinn vor Zinsen, Steuern und Abschreibungen. Das EBITDA zielt insbesondere auf das operative Ergebnis der Vertriebstätigkeit ab, in dem den Umsatzerlösen lediglich operative Aufwendungen (Beispiele: Personalaufwendungen, Gebühren für Softwarelösungen) gegenübergestellt werden. Langfristig zu bedienende Kapitalkosten für Zinsen und Abschreibungen, die für Investitionen anfallen, sowie Steuern werden im EBITDA nicht berücksichtigt. Die Ermittlung der Ergebnisgrößen EBIT und EBITDA erfolgt anhand einer Gewinn- und Verlustrechnung, die im Abschn. 5.3 beschrieben wird.

Zur Beurteilung, inwieweit der operative Gewinn auch die Kosten für das Kapital für das betriebsnotwendige Vermögen abdeckt, eignet sich der sogenannte *EVA* als „Economic Value Added", der nach Schmid [36] auch als Übergewinn bezeichnet werden kann. *Der EVA* errechnet sich ebenfalls über eine operative Ergebnisgröße, den sogenannten „Net Operating Profit After Taxes" (NOPAT).

Der NOPAT bezeichnet den operativen Gewinn nach Steuern und vor fälligen Kapital-kosten. Werden vom NOPAT die Kapitalkosten abgezogen, erhält man den EVA. Der EVA deckt somit neben den operativen Betriebskosten des Stromvertriebs auch mindestens die Finanzierungskosten, die für notwendige Investitionen anfallen. Der EVA kann insbesondere, wie in Abb. 1.19 dargestellt, über ein aktives Angebots- und Erlösmanagement, ein Leis-tungs- und Betriebsmanagement, ein Financial Management sowie über ein Ressourcen-management beeinflusst werden.

Dabei beinhaltet *das Angebots- und Erlösmanagement* sämtliche Aufgaben, die im Zu-sammenhang mit dem Pricing und der Ausgestaltung der Angebote stehen, und betrifft damit insbesondere die Gestaltung des Angebots- und Erlösmodells. *Das Leistungs- und Betriebs-management* sorgt dafür, dass Angebote im Rahmen des Leistungsmodells effizient erstellt und verkauft werden. *Das Financial Management* dient primär dem Beziehungsmanagement zu Kapitalgebern und ermöglicht somit möglichst geringe Kapitalkosten. Das *Ressourcen-management* entscheidet insbesondere über die Anschaffung von Vermögensgegenständen (Beispiel: IT-Systeme).

Ein umfassendes Jahresergebnis wird mit dem bilanziellen *Jahresüberschuss* nach Steu-ern ausgedrückt. Der Jahresüberschuss enthält sämtliche Ergebnisse inklusive der Finanz-ergebnisse und sämtliche Aufwendungen, die in einer Geschäftsperiode anfallen.

Geschäftsmodell- oder Unternehmenswerte ergeben sich anlog zur Kundenwert-berechnung aus einer barwertorientierten Betrachtung zuküntiger Ergebnisse aus heutiger Sicht. Positive, langjährige EVAs schaffen beispielsweise Werte, die potenzielle Investoren dazu animieren, in das Geschäftsmodell Stromvertrieb zu investieren. Der Barwert zu-künftiger EVAs kann auch als Marktwert des Geschäftsmodells bezeichnet werden [36]. Neben dem beschriebenen EVA-Ansatz eignet sich auch die Discounted-Cash-Flow-Methode (DCF) zur Ermittlung von Gesamtwerten für Geschäftsmodelle und Unternehmen.

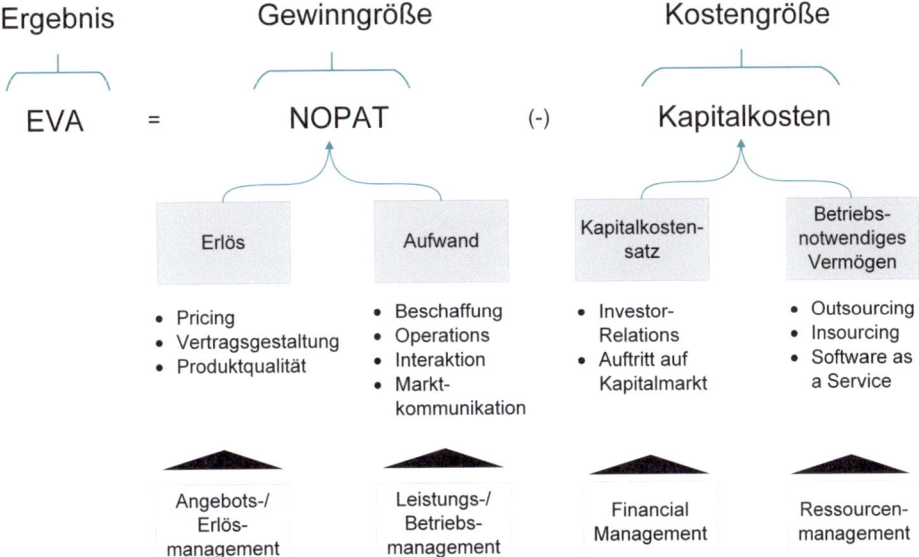

Abb. 1.19 Ergebnistreiber im Stromvertrieb – modifiziert nach Schmid [35]

Im Rahmen der *Discounted-Cash-Flow-Methode* werden voraussichtliche Einzahlungen und Auszahlungen über eine Zeitperiode betrachtet und auf einen Entscheidungszeitpunkt diskontiert. Diese stark zahlungsstromorientierte Sichtweise eignet sich insbesondere für neue Geschäftsmodelle, die sich noch am Anfang ihres Lebenszyklus befinden und daher mit ausreichend Zahlungsmitteln (Liquidität) versorgt werden müssen. Zur konkreten Anwendung der Discounted-Cash-Flow-Methode im Rahmen von Business Cases wird an dieser Stelle auf die Kap. 5 und 6 verwiesen.

Renditekennzahlen setzen, wie in Abb. 1.20 dargestellt, unterschiedliche Ergebnisgrößen in ein Verhältnis zu Umsätzen oder Kapitalgrößen und können als Indikator für die Profitabilität von Geschäftsmodellen oder Unternehmen je Zeiteinheit (Beispiel: Geschäftsjahr) dienen.

Umsatz-Renditen wie EBIT-Margen oder EBITDA-Margen ergeben sich aus dem Verhältnis einer Gewinngröße zum erzielten Umsatz. Diese geben für den Stromvertrieb an, wie viel Cent Gewinn (hier EBITDA) sich mit einem EUR Umsatzerlös aus dem Stromverkauf erzielen lassen.

Kapital-Renditen ergeben sich aus dem Verhältnis von Gewinnen zu Kapitalgrößen. Kapitalrenditen geben den prozentualen Anteil an, den Kapitalgeber auf einen EUR Kapitaleinsatz durch die Erwirtschaftung von Gewinnen jährlich zurückbekommen. Je nach Kapitalgeber unterscheidet man Eigenkapital-, Fremdkapital- oder Gesamtkapitalrenditen. Der ebenfalls in Abb. 1.20 aufgeführte Value Spread gibt als *Vermögensrendite* an, inwieweit Investitionen in das betriebliche Vermögen zusätzliche Werte schaffen.

Renditen	Berechnung
EBITDA-Marge	$\dfrac{\text{EBITDA}}{\text{Umsatz}}$
EK-Rendite	$\dfrac{\text{Gewinn (Jahresüberschuss)}}{\text{Eigenkapital}}$
GK-Rendite	$\dfrac{\text{Gewinn (Jahresüberschuss) + Fremdkapitalzinsen}}{\text{Gesamtkapital}}$
Value Spread	$\dfrac{\text{Betriebsgewinn (NOPAT)}}{\text{Betriebsvermögen}}$ (-) Kapitalkostensatz

Abb. 1.20 Renditekennzahlen (Auswahl)

Umsatzrenditen und Kapitalrenditen werden für die Energiewirtschaft in verschiedenen Benchmarking-Studien des Centers für Kommunale Energiewirtschaft [37] oder Kienbaum [38] ermittelt. Die Kennzahlen beziehen sich dabei auf die Gesamtbilanzen von Energieversorgungsunternehmen, die neben dem Vertrieb von Strom und Gas auch weitere Geschäftsfelder wie Fernwärme oder den Öffentlichen Nahverkehr berücksichtigen. Daher eignen sich diese Studien nur bedingt für eine isolierte Bewertung des Stromvertriebsgeschäftes.

Selbstcheck Kap. 1

Nach welchen Kriterien lassen sich Stromvertriebsmärkte unterscheiden?

Nach welchen Merkmalen lassen sich Regelungen zum Stromvertrieb einteilen?

Welche Regelungen müssen Sie im Geschäftsmodell Stromvertrieb beachten?

Anhand welcher Teilmodelle lässt sich das Geschäftsmodell Stromvertrieb beschreiben?

Welche Kosten sollte der Verkaufspreis eines Stromproduktes mindestens decken und warum?

Warum sollte ein kundenwertorientiertes Pricing einem rein kostenorientierten Pricing vorgezogen werden?

Welche Möglichkeiten der Differenzierung von Stromprodukten kennen Sie?

Wie kann man den Wert des Stromvertriebs berechnen? Welche Möglichkeiten gibt es, den Wert des Stromvertriebs zu beeinflussen?

Literatur

1. BUNDESNETZAGENTUR, BUNDESKARTELLAMT, Monitoringbericht gemäß § 63 Abs. 3 i. V. m. § 35 EnWG und § 48 Abs. 3 i. V. m. § 53 Abs. 3 GWB (2023), Stand 2022
2. GEORG Jörg, HOLIK Herbert, RAMSAUER Daniel, ROHRER, Dominik, WOLTER Horst, Markt- und Wettbewerbsanalyse für den Bericht zu den Maßnahmen des StromVG und StromVV nach Artikel 27 (2014), BFE, 44 S.
3. EURSTAT, Strompreise nach Art des Benutzers, www.ec.EURpa.eu/EURstat, 2024
4. JHC ENERGIE, Interner Abschlussbericht Forschungsprojekt EFRE Smarte Ladesäule, 2023
5. SCHLEMMERMEIER Ben, LBD, Vortrag auf dem EWeRK-Sondersymposium zur geplanten Fusion von RWE und E.ON, Berlin, 21.02.2019
6. BUNDESMINISTERIUM FÜR JUSTIZ UND VERBRAUCHERSCHUTZ, Gesetz über die Elektrizitäts- und Gasversorgung (2005), Stand 23.12.2024
7. BUNDESNETZAGENTUR, Geschäftsprozesse zur Kundenbelieferung mit Elektrizitäts, Konsolidierte Lesefassung gemäß Beschluss BK6-22-024, 21. März 2024
8. BUNDESREGIERUNG, Drucksache 20/6872, Entwurf eines Gesetzes zur Steigerung der Energieeffizienz und zur Änderung des Energiedienstleistungsgesetzes, 17.05.2023
9. EUROPÄISCHES PARLAMENT, Amtsblatt der Europäischen Union, Verordnung zum Schutz natürlicher Personen bei der Verarbeitung personenbezogener Daten zum freien Datenverkehr vom 27.04.2016
10. BUNDESMINISTERIUM DER JUSTIZ, Bundesdatenschutzgesetz vom 30.06.2017

11. SCHWEIZERISCHE EIDGENOSSENSCHAFT, Bundegesetz über den Datenschutz mit Beschluß zum 25.09.2020
12. EURPEAN UNION, harmonised rules on artificial intelligence and amending Regulations, in: Official Journal of the EURpean Union, 13.06.2023
13. ZOTT Christoph, AMIT Raphael, MASSA Lorenzo, The business Model – Theoretical roots, recent developments and future research, in: Working Paper, IESE, WP-862 (2011), University of Navarra (Hrsg.), S. 6, 43 S.
14. STACHOWIAK Herbert, Allgemeine Modelltheorie, 1. Aufl (1973), Springer Verlag, 494 S.
15. JOHNSON Mark W., CHRISTENSEN Clayton M., KAGERMANN Henning, Reinventing your Business Model, in: Harvard Business Review (2008), S. 50–58.
16. FRIEDLI Thomas, WALTI Nicholas O. (Hrsg.), Managementguide für Schweizer Energieversorgungsunternehmen, 1. Aufl. 2009, Haupt Verlag, 355 S.
17. WIRTZ Bernd W., BECKER Daniel R., Geschäftsmodelle im Electronic Business, in. WEIBER, Rolf (Hrsg.), Handbuch Electronic Business (2002), Gabler Verlag, 911 S.
18. DEMIL Benoit, LECOQ Xavier, Business Model Evolution, in: LRP – Long Range Planning 43 (2010), S. 227–244.
19. OSTERWALDER Alexander, PIGNEUR, Yves, Business Model Generation: A Handbook for Visionaries, Game Changers, and Challengers (2010), Kindle Edition, 288 S.
20. POMYKAJ Gerhard, Gummersbacher Geschichte, Bd, 1 (2006), Gronenberg, 306 S.
21. MÜLLER Leonard, Handbuch der Elektrizitätswirtschaft, 2. Aufl. (2000), Springer Verlag, 514 S.
22. JHC ENERGIE, Eigene Analyse mit Nutzung von Strom- und Gasmarktdaten der SMARD-Datenbank, www.smard.de (2024)
23. BUNDESNETZAGENTUR, Marktstammdatenregister MaStR (2018)
24. BUNDESNETZAGENTUR, Marktregeln für die Durchführung der Bilanzkreisabrechnung Strom (MaBiS), Beschlusskammer 6 (2009)
25. KÄMPFER FLORIAN, Bundesamt für Energie, Stromgesetz - jetzt geht es an die Umsetzung, Vortrag auf der Vertriebsleitertagung in Zürich, 28.11.2024
26. BUNDESMINISTERIUM FÜR JUSTIZ UND VERBRAUCHERSCHUTZ STROMGRUND-VERSORGUNGSVERORDNUNG (StromGVV) vom 26.10.2006
27. SCHARTZ Andrew, California Public Utilities Commission, White Paper: Renewable Energy Certificates and the California Renewable Portfolio Standard Program, 20. April 2006
28. UMWELTBUNDESAMT, www.umweltbundesamt.de
29. AIB – ASSOCIATION OF ISSUING BODIES, www.aib-net.org
30. ENERGIEVEORDNUNG SCHWEIZ (ENV), in: das Portal der Schweizer Regierung, Stand 01. Januar 2018
31. UMWELTBUNDESAMT, Marktanalyse Ökostrom Endbericht (2014), 216 S.
32. GRÜNER STROM-LABEL, Label-Handbuch (2021)
33. ENERGIEVISION e.V., Kriterien für das Gütesiegel „ok-power", Stand 01.10.2023
34. VEREIN FÜR UMWELTGERECHTE ENERGIE (VUE), Zertifizierungsrichtlinie, Stand 01.01.2024
35. LICHTBLICK, GRANULAR ENERGY und DECARBNN1ZE, Pilotprojekt mit granularen Herkunftsnachweisen, www.lichtblick.de, 11.07.2024
36. SCHMID Michael, KUHNLE Helmut, SONNABEND Michael, Value Reporting (2005), Vahlen Verlag, 391 S.
37. CKEW-CENTER FÜR KOMMUNALE ENERGIEWIRTSCHAFT, Benchmarkstudie Energieversorger, 22.08.2016
38. KIENBAUM MANAGEMENT CONSULTANTS, Profitabilität und Kapitalausstattung deutscher Energieversorgungsunternehmen (2015)

Das Betriebsmodell Stromvertrieb

2

> *„Es erscheint immer unmöglich, bis es getan ist."*
>
> *(Nelson Mandela)*

In Kap. 2 werden grundlegende Funktionen eines Stromvertriebs erläutert. Die Basis bildet dabei ein Betriebsmodell, das grundsätzliche Logiken des Zusammenspiels der verschiedenen Funktionen aufzeigt.

2.1 Der Bezugsrahmen Betriebsmodell

Das Betriebsmodell des Stromvertriebs beschreibt die Vertriebsfunktionen und deren Zusammenspiel zur Erzielung von Vertriebsergebnissen. Das Betriebsmodell kann auch als Maschinenraum des Geschäftsmodells bezeichnet werden. Wie in einem Maschinenraum findet man im Betriebsmodell unterschiedliche Fertigungsstufen, die aus Inputfaktoren bestimmte Outputs erzielen. Die Outputs dienen dann wiederum als Inputfaktoren für weitere Fertigungsstufen. Als Endprodukt des Stromvertriebs wird im Folgenden die Belieferung von Kunden mit Strom zu einem Preis im Rahmen von Vereinbarungen verstanden. Strenggenommen ist die Belieferung von Strom somit kein Produkt, sondern eine Dienstleistung, die den Kunden einen Nutzen stiftet. Der Nutzen aus der Belieferung von Strom ist eng mit dem Nutzungsverhalten der Kunden verknüpft. Das Nutzungsverhalten wiederum ergibt sich aus den installierten Stromanwendungen sowie aus deren Beitrag zur Erfüllung von Bedürfnissen. Die Bedürfnisse lassen sich in *energiewirtschaftliche Grundbedürfnisse* wie der zuverlässigen physischen Deckung einer Stromnachfrage zu einem möglichst günstigen Preis, *vertragsbezogene Bedürfnisse* wie Kündigungsfristen, Rechnungs- und Zahlungsmodalitäten sowie *Zusatzbedürfnisse* unterscheiden. Zusatzbedürfnisse beziehen sich z. B. auf die transparente Darstellung des jeweiligen Stromangebotes oder der Stromverbräuche. Mit dem Betriebsmodell können Endprodukte über mehrere Fertigungsstufen entwickelt und betrieben werden.

Im Bereich *Interaktion* sind sämtliche Funktionen zu finden, die einen direkten Kundenkontakt benötigen. Dazu gehören in erster Linie Akquise- und Servicefunktionen sowie Teilbereiche der Abrechnung wie das Zählen und Messen anhand von Messeinrichtungen. Im Bereich *Operations* werden Angebote vorbereitet, die der Kunde über Interaktionen angeboten bekommt und bezieht. Der Bereich *Beschaffung* beinhaltet sämtliche Funktionen, die auf den Einkauf der zu beschaffenden Mengen abzielen. Flankiert werden die aufgezeigten Unternehmensfunktionen durch den vorgeschriebenen Austausch von Daten mit Externen im Rahmen von *Marktkommunikation* und *Bilanzkreismanagement*. Das Zusammenspiel der verschiedenen Funktionen wird anhand einer kurzen Reise durch das Betriebsmodell deutlich (siehe Abb. 2.1).

Ausgangspunkt der Reise ist der Bereich *Zählen und Messen*. Er liefert den wesentlichen Input zur Fertigung des energiewirtschaftlichen Grundproduktes, den *Lastgang*. Der *Lastgang* des Kunden wird über die kontinuierliche Erhebung von Zähldaten über Zähl-/Messeinrichtungen, die beim Kunden installiert sind, gewonnen. Die Zähldaten enthalten Angaben über Verbrauchswerte je Zeiteinheit. Zeiteinheiten beziehen sich meist auf den Zeitraum von einer Viertelstunde. Ein typischer Tageslastgang besteht somit aus 96

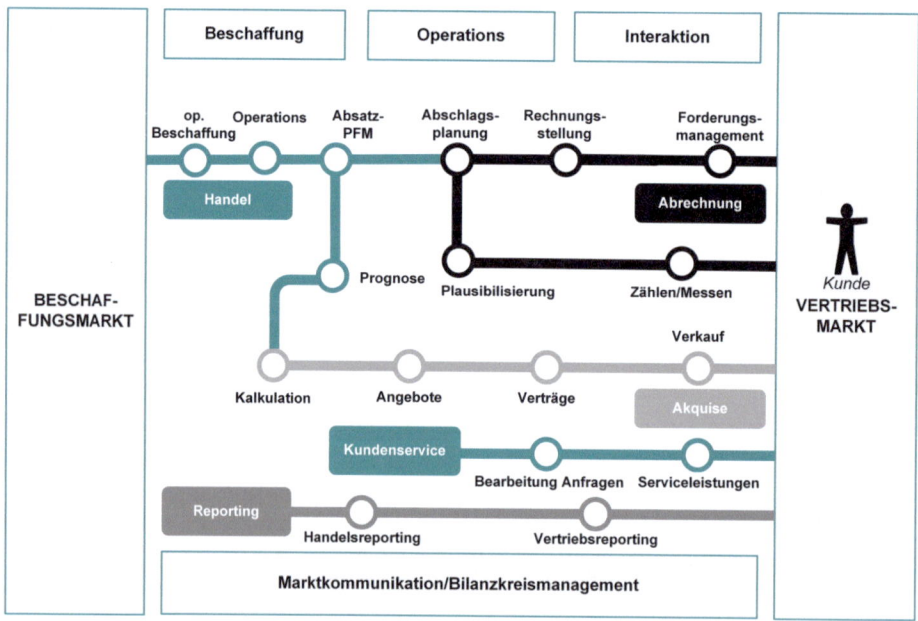

Abb. 2.1 Betriebsmodell

Zählwerten bezogen auf 96 Zeiteinheiten. Bei 365 Tageslastgängen sind das 35.040 Zählwerte pro Jahr und Kunde. Zählwerte sind immer Ist-Werte, die den tatsächlichen Verbrauch des Kunden je Zeiteinheit dokumentieren. Lastgänge dokumentieren somit den tatsächlichen Verbrauch der Kunden. Die Basis für die Beschaffung von Mengen ist jedoch der künftig angenommene Verbrauch der Kunden. Die möglichst exakte Vorhersage des Verbrauchs für jeden künftigen Liefertag und für jede künftige Zeiteinheit ist Aufgabe der *Prognose*. Hier werden historische Lastgänge der Kunden unter Verwendung von Prognoseverfahren in die Zukunft ausgerollt. Je näher der Lieferzeitpunkt rückt, desto genauer können Prognosen werden, da Abweichungen zwischen Prognoselastgängen und tatsächlichem Verbrauchsverhalten der Kunden erkennbar werden. Die fertigen Prognoselastgänge werden an den *Handel* weitergegeben.

Das *Operative Trading* beschafft die notwendigen Mengen für jede Zeiteinheit an den relevanten Beschaffungsmärkten zu bestimmten Einkaufspreisen und führt die bereits beschafften Mengen und die noch zu beschaffenden Mengen in virtuellen Büchern. Die tatsächlichen Verbrauchsmengen des Kunden werden über Zähldaten bestimmt. Die Zähldaten fließen nach Auslesung und Plausibilisierung in die Abrechnungssysteme. Die *Abrechnung* der Kunden erfolgt gemäß der tatsächlich verbrauchten Mengen und der vereinbarten Brutto-Verkaufspreise (siehe Abschn. 1.2.2) über die vom Kunden gewünschte Abrechnungsart. Das *Forderungsmanagement* stellt den fristgemäßen Eingang der Zahlungen sicher. Kundenanfragen werden über den *Kundenservice* entgegengenommen und beantwortet. Neukunden werden über verschiedene Verkaufskanäle gewonnen.

Die Erstellung von *Angeboten* für einen Neukunden erfolgt auf der Basis von *Kalkulationen*. Deren Grundlage bilden wiederum historische Lastgänge des Neukunden, die in den voraussichtlichen Lieferzeitraum ausgerollt werden. Zudem müssen voraussichtliche Einkaufspreise je Zeiteinheit für den voraussichtlichen Lieferzeitraum bestimmt werden. Zusammen mit dem voraussichtlichen Lastgang des Neukunden bestimmen die voraussichtlichen Einkaufspreise zuzüglich Zuschläge den Energieteil des Angebotspreises für den Lieferzeitraum. Die Einkaufspreise werden im Rahmen von *Preisprognosen* prognostiziert. Im Rahmen einer risikominimierenden Beschaffung wird die Lastprognose zunächst am Terminmarkt zu einem fixen Preis eingedeckt. Für die Preis- und Mengenunsicherheiten von etwaigen Restmengen werden Risiko-Aufschläge erhoben. Die Erhebung der Preis-Aufschläge wird mit dem *Verkauf* abgestimmt. Akzeptiert der Neukunde das *Angebot* inklusive Angebotspreis, bekommt er einen *Vertrag*, der die Leistungen des Anbieters sowie wesentliche Rechte und Pflichten im Zusammenhang mit der Vertragserfüllung enthält. Nach Vertragsabschluss wird der Neukunde zum Bestandskunden. Er wird dann über die verschiedenen Vertrags- und Abrechnungssysteme „geführt". Darüber hinaus sind im Rahmen der energiewirtschaftlichen Marktkommunikation Prozesse des Lieferantenwechsels und des Bilanzkreismanagements nach vorgegebenen Standards abzuwickeln.

Dieses stark vereinfachte Betriebsmodell enthält in der betrieblichen Praxis zahlreiche weitere Facetten, die die Komplexität des Modells ganz wesentlich erhöhen. So liegen die am Ausgangspunkt des Zählens und Messens erhobenen Zählwerte mangels entsprechender intelligenter Messsysteme für bestimmte Standardlastprofilkunden (SLP-Kunden) heute meist noch nicht als Viertelstundenwerte vor. Der Jahresverbrauch dieser Kunden steht erst am Ende des Jahres anhand von Ablesungen zur Verfügung. Daraus ergeben sich zusätzliche Anforderungen an die *Prognose*, die für jeden Kunden den voraussichtlichen Lastgang anhand von Hilfsmitteln prognostizieren muss. Zudem ergeben sich zusätzliche Anforderungen an die *Kalkulation*, die das Risiko von Abweichungen zwischen beschafften Mengen und tatsächlichem Verbrauch einpreisen muss. Nicht zuletzt ergeben sich zusätzliche Anforderungen im Bereich Rechnung, die insbesondere auf die notwendige Schätzung von Verbrauchswerten zur Ermittlung von *Abschlägen* abzielen. Die geleisteten Abschlagszahlungen der Kunden werden dann in der Jahresrechnung saldiert und ausgeglichen, was zusätzliche Anforderungen an das *Forderungsmanagement* inklusive Inkasso stellt.

Eine weitere Facette der betrieblichen Realität besteht in der Vielfalt unterschiedlicher Preismodelle, verschiedenen Grünstromvarianten sowie vertrags- und regulierungstechnischen Vorgaben, die das Betriebsmodell abdecken muss. Daher lohnt es sich, ein wenig tiefer in das Betriebsmodell und in die einzelnen Funktionsbereiche einzusteigen.

2.2 Die Interaktion

Interaktionsfunktionen betreffen den Austausch des Unternehmens mit dem Kundensystem. Sie sind notwendig, um Kunden mit spezifischen Angeboten zu akquirieren und zu betreuen. Das Kundensystem besteht aus einer Vielzahl von Interaktionskanälen, welche Kunden nutzen, um sich zu informieren, zu kommunizieren und zu agieren. Stromvertriebe müssen diese Interaktionskanäle kennen, um sie mit eigenen Kanälen effektiv und effizient, d. h. zu möglichst geringen Kosten zu bedienen. Auf den Interaktionskanälen können wiederum verschiedene *Interaktionsinstrumente* genutzt werden. Interaktionsinstrumente unterscheiden sich von Interaktionskanälen insofern, dass sie auf verschiedenen Interaktionskanälen genutzt werden können. So kann das Instrument „Telefonanruf" beispielsweise von einem Interaktionskanal A) Key Accounter, einem Interaktionskanal B) Agent oder einem Interaktionskanal C) Kundenhotline genutzt werden. Sind Interaktionsinstrumente im Einsatz, findet der Austausch von Daten und Informationen an verschiedenen Kundenschnittstellen statt.

Die Interaktionsdaten werden idealerweise zunächst gesammelt und gespeichert, um sie dann im Rahmen der vertrieblichen Wertschöpfung mit bestehenden Daten anzureichern und diese dann im Rahmen von Akquise- und Servicemaßnahmen zu nutzen.

Die Akquise von Kunden erfolgt wie in Abb. 2.2 aufgezeigt in mehreren Vertriebsphasen über einen oder mehrere Interaktionskanäle, die sogenannten *Vertriebskanäle*. Die Vertriebsphasen unterscheiden sich nach den verfolgten Vertriebszielen. Die *Pre-Sales-Phase* und die *Sales-Phase* dienen der eigentlichen Gewinnung von Neukunden. In der Pre-Sales-Phase werden Kunden über Angebote informiert und kontaktiert. In der Sales-Phase erfolgen die Angebotserstellung und der Vertragsabschluss. Die *After-Sales-Phase*

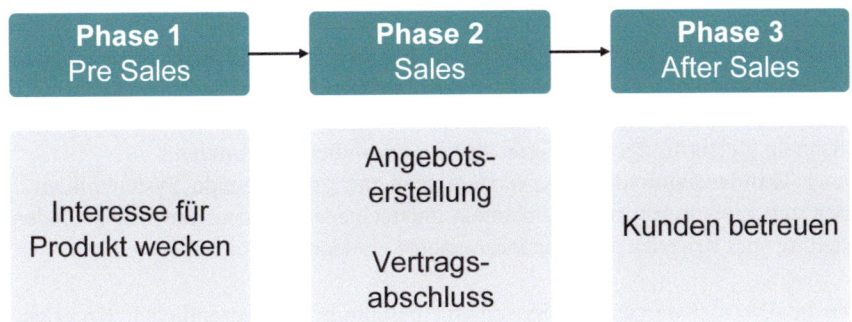

Abb. 2.2 Vertriebsphasen

Tab. 2.1 Vertriebskanäle und Vertriebsinstrumente (Auswahl)

	Online	Offline
Kanäle	- Kommerzielle Vertriebsplattformen - Internet-Homepages - Kundenserviceplattformen - Online-Shops - Messenger-Dienste - Social-Media-Plattformen	- Eigene Vertriebsmitarbeiter - Selbstständige Handelsvertreter - Externe Vertriebsagenten - Vertriebspartner - Kundencenter
Instrumente	- E-Mail - E-Newsletter - Online-Verkaufstool - SMS - Chat - Tweet - Banner - SEO/SEA	- Mailing per Post - Vertriebspräsentation - Flip Chart - Telefongespräch

dient der Betreuung von Kunden während der Vertragslaufzeit. Im Rahmen der Vertriebsphasen werden unterschiedliche Vertriebskanäle und Interaktionsinstrumente, die sogenannten *Vertriebsinstrumente*, eingesetzt.

Je nach verwendeter Technologie unterscheidet man *Onlinekanäle* und *Offlinekanäle* (siehe Tab. 2.1). Onlinekanäle sind webbasiert und liefern den Kunden wichtige Informationen mittels digitaler Plattformen oder Applikationen. Offlinekanäle dagegen ermöglichen eine Interaktion von Angesicht zu Angesicht („face to face") oder über Sprache („ear to ear"). Typische Offlinekanäle sind Kunden- und Servicecenter, mit denen sich Kunden bei ihrem Stromanbieter direkt und persönlich oder per Hotline telefonisch informieren können. Weitgehend „offline" funktioniert zudem der persönliche Vertrieb mittels Agenten oder eigenen Vertriebsmitarbeitern – allerdings werden diese „online" durch digitale Vertriebstools unterstützt. Typische Onlinekanäle sind die eigene Homepage oder externe Vertriebsplattformen, auf denen Angebote der Stromvertriebe platziert werden. Je nach Ausgestaltung übernimmt die Vertriebsplattform verschiedene Funktionen – von der Aufnahme der Kundendaten bis hin zum Vertragsabschluss.

Die Auswahl der Vertriebskanäle und Vertriebsinstrumente sowie die transportierten Angebote richten sich nach dem jeweiligen *Kundensegment*, das akquiriert werden soll.

▶ **Definition Kundensegment** = Teilgesamtheit von Kunden, die auf Aktionen und Maßnahmen gleichförmiger reagieren als die Gesamtheit der Kunden.

Unter **Kundensegmentierung** versteht man die grundlegende Systematik, mit der Kunden und Zielkunden im Unternehmen unterschieden werden. Basis der Kundensegmentierung sind Kriterien, die Kundensegmente eindeutig voneinander trennen.

Die in Abb. 2.3 dargestellte Systematik beschreibt die wesentlichen Kriterien, mit denen sich Kunden voneinander abgrenzen lassen.

Verwendungszweckkriterien beschreiben, für welche privaten oder geschäftlichen Anwendungen Strom genutzt wird. *Sozio-demographische Kriterien* beziehen sich auf die Sozio-Demographie der Kunden und beinhalten Angaben zu Wohnorten oder Alter. Sozio-demographische Kriterien können wiederum das *Verhalten* von Kunden beeinflussen. Bestimmte Verhaltenskriterien wie das Einkaufs- oder Konsumverhalten werden zudem von *Psychologischen Kriterien* wie unterschiedlichen Motiven und *Struktur-*

Abb. 2.3 Kundensegmentierungsmerkmale

kriterien beeinflusst. Letztere können beispielweise in der Intensität liegen, mit der Strom genutzt wird und den Aufbau von spezialisierten Buying Centern rechtfertigen. Strukturkriterien beeinflussen zudem spezielle *Vertragskriterien*, mit denen die Stromlieferung gestaltet wird und deren Erfüllung in ökonomische Größen wie Absätzen oder Umsätzen mündet.

Entscheidend für die vertriebliche Interaktion mit Kunden ist hier sicher die Analyse von Verhaltenskriterien. Insbesondere das Wissen über das Informations-, Kommunikations- und Entscheidungsverhalten von Kunden in den verschiedenen Vertriebsphasen ist die Voraussetzung für den erfolgreichen Einsatz von verschiedenen Vertriebskanälen und Vertriebsinstrumenten im Rahmen der Kundenbindung und Kundenakquise.

Das Stromeinkaufsverhalten der Geschäftskunden unterscheidet sich insbesondere nach organisatorischen und energiewirtschaftlichen Strukturkriterien sowie psychologischen Kriterien. Zu den energiewirtschaftlichen *Strukturmerkmalen* gehören insbesondere die Höhe der Energiekosten, die Energieintensität und der Stellenwert der Stromkosten im Unternehmen. Zu den *organisatorischen Strukturmerkmalen* gehören Merkmale der Einkaufsorganisation wie zentrale oder dezentrale Einkaufsabteilungen, Buying Center und vorhandene Einkaufskompetenzen. *Psychologische Merkmale* beziehen sich auf die Einstellungen und die Motive der Energieeinkäufer. Diese bestimmen insbesondere das Informations- und Kommunikationsverhalten und damit auch die Auswahl der Interaktionskanäle.

Die Akquise von Kunden sollte auf den Einkaufsprozess des Kunden abgestimmt werden. Der in Abb. 2.4 abgebildete Einkaufsprozess gilt exemplarisch für einen mittelständischen Industriekunden mit einem hohen Stromkostenanteil und einer zentralen Einkaufsabteilung. Der Einkaufsprozess kann anhand des spezifischen Antwortverhaltens aus einer strukturierten Befragung konstruiert und gegebenenfalls für Kunden mit ähnlichen Strukturmerkmalen angewendet werden. Im aufgezeigten Beispiel beginnt der Kunde sechs bis acht Monate vor dem Auslaufen des bestehenden Vertrages aktiv mit der Suche nach einem neuen Anbieter und einem neuen Stromvertrag. Dazu recherchiert er zunächst auf verschiedenen Homepages der relevanten Anbieter. Anschließend kontaktiert er per E-Mail die aus seiner Sicht infrage kommenden Anbieterunternehmen und lässt sich ebenfalls per E-Mail alternative Angebote zusenden, die er intern anhand von Kriterien bewertet. Das aus seiner Sicht beste Angebot schließt er dann mit einem Anbieter seiner Wahl ab.

Die Aktivitäten des Kunden in den verschiedenen Vertriebsphasen werden durch gezielte Interaktionen des Anbieters unterstützt. In einem *Online-Portal* werden sämtliche Stromprodukte für Industriekunden übersichtlich dargestellt und anhand von Beispielberechnungen erläutert. Ein standardisiertes Anfrage-Feld nimmt die wesentlichen Kundendaten auf und sendet diese an den *Account Manager*. Der Account Manager setzt sich mit dem Kunden telefonisch oder per E-Mail in Verbindung, veranlasst eine Lastgangübertragung, klärt offene Fragen, kalkuliert ein Angebot und stellt das Angebot dem Kunden per E-Mail mit einer bestimmten Bindefrist zur Verfügung. Für den weiteren internen Entscheidungsprozess des Kunden bietet der Account Manager dem Kunden Unterstützung

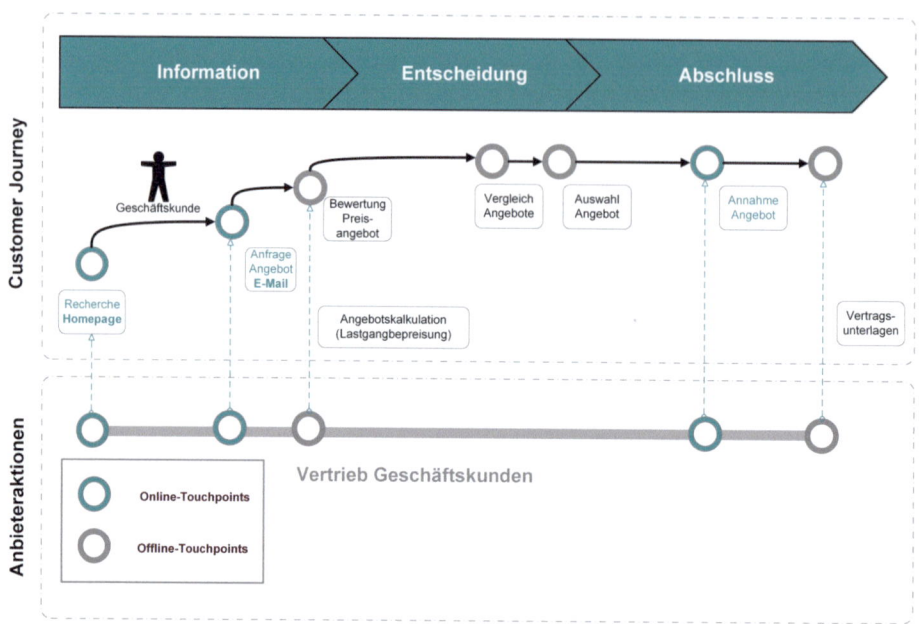

Abb. 2.4 Interaktionen in der Geschäftskundenakquise (exemplarisch)

an. Die Unterstützung bezieht sich auf die Beantwortung von Nachfragen zum Angebot, dem Produkt und seiner Preislogiken sowie der Vergleichbarkeit mit anderen Angeboten. Darüber hinaus werden Fragen zu möglichen Marktpreisentwicklungen und optimalen Abschlusszeitpunkten beantwortet. Zu guter Letzt stellt er für den Kunden sämtliche Vertragsunterlagen zusammen und sendet sie ihm per Post zu. Der aufgezeigte Akquiseprozess basiert sowohl auf „Online-" als auch auf „Offline-"Interaktionen, die je nach Kompetenzprofil der Kunden variiert werden können.

Das Stromeinkaufsverhalten von Haushaltskunden unterscheidet sich ebenfalls nach strukturellen und psychologischen Kriterien, die die Wahl der Interaktionskanäle bestimmen. So nutzen wechselbereite und „Online-affine" Kunden insbesondere Online-Kanäle, die sie auf dem Weg zum Vertragsabschluss begleiten. Der in Abb. 2.5 abgebildete Einkaufsprozess gilt exemplarisch für einen Standardlastprofilkunden, der sich zunächst über eine *kommerzielle Vermittlungsplattform* informiert, eine Anbieter-Vorauswahl trifft und dann nach Sichtung einiger *Homepages* einen Stromvertrag abschließt. Sämtliche Teilprozesse des Kunden können vom Anbieter unterstützt werden. Entscheidend für die Erscheinung des Anbieters und seines Produktes im Blickfeld oder „Relevant Set" des Kunden ist die Positionierung des Produktes auf der Kommerziellen Plattform. Je nach Zielsegment können ökologische, preisliche oder vertragliche Aspekte des Produktes bestimmt werden. Zudem können Qualitätsbewertungen anderer Kunden die Auswahlentscheidung des Kunden erleichtern. Der anschließende Besuch der Homepage kann durch eine übersichtliche Sitestruktur und eine einfache Navigationslogik bis hin zum Vertrags-

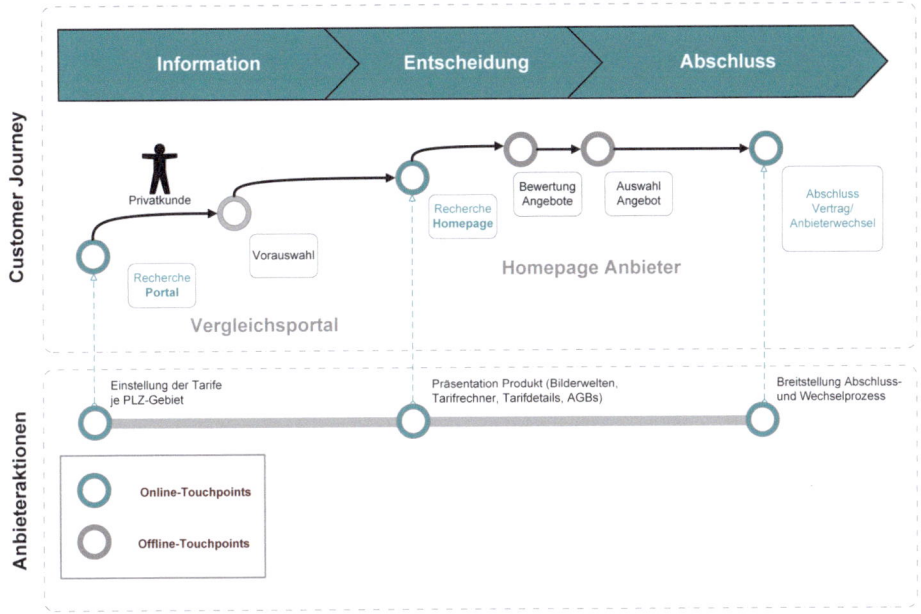

Abb. 2.5 Interaktionen in der Privatkundenakquise (exemplarisch)

abschluss durch den Anbieter und gezielte Anbieteraktionen begleitet werden. Entscheidend für den Vertragsabschluss des Kunden sind möglichst viele positiv erlebte Kontakte, die in Summe die sogenannte *User-Experience (UX)* ergeben. Um die User-Experience möglichst positiv zu gestalten, eigenen sich insbesondere psychologische Verfahren, die je Kontaktpunkt beziehungsweise Touchpoint die *Motive* des Kunden ermitteln und diese anhand von spezifischen Funktionen, Designs und Inhalten bedienen. Die vom Kunden genutzten Touchpoints werden im Rahmen einer *Customer Journey* visualisiert. Ergebnisse der Kontakte wie *Kontaktdauer*, *Kontaktfrequenzen* oder *Kontaktabbrüche* können dann anhand einer Analysesoftware bewertet und im Hinblick auf die Erzielung von Vertragsabschlüssen optimiert werden.

Der Kundenservice erfolgt ebenfalls über einen oder mehrere Interaktionskanäle, die sogenannten *Servicekanäle*. Über Servicekanäle werden verschiedene Serviceleistungen an Kunden „online" oder „offline" kommuniziert und bereitgestellt. Digitale Kundenplattformen ermöglichen es beispielsweise, Zählerstände einzugeben, Rechnungen einzusehen, Abschlagszahlungen zu berechnen und zu korrigieren.

Auch die systematische Beantwortung von Kundenfragen wird über bereitgestellte Servicekanäle unterstützt. Abb. 2.6 zeigt dazu einen generischen Prozess.

Zunächst wählt der Kunde einen Servicekanal, über den eine Frage zu einem Empfänger (Beispiel: Kundencenter) übertragen wird. Der Empfänger stellt zunächst sicher, dass die Frage entgegengenommen und in eine geeignete *Bearbeitungsumgebung* mit entsprechenden Fachkompetenzen eingeordnet wird. Die Bearbeitung der Frage erfolgt

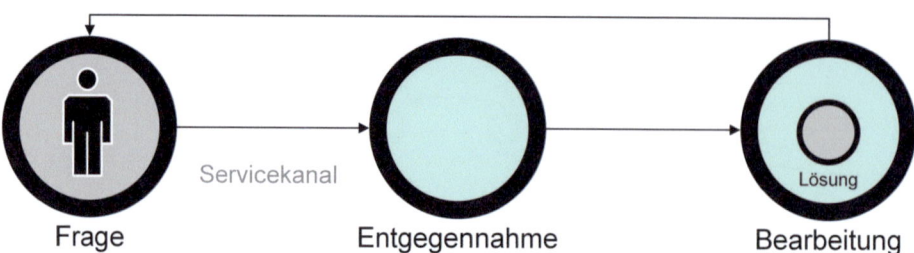

Abb. 2.6 Bearbeitung von Kundenfragen

dann in einer geeigneten Umgebung, in der die Lösung möglichst systematisch erarbeitet wird. Die Lösung wird abschließend an den Kunden über einen von ihm gewählten Servicekanal übertragen.

Dieser vereinfachte Prozess kann nun mehr oder weniger automatisiert und in mehreren Varianten ablaufen. Bereits die Zuordnung von Fragen in geeignete Bearbeitungsumgebungen kann mit digitalen Technologien wie *Keyword-Erkennungssoftware* unterstützt werden. Voraussetzung dafür ist, dass die Fragen in einem digitalen Format vorliegen. Auf sogenannten *Tickets* wird das Kundenproblem systematisch beschrieben und innerhalb der jeweiligen Umgebung bearbeitet. Umgebungen können dabei virtueller Natur in Form von digitalen Plattformen oder real in Form von externen Agenten oder internen Servicemitarbeitern sein. Auch die eigentliche Bearbeitung der Fragen kann entweder vollkommen digitalisiert, teildigitalisiert oder vollständig manuell erfolgen.

Die erarbeitete Lösung wird dann an den Kunden über einen vom Kunden gewünschten Servicekanal zurückgesendet. Hierbei ist auch ein Kanalwechsel, der *Channel Switch*, möglich, wenn der Kunde für die Kommunikation der Lösung einen anderen Kanal als den ursprünglichen Frage-Kanal bevorzugt. Um individuelles Interaktionsverhalten von Kunden bestmöglich abzubilden und Channel Switches zu ermöglichen, sind somit mehrere Servicekanäle – sogenannte *Multi-Channel-Lösungen* – von Stromvertrieben vorzuhalten.

Auch Serviceprozesse lassen sich anhand von Kennzahlen auswerten und im Sinne der Optimierung von Performance- und Kostenzielen optimieren. *Performancekennzahlen* beziehen sich dabei auf extern vom Kunden wahrgenommene Leistungen wie Erreichbarkeit von Empfängern, die Qualität von erarbeiteten Lösungen, die Zufriedenheit mit dem Interaktionsprozess und die Geschwindigkeit, mit der gestellte Fragen beantwortet wurden. *Kostenkennzahlen* dagegen zielen auf interne Abläufe, Prozesse und eingesetzte Instrumente ab, die über die Bindung von unterschiedlichen personellen und sonstigen Ressourcen (Beispiel: Softwarelösungen) unterschiedlich hohe Kosten verursachen.

Über die Höhe der Kosten entscheidet daher auch die Wahl des Servicegrundmodells, das die Aufteilung zwischen eigenen Inhouse-Bordmitteln und externen Ressourcen in Bezug auf die Bewältigung des Kundenservices und einzelner Aufgaben angibt. *Outsourcing-Modelle*, die auf eine weitgehende Übertragung von Serviceaufgaben an externe Dienstleister setzen, verursachen zwar keine einmaligen Investitionen für den Aufbau von Infrastrukturen. Sie können gleichwohl kontinuierliche Kosten für notwendige Abstimmungen und Koordinationen mit einzelnen Fachabteilungen verursachen. *Inhouse-Modelle*, die die Service-Wertschöpfung weitgehend mit eigenen Ressourcen bewältigen, lassen sich dagegen in der Regel zwar gut steuern, sind aber oft auch mit hohen Investitionen verbunden.

In Stromvertriebsorganisationen findet man vor allem *hybride Modelle*, die Inhouse- und Outsourcing-Elemente miteinander verbinden. So werden telefonische Standardanfragen von Haushaltkunden im klassischen Tarifgeschäft in Bezug auf Abschläge oder Rechnungen sehr häufig über eine externe Hotline abgewickelt, deren Agenten Zugriff auf entsprechende Informationssysteme besitzen. Bei Detailanfragen zur Abwicklung von komplexeren Produkten wie PV-Eigenversorgungslösungen (siehe Kap. 4) werden Kunden insbesondere bei Stadt- und Gemeindewerken zum Teil noch von externen Hotlines an die zuständige Fachabteilung weitergeleitet (Anmerkung: basiert auf Erfahrungen aus Beratungsprojekten). Angesichts der Entwicklung und des Einsatzes von digitalen Vertriebsplattformen mit integrierten Servicemodulen können diese Fachabteilungen zukünftig entlastet werden.

Interaktionen spielen auch im Bereich der Abrechnung eine wesentliche Rolle.

Die Abrechnung beginnt mit der Aufnahme von Zähldaten beim Kunden und endet mit der Einzahlung von Zahlungsmitteln auf Konten des Anbieters. Dazwischen sorgen zahlreiche Prozesse und Systeme für die Sammlung, Plausibilisierung, Auswertung und Verarbeitung der Zähldaten zu abrechnungsfähigen Rechnungsdaten, die anhand von Rechnungen zum Kunden gelangen.

Unter *Zähldaten* versteht man vereinfacht die durch Stromzähler gemessene Wirkleistung, die über den Zeitablauf summiert als Wirkenergie (kWh) dargestellt wird. Die Aufnahme von Zähldaten kann über verschiedene Technologien erfolgen. Der *Ferrariszähler* [1] basiert auf dem Prinzip der Wechselwirkung zwischen einem sich periodisch ändernden magnetischen Fluss und den von ihm in einem Metallläufer induzierten Strömen. Auf den Metallläufer wirken Strom- und Spannungsspule und ein Bremsmagnet ein, der den Bremsmoment erzeugt. *Der elektronische Zähler* ermittelt die Wirkenergie im Gegensatz zum Ferrariszähler nicht durch mechanische, sondern durch elektronische Bauteile. Kennzeichen der elektronischen Zähler ist, dass in ihm Zähldaten in digitaler Form vorliegen und durch digitale Schnittstellen weiterverarbeitet werden können.

Als sogenannte *Intelligente Zähler* (Beispiel: EDL-21-Zähler) bezeichnet man elektronische Zähler, die Zähldaten empfangen und senden können. Ein *Intelligentes Messsystem* besteht aus einer *elektronischen Messeinrichtung*, die Zählwerte digital erhebt, und einem *Smart Meter Gateway*, das Zählwerte speichert, verarbeitet und an verschiedene Marktteilnehmer gemäß aktueller Marktregeln kommuniziert (siehe Abschn. 4.2.2). Mit den gesetzlichen Anforderungen zum Ausbau intelligenter Messsysteme [2] etablieren sich zunehmend *Smarte Zähler* oder „*Meters*" sowie *intelligente Messsysteme*, die den Stromverbrauch von Kunden in beliebiger Granularität messen, analysieren und

im Rahmen von verschiedenen Geschäftsmodellen (Dynamische Tarife, Transparenz-
modelle, Community-Plattformen) nutzen. Auf diese Thematik wird ebenfalls in Kap. 4
des Lehrbuchs näher eingegangen.

Grundlage für die *Jahresverbrauchsabrechnung* von *Standardlastprofilkunden* ist der
Jahresverbrauch an Wirkenergie. Dieser wird anhand von Ablesungen des Zählerstandes
zu verschiedenen Zeitpunkten ermittelt und bildet die Basis für unterjährige Abschlagsforderungen. Aufgrund der technologischen Entwicklungen im Zähl- und Messwesen ist
damit zu rechnen, dass Abschlagsforderungen bei Standardlastprofilkunden künftig mehr
auf gemessenen und weniger auf geschätzten unterjährigen Wirkenergieverbräuchen basieren. Im Extremfall kann die verbrauchte Wirkenergie bereits heute durch den Einsatz
von Abrechnungssystemen auf Basis der *Block Chain* in Echtzeit (siehe Abschn. 3.3.1) abgerechnet werden. Damit entfallen aus Sicht der Anbieter notwendige Ausgleichsein-
zahlungen und Auszahlungen am Ende des Jahres.

Grundlage für die *Jahresverbrauchsabrechnung* von *leistungsgemessenen Kunden*
(RLM-Kunden) ist ebenfalls der Jahresverbrauch an Wirkenergie. Allerdings werden
gegenüber leistungsgemessenen Kunden Abschläge auf der Basis von unterjährig gemessenen Verbräuchen berechnet.

Die Jahresrechnung enthält die für den Abrechnungszeitraum gültigen Preise und
Verbrauchsmengen, den Jahresendbetrag sowie die sich ergebenden Guthaben oder
Nachzahlungen (Abb. 2.7). Zur Erstellung der Jahresrechnung für Kunden werden *ab-*
rechnungsrelevante Daten benötigt. Unter abrechnungsrelevanten Daten versteht man
Daten, die für die Erstellung der Abrechnung notwendig sind. Dazu gehören neben den
Adress- und Kundendaten, Kundennummer, Zählernummer, Zählerstände und die ermittelte Wirkenergie der Abrechnungszeiträume (Abb. 2.8). Hinzu kommen Netzkosten
und Abgaben, die in die Preiskomponenten (Grundpreise, Arbeitspreise, Eintarifpreise)
eingeflossen sind. Die abrechnungsrelevanten Daten werden aus verschiedenen IT-Systemen generiert. Adress- und Kundendaten stammen aus einer Vertragsdatenbank. Preise
werden aus einem Portfoliomanagementsystem generiert, und der abrechnungsrelevante
Verbrauch wird über Meterdaten- und Energiemanagementsysteme gewonnen. Ein
Meterdatenmanagementsystem (MDM) dient der Sammlung, Plausibilisierung und Kor-
rektur von Einzelzähldaten, die aus einem traditionellen Zähler ausgelesen werden. In
einem Energiedatenmanagementsystem (EDM-System) können Einzelzähldaten zu
Einzelzeitreihen aggregiert und zu Verbrauchsmengen verarbeitet werden. Die Verbrauchsmengen werden dann mit Preisen in einem Abrechnungssystem zusammen-
geführt und zu Rechnungsbeträgen verarbeitet.

Der Versand der Jahresrechnung an Endkunden erfolgt wahlweise über den klassischen
Postweg oder über E-Mail. Insbesondere bei „Online-Tarifen" werden Jahres- und
Zwischenrechnungen in Online-Kundencentern bereitgestellt. Beim elektronischen Versand wird häufig ein PDF-Format genutzt. Im Industrie- und Gewerbekundensegment
kommen zunehmend auch weiter zu verarbeitende Formate wie XML in Zusammenhang
mit standardisierten Austauschprozessen zum Einsatz. So bietet der Zentrale User Guide
des Forums elektronische Rechnung Deutschland *ZUGFeRD* einen Standard für die

Kundenservice

Herrn
Mustermann
Smart Meter Weg 10
51578 Energieberg

Kundennummer X 205 8309 417
Lieferstelle Smart Meter Weg 10, 51578 Energieberg

Ihre Jahresrechnung Strom

Gute Nachrichten für Sie, Herr Georg!

Sie haben in Ihrer Jahresrechnung ein Guthaben!

	Verbrauch	Netto	Umsatzsteuer	Brutto
Strom	5.587 kWh	957,10 €	181,85 €	1.138,95 €
Ihre Zahlungen bis zum 23.02.2024		1.028,52 €	195,48 €	1.224,00 €
Guthaben				85,05 €

Ihr neuer monatlicher Abschlag ab dem 23.03.2024

			Brutto
Strom HT	6,72 €	1,28 €	8,00 €
	79,83 €	15,17 €	95,00 €
Gesamt			103,00 €

Die Fälligkeitstermine Ihrer Abschläge lauten: 23.03.2024, 23.04.2024,...

Abb. 2.7 Jahresrechnung (exemplarisch)

elektronische Weiterverarbeitung von Rechnungsdaten dadurch, dass in einer PDF-Datei eine auslesbare XML-Datei integriert ist. Rechnungsdaten können so direkt in Buchhaltungs- und Rechnungssysteme der Endkunden einfließen.

Gemäß § 42 Energiewirtschaftsgesetz (EnWG) muss eine Stromrechnung in Deutschland eine *Stromkennzeichnung* enthalten. Einzelheiten zu Bilanzierung, Abläufen und Prozessen der Stromkennzeichnung enthält der Leitfaden zur Stromkennzeichnung des Bundesverbandes der Energie- und Wasserwirtschaft e. V. [3].

Die Stromkennzeichnung weist die Herkunft des Stroms in Bezug auf die verkauften Gesamtmengen (Unternehmensmix) transparent aus. Zudem werden einzelne Produkte

Kundenservice

Ihre Stromrechnung im Detail   Kundennummer X 205 8309 417

Marktlokation: 502115128639   Lieferstelle Smart Meter Weg 10, 51578 Energieberg
Messlokation: DE 007442 51567 00000000000000000000345876
Netzbetreiber: Netz AG
(Code Nummer: 9907388000007)
Messstellenbetreiber: Netz AG
(Code Nummer: 9906514000008)

	Zählernummer	Zählerstand	Ablesung	Verbrauch
10.02.24	1EMH004609085	NT 14.513,000	Kunde	
10.07.24	1EMH004609085	NT 16.322,000	Messstellen betreiber	1.809
19.02.24	1EMH004609085	NT 20.100,000	Messstellen betreiber	3.778
Summe				5.587

Ihr Rechnungsbetrag für Ihr Produkt **Cheap Power** setzt sich zusammen aus:
Grundpreis (netto)

	Preis/Jahr	Tage	anteilig	
10.02.24-31.12.24	74,00 €	365	325	65,89 €
01.01.24-19.02.24	74,00 €	365	50	10,14 €
Gesamt				103,00 €

Verbrauchspreis (netto)

	kWh	ct/kWh	
10.02.24-31.12.24	4.233	15,77	667,54 €
01.01.24-19.02.24	1.354	15,77	213,53 €
Gesamt	5.587		881,07 €

Der Rechnungsbetrag setzt sich zusammen aus: EEG-Umlage:..., KWK Umlage:..., Stromsteuer:..., Netznutzung:..., Messstellenbetrieb:..., Messdienstleistung:... usw.

Abb. 2.8 Details zur Jahresrechnung (exemplarisch)

mit einem spezifischen Energieträgermix gekennzeichnet (siehe Abb. 2.9). Die gelieferte Menge Erneuerbaren Energien mit HKN wird entsprechend gekennzeichnet. Da Kunden über die EEG-Umlage große Mengen aus Erneuerbaren Anlagen finanzieren, haben sie ein Anrecht darauf, diese Mengen explizit auf ihrer Rechnung als „Erneuerbare Energien gefördert nach EEG" einzusehen.

Nach § 78 Abs. 1 EnWG kann mit dem Inkrafttreten des *Regionalnachweisregisters* des Umweltbundesamtes seit Januar 2019 auch Strom aus Regionalen Anlagen mit Regionalnachweisen (RN) gekennzeichnet werden. Regionalnachweise können jedoch lediglich

Abb. 2.9 Stromkenn-
zeichnung eines Ökostrom-
produktes in Deutschland

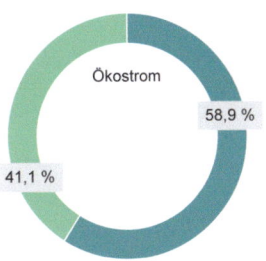

Ökostrom

58,9 %

41,1 %

■ Erneuerbare Energien gefördert nach dem EEG
■ Strom aus Erneuerbaren Energien mit HKN - nicht gefördert nach dem EEG

für geförderte EEG-Strommengen ausgestellt werden, die aus Anlagen stammen, die sich in einem Umkreis von 50 km befinden. Details zur Bestimmung berechtigter Anlagen findet man auf der Internetseite des Umweltbundesamtes [4].

Regionalnachweise kennzeichnen die regionale Herkunft der an Kunden gelieferten Strommengen. Sie sind jedoch nicht mit Herkunftsnachweisen zu verwechseln, die die Herkunft aus Erneuerbaren Energien kennzeichnen und daher für die Entwicklung von Grünstromprodukten genutzt werden können. Die operative Abwicklung der Nachweise erfolgt ähnlich wie bei Herkunftsnachweisen (HKN) in einem digitalen Register des Umweltbundesamtes, dem sogenannten Regionalnachweisregister (RNR).

Ebenfalls verpflichtend im Rahmen der Stromrechnung ist ein *Verbrauchsvergleich*. Dieser vergleicht den aktuellen Jahresverbrauch mit dem Vorjahresverbrauch und dem bundesweiten Durchschnitt.

Darüber hinaus sind Angaben über die *Umweltauswirkungen* des bundesweiten Strommix (Bundesmix) und des Strommix einzelner Angebote verpflichtend. Die Darstellung erfolgt zum einen über zugehörige Kohlendioxid-Emissionswerte (*CO_2-Emissionswerte*). Diese werden für jeden Strommix in der Einheit Gramm CO_2 je Kilowattstunde dargestellt. Zum anderen wird – ebenfalls für jeden Strommix – der *radioaktive Abfall* in der Einheit Gramm je Kilowattstunde dargestellt.

Die dabei zu verwendenden spezifischen *Emissionsfaktoren* je Energieträger werden vom Umweltbundesamt (UBA) vorgegeben. Sie richten sich nach internationalen Vorgaben zur Emissionsberichterstattung und beinhalten Werte, die bei der Erzeugung von Strom aus bestimmten Energieträgern für den Stromverbrauch anfallen und somit nicht die gesamte Wertschöpfungskette der Stromerzeugung und Stromversorgung umfassen.

Auch in der Schweiz ist die Herkunft des Stroms lt. Energiegesetz kennzeichnungspflichtig. Danach müssen Energielieferanten mindestens einmal pro Jahr ihre Kundinnen und Kunden darüber informieren, aus welchem Erzeugungsmix sich ihre produktbezogene Strommenge (siehe Abb. 2.10) zusammensetzt. Zudem werden ebenfalls wie in Deutschland Angaben zum gesamten Liefermix verlangt.

Das Inkasso bezeichnet Prozesse, mit denen Zahlungsmittel von Kunden nach einer Zahlungsaufforderung an den Anbieter transferiert werden. Für den Anbieter stellen diese Zahlungen buchhalterisch *Einzahlungen* dar, da sie den Kassenbestand des Anbieters und damit die liquiden Zahlungsmittel erhöhen. Aus Sicht des Kunden stellen die Zahlungen

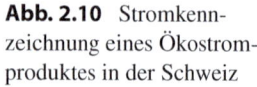

Abb. 2.10 Stromkenn-
zeichnung eines Ökostrom-
produktes in der Schweiz

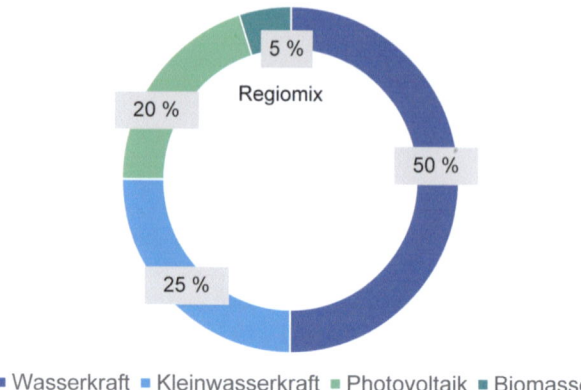

Tab. 2.2 Zahlungswege

Klassische Zahlungswege	Online-Zahlungswege
- Bareinzahlung	- Online-Banking
- Überweisung schriftlich	- PayPal
- Überweisung Bankautomat	- Giropay
- Kreditkarte	- Paydirect
- EC-Karte	- Kryptowährungen (Bitcoin, Ripple, Ethereum usw.)
- Lastschrifteinzugsverfahren/SEPA	

Auszahlungen dar, da sie den Kassenbestand und damit die liquiden Mittel des Kunden verringern. Die Transaktion von Zahlungsmitteln kann über mehrere *Zahlungswege* vorgenommen werden. Der Einsatz der Zahlungswege (Tab. 2.2) hat Einfluss auf die Erfüllung der Zahlungsziele, die Minimierung von Zahlungs- und Liquiditätsrisiken sowie die Gewährung von Zahlungsoptionen für unterschiedliche Kundensegmente.

Zahlungstransaktionen unterscheiden sich nach *Zahlungszeitpunkten* (Beispiele: Vorabzahlungen oder „Pre Payments", leistungssynchrone Echtzeitzahlung und Zahlungszielzahlung), nach *Zahlungsstückelung* (Beispiele: Einmalbetrag, Vollzahlung, Periodenbeträge, Ratenzahlung) und *Zahlungsbeträgen* (Beispiele: Makro- und Mikrobeträge).

Die *Zahlungstransaktionskosten* ergeben sich aus der Kombination aus Art der *Zahlungsaufforderung* und *Zahlungsweg*. Die Zahlungsaufforderung kann per Post, per E-Mail, per Kundenportal oder auch per Social-Media-Link erfolgen. Neben den Zahlungstransaktionskosten spielen aus Sicht des Anbieters die Pünktlichkeit und Verlässlichkeit der Zahlungseingänge eine wesentliche Rolle, da diese Auswirkungen auf kostenintensive Folgeprozesse (Mahnungen, Gerichtsverfahren) haben. Die Minimierung von Zahlungstransaktionskosten muss daher immer im Zusammenhang mit möglichen Folgekosten bewertet werden.

Das Vertriebsreporting erfolgt für jeden Interaktionsbereich anhand von verschiedenen Kennzahlen, die zur Steuerung der Interaktionen dienen (siehe Tab. 2.3). *Qualitätskennzahlen* beschreiben die Qualität der Interaktion mit Kunden und umfassen einzelne Interaktionsprozesse in der Akquise, im Service und im Bereich der Abrechnung (siehe Abb. 2.11). Über die Wahrnehmung beim Kunden führen diese in der Regel zu *Zufrieden-*

Tab. 2.3 Kennzahlen (Beispiele)

A Kosten	B Qualität	C Zufriedenheiten
A1: Cost to Acquire: Kosten, die für die Akquise eines Kunden aufgewendet werden; Channel-Costs: Kosten, die für einzelne Vertriebskanäle aufgewendet werden A2: Cost to Serve: Kosten, die für den Kundenservice aufgewendet werden A3: Meter to Cash Costs: Kosten, die für den Meter-to-Cash-Prozess anfallen	B1: Conversion-Rate: Verhältnis zwischen Anzahl Besuchern der Homepage und gewünschten Kundenaktionen (Vertragsabschlüssen); Hit-Rate: Verhältnis zwischen Anzahl gelegter Angebote und Vertragsabschlüssen B2: Click-Through-Rate (CTR): Verhältnis von Online-Aktivitäten des Anbieters und Klicks; Erreichbarkeit: Stunden, die eine Service- oder Vertriebseinheit zur Verfügung steht (z.B. 24/7); Average Handling Time (AHT): Zeit bis zur Beantwortung von Kundenfragen; Verweildauer B3: Datenfehlerquote: Anteil von nicht plausiblen Daten im relevanten System (Meterdatenmanagement (MDM), Energiedatenmanagement (EDM), Abrechnungssystem); Dauer des Meter-to-Cash-Prozesses	C1: Gesamtzufriedenheit mit der Akquise; Zufriedenheit mit Einzelfunktionen und Prozessen der Akquise C2: Gesamtzufriedenheit mit dem Kundenservice; Zufriedenheit mit Einzelfunktionen und Prozessen des Kundenservices C3: Gesamtzufriedenheit mit der Abrechnung; Zufriedenheit mit Einzelfunktionen und Prozessen der Abrechnung

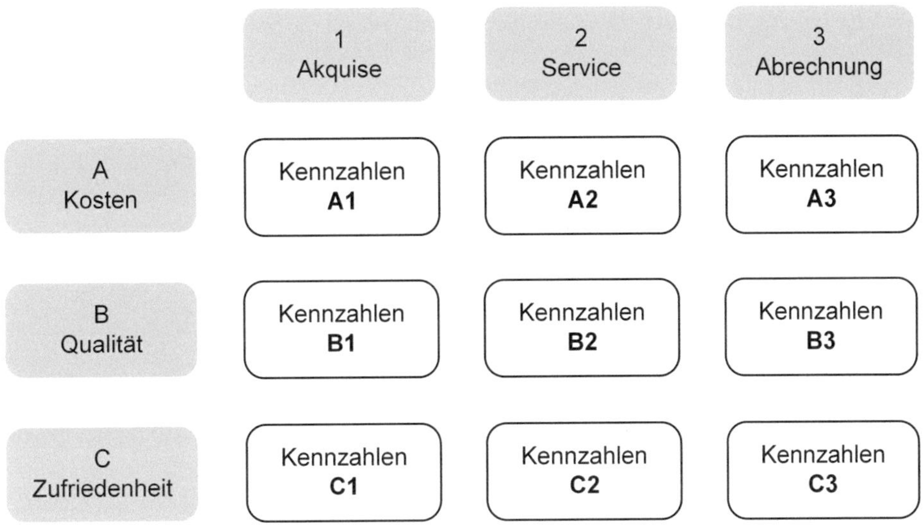

Abb. 2.11 Kennzahlen

heitskennzahlen, welche die Zufriedenheit mit den Gesamtleistungen eines Bereichs und einzelnen Teilleistungen angeben. Qualität und Zufriedenheiten lassen sich meist nicht zum Nulltarif erreichen. Daher müssen immer auch *Kostenkennzahlen*, die sich aus dem Aufbau und dem Betrieb verschiedener Instrumente ergeben, berücksichtigt werden.

Zwischen Qualitäts- und Kostenkennzahlen gibt es zahlreiche Abhängigkeiten, die im Rahmen von *Kennzahlenmodellen* abgebildet werden müssen. So führen steigende *Hit-Raten* als Verhältnis von gelegten Angeboten zu abgeschlossenen Verträgen tendenziell zu niedrigeren *Akquisekosten* (*Cost to Acquire*), da weniger Angebote für einen Vertragsabschluss gelegt werden müssen. In der Regel sind aber für steigende Hit-Raten auch zusätzliche Ausgaben notwendig (Beispiel: neues Angebotssystem), die bei der Beurteilung von Maßnahmen mit berücksichtigt werden müssen.

Auch die Steigerung der Erreichbarkeit kann mehrere Effekte haben. Zum einen kann sie zu höheren Servicekosten (*Cost to Serve*) führen – und zwar immer dann, wenn eine höherer Erreichbarkeit durch die Anschaffung neuer Systeme oder durch Personaleinstellungen erfolgt. Zum anderen kann eine steigende Erreichbarkeit zu höheren Kundenzufriedenheiten und längeren Vertragsbeziehungen führen, die dann über insgesamt höhere Kundenwerte zu besseren Vertriebsergebnissen führen. Auch hier müssen beide Effekte im Rahmen des Entscheidungsprozesses gegeneinander abgewogen werden.

Um Leistungen und Ausgaben für die Interaktion in einzelnen Kundensegmenten im Hinblick auf die Erzielung von Kundenwerten systematisch zu steuern, eignen sich Kennzahlenmodelle, die insbesondere das Zusammenspiel zwischen einzelnen Leistungen, Kosten, Kundenbindung und dem Kundenwert aufzeigen.

Ein Ansatz, der für den Geschäftskundenvertrieb einer Stromvertriebsorganisation entwickelt wurde und auf die Optimierung von Service- beziehungsweise Kundenbindungsleistungen abzielt [5], nutzt dazu, wie in Abb. 2.12 dargestellt, sogenannte Bewertungsindices. Der *Kundenbindungsindex* bemisst dabei die Stärke der Kundenbindung.

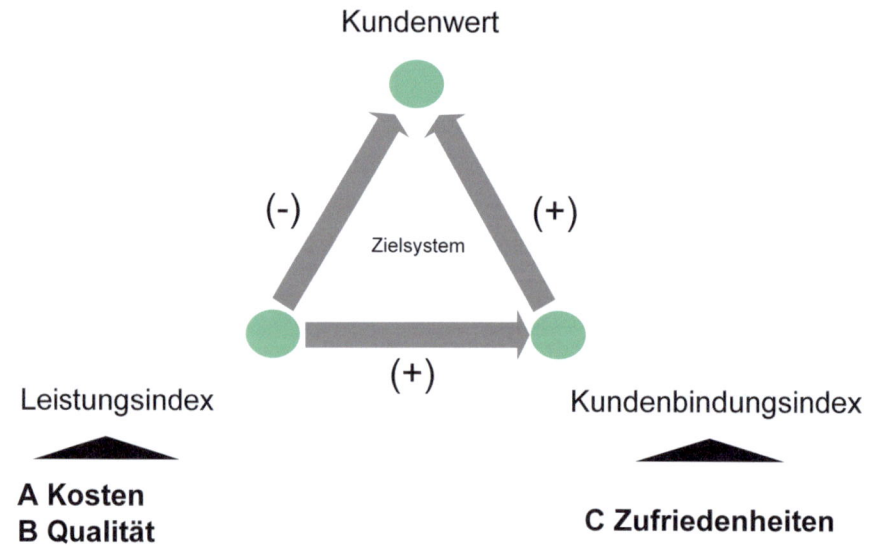

Abb. 2.12 Bewertungsindices und deren Zusammenhänge – erweitert in Anlehnung an Bremen, Georg, Klingen [5]

Er kann über die Berücksichtigung mehrerer relevanter Kriterien (Beispiele: Weiterempfehlungsbereitschaft, Zufriedenheiten) durch eine Kundenbefragung ermittelt werden. Der *Leistungsindex* stellt dabei den ausgeschöpften Anteil der zur Verfügung stehender Budgets je Kundensegment dar. Er steigt grundsätzlich an, wenn Budgets ausgeschöpft werden. Der Kundenwert wird gemäß Abb. 2.12 positiv durch steigende Kundenbindungsindices und fallende Leistungsindices beeinflusst. Ein steigender Leistungsindex kann wiederum unter bei Anwendung von relevanten und wirkenden Kundenbindungsmaßnahmen den Kundenbindungsindex positiv beeinflussen.

Anhand der Vorgabe von Soll-Werten kann nun die Zielerreichung in jedem Kundensegment laufend überprüft und über den Ausbau beziehungsweise über die Drosselung von Leistungen und Budgets angepasst werden. Budgets, die in einem Kundensegment frei werden, können beispielsweise in einem anderen Segment eingesetzt werden, um bestimmte Kundenwerte zu erzielen.

▶ **Aus der Praxis** Mit dem Ziel der Schaffung positiver Interaktionserlebnisse in Verbindung mit der Jahresendrechnung beauftragt die Abteilung Abrechnungsprodukte des Stadtwerks einen Dienstleister, der Guthaben am Ende des Jahres in einen Gutschein mit einem im Vergleich zum Guthaben höheren Gegenwert umwandelt und abwickelt.

Der Guthaben-Kunde bekommt vor Sendung der Jahresendrechnung eine E-Mail mit einem Link zugesendet. Klickt er auf den Link, wird ihm das Guthaben und eine Option angezeigt. Der Kunde hat die Wahl: Entweder er lässt sich das Guthaben wie gewohnt auszahlen, oder er wählt den Gutschein eines Eventveranstalters.

Der von Kunden oft nicht wahrgenommene Prozess der automatisierten Auszahlung von Guthaben im Rahmen der Jahresendrechnung wird damit zum emotionalen Erlebnis. Entscheidet sich der Kunde z. B. für den Besuch eines exklusiven Konzerts, wird das Erlebnis immer mit der Stromrechnung und damit mit seinem Stadtwerk in Verbindung gebracht.

Die Kundenbindung steigt. Damit steigt auch der Kundenwert. Die zusätzlichen Abwicklungskosten sind aufgrund eines standardisierten Aufsetzens auf das Abrechnungssystem und standardisierten Schnittstellen zum Front-End-System gering. Insgesamt kommt das Stadtwerk zum Ergebnis, dass die positive wahrgenommene Interaktion im Zusammenhang mit der sonst eher leblosen Jahresendrechnung zu längeren Vertragslaufzeiten und höheren Kundenwerten führt.

2.3 Operations

Während wesentliche Bereiche der Interaktion für den Kunden sichtbar sind, werden die wesentlichen Funktionen im Bereich Operations weitgehend unbemerkt ausgeführt. Man kann den Bereich Operations auch als den *energiewirtschaftlichen Maschinenraum* be-

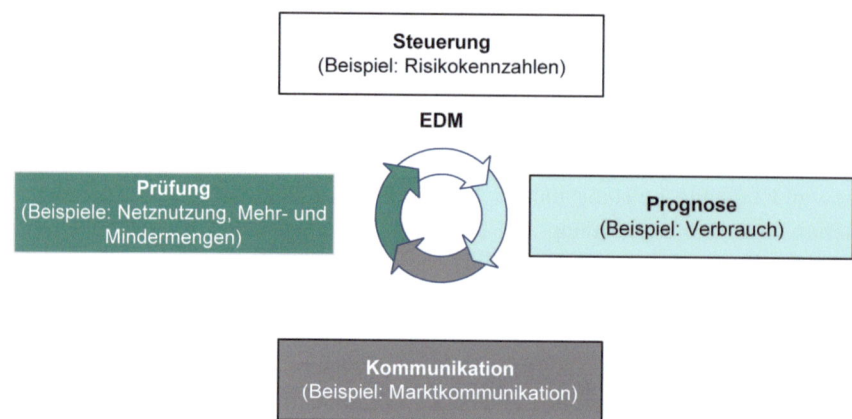

Abb. 2.13 Rolle des Energiedatenmanagements

zeichnen, in dem sämtliche Prozesse, die zur energiewirtschaftlichen Leistungserstellung dienen, vorbereitet und abgewickelt werden. Der energiewirtschaftliche Maschinenraum besteht aus einer Vielzahl unterschiedlicher Systeme, die Interaktions- und Beschaffungsdaten sammeln, analysieren und verarbeiten – immer unter der Prämisse, Produkte und Services gemäß Kundenanforderungen und gesetzlicher Vorgaben herzustellen und abzuwickeln. Zentrale Elemente dieses Systems sind Energiedatenmanagement- und Prognosesysteme.

Das Energiedatenmanagement ist eine Art Datendrehscheibe, welche unterschiedliche Anforderungen bedient (siehe Abb. 2.13). Dazu gehören die Prognose von Verbräuchen der Kunden, die Prüfung von abrechnungsrelevanten Daten, die Kommunikation gegenüber Marktakteuren sowie die interne Steuerung des Vertriebs anhand von Kennzahlen.

Das Energiedatenmanagement wird über IT-Systeme betrieben, die Daten systematisch aus anderen Systemen sammeln, aufbereiten und den genannten Anforderungsbereichen zur Verfügung stellen. Dabei werden analog zu physischen Produktionsprozessen Roh-, Hilfs- und Halbfertigdaten zu Anwendungsdaten verarbeitet.

Die Prognose (Abb. 2.14) nutzt *Absatzprognosedaten* für bestimmte Kundensegmente, die in *Prognosebücher* einfließen und dort gepflegt werden. Die Absatzprognosebücher sind die Basis für die Beschaffungsplanung und damit für die Erzielung von Beschaffungspreisen je Kundensegment. Typische Rohdaten in diesem Kontext sind historische Einzelzähldaten, die über Einzelzeitreihen und Summenzeitreihen komprimiert, mit prognoserelevanten Daten (z. B. Wetterdaten, Feiertage) angereichert und zu Absatzprognosen verdichtet werden. Die Absatzprognosen werden im sogenannten *Absatzportfoliomanagement* (PFM Absatz) geführt und durch ankommende Ist-Daten stetig angepasst. Je nach Kundensegment existieren unterschiedliche Vor-Systeme (z. B. Zählerfernauslesung bei leistungsgemessenen Kunden), aus denen die Daten in das EDM-System importiert werden.

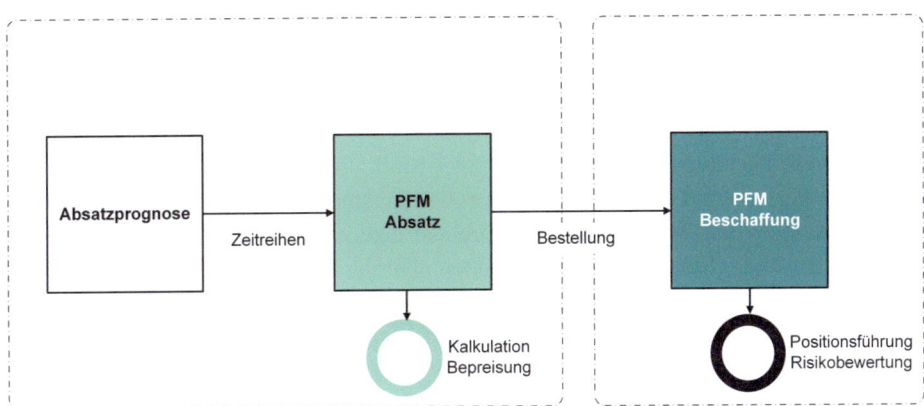

Abb. 2.14 Prognoseprozesse

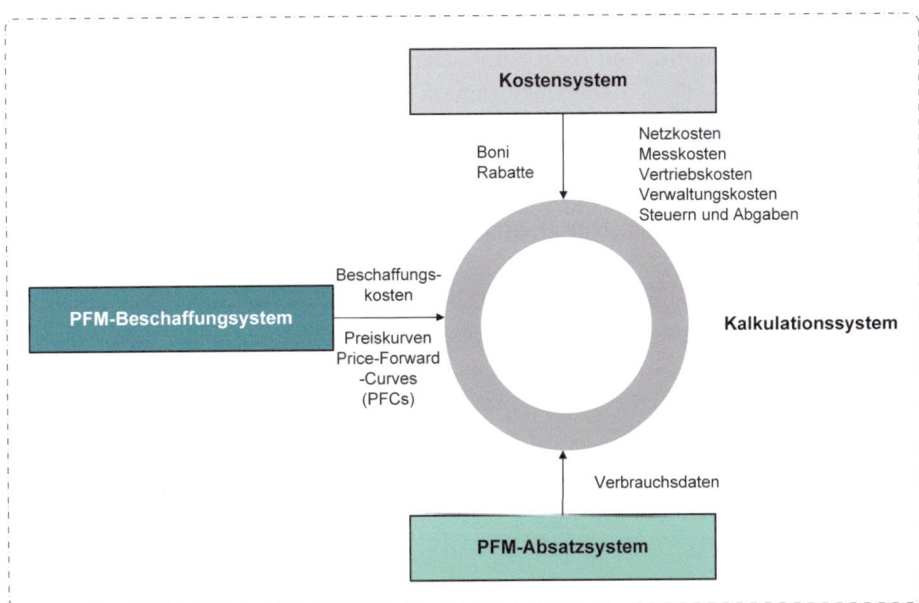

Abb. 2.15 Kalkulationssystem

Die Kalkulation der Stromprodukte ist eine Kernaufgabe im Rahmen des Betriebsmodells. Sie basiert auf einer *strategischen* und einer *operativen* Ebene. Auf der strategischen Ebene werden vor dem Hintergrund der *Preispositionierung* und der *Deckungsbei-
tragsziele* im Markt *Zielpreise* für Produkte und Kundensegmente vorgegeben. Auf der
operative Ebene findet die möglichst verursachungsgerechte Zuordnung von Kosten auf
Produkte und Kundensegmente sowie der Zuschlag preistaktischer Elemente wie Boni
oder Rabatte statt. Die Preis- oder Tarifkalkulation basiert auf Daten, die aus verschiedenen
Systemen generiert werden (siehe Abb. 2.15).

Das *PFM-Absatzsystem* liefert wie bereits beschrieben die zur Kalkulation notwendigen *Prognosedaten* für den Verbrauch der Kunden zu jeder Zeiteinheit (in der Regel Verbrauchsprognose für jede Viertelstunde).

Das *PFM-Beschaffungssystem* (Portfoliomanagement-Beschaffungssystem) stellt die zur Angebotskalkulation notwendigen künftigen Marktpreise in Form von *Price-Forward-Curves* zur Verfügung. Price-Forward-Curves basieren meist auf historischen Termin- und Spotmarktpreisen und treffen als Preiszeitreihen eine Aussage über zukünftige Marktpreise (in der Regel Stundenpreise). Sie bilden über die Verknüpfung mit den künftig zu beschaffenden Mengen je Zeiteinheit den voraussichtlichen Angebotswert des Kunden. Der Angebotswert des Kunden gibt vereinfacht an, zu welchem Preis der Kunde mit seinem individuellen Lastprofil zukünftig beschafft werden kann.

Das *Kostensystem* liefert sämtliche Kostenarten, die zur Kalkulation eines Angebots notwendig sind. Wesentliche direkt zuordenbare Kostenarten sind Netzentgelte, Mess-, Vertriebs- und Verwaltungskosten sowie sämtliche Steuern und Umlagen, die aus unterschiedlichen Systemen bereitgestellt werden.

Die Marktkommunikation sorgt dafür, dass Anforderungen an den Austausch von Daten mit unterschiedlichen Marktteilnehmern (Beispiele: Lieferanten, Netzbetreiber, Bundesnetzagentur) erfüllt werden. Hierzu gehören die Abwicklung von Lieferantenwechseln Strom nach den Geschäftsprozessen zur Kundenbelieferung mit Elektrizität (GPKE) [6] und Anforderungen, die im Zusammenhang mit der Rolle des Bilanzkreisverantwortlichen bei der Bewirtschaftung von *Bilanzkreisen* stehen.

▶ **Bilanzkreis** = virtuelles Konto, auf dem sämtliche Einspeisemengen und Ausspeisemengen bilanziert werden. Bilanzkreise müssen eine ausgeglichene Leistungsbilanz in Form eines Null-Saldos zwischen eingespeisten (gekauften) und ausgespeisten (verkauften und verbrauchten) Mengen in jeder ¼ Stunde aufweisen.

▶ **Ausgleichsenergie** = Mengen, die für den Ausgleich von Bilanzkreisen anfallen. Ausgleichsenergiekosten entstehen durch eine Umlage der Regelenergiekosten auf unterschiedliche Akteure.

Der *Bilanzkreisverantwortliche* ist laut Rollenmodell [7] im Rahmen des *Bilanzkreismanagements* (Abb. 2.16) in den Marktgebieten für den energetischen und finanziellen Ausgleich seiner *Bilanzkreise* verantwortlich (Anmerkung: aus Sicht des Lieferanten sind das Liefergebiete mit verschiedenen Lieferstellen beziehungsweise Marktlokationen). Dazu erstellt er jeden Tag eine Prognose seines Absatzes für den folgenden Tag (Fahrpläne) und übermittelt diese Prognosedaten an den zuständigen Übertragungsnetzbetreiber (*Bilanzkreiskoordinator*), der grundsätzlich für den physischen Ausgleich zwischen eingespeisten und ausgespeisten Mengen in seiner Regelzone verantwortlich ist. Für den Ausgleich setzt er Regelenergie ein und verteilt die entstehenden Kosten verursachungsgerecht auf die verschiedenen Marktakteure. Jeder Bilanzkreisverantwortliche „glättet" somit so gut er kann seinen Bilanzkreis, indem er kurzfristig Mengen im Spotmarkt zu-

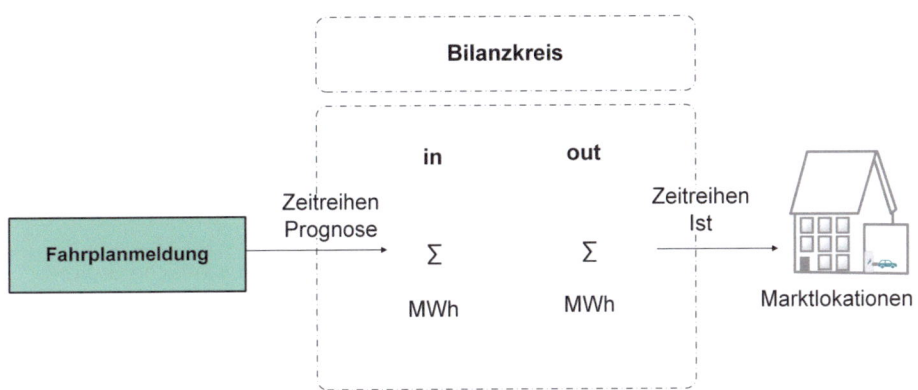

Abb. 2.16 Grundprinzip Bilanzkreisbewirtschaftung

kauft oder verkauft, denn je besser seine Verbrauchsprognose mit der tatsächlichen Strom-entnahme (Ist-Zeitreihen) von Kunden aus dem Netz übereinstimmt, desto geringer ist das Risiko, Mengen gegebenenfalls zu hohen Preisen kurzfristig zukaufen zu müssen. Eine hohe Prognosegüte steht somit in einem kausalen Zusammenhang mit niedrigen Kosten für die Glattstellung des eigenen Bilanzkreises und verhindert zudem die Teilhabe an den Umlagekosten des Übertragungsnetzbetreibers für Regelenergie.

Vorgeschriebene Datenformate und Kommunikationsprotokolle (in Deutschland: EDIFACT-Formate) sorgen dafür, dass die Austauschprozesse mit den verschiedenen Marktteilnehmern weitgehend standardisiert ablaufen.

Neben der gesetzlich vorgeschriebenen Marktkommunikation und dem Bilanzkreis-management dient das Energiedatenmanagement (EDM) durch die Bereitstellung von Verbrauchs- und Absatzdaten zusätzlich der Prüfung der von Netzbetreibern zu erhebenden Mehr- und Mindermengenabrechnungen aufgrund Bilanzkreisabweichungen und Netz-nutzungskosten. Zudem werden Verbrauchs- und Absatzdaten aus dem Energiedaten-management im Rahmen der Steuerung von Risiken verwendet, die im Zusammenhang mit dem Abgleich von Absatz- und Beschaffungsportfolien anfallen.

Auch der *Lieferantenwechsel* basiert auf einer standardisierten Kommunikation zwi-schen unterschiedlichen Marktakteuren. Vorgaben der *Geschäftsprozesse zur Kunden-belieferung mit Elektrizität* [6] dienen dazu, dass der Wechsel des aktuellen Lieferanten aus Sicht eines Kunden nicht länger als 24 h andauern sollte. Kunden, die einen Lieferanten-wechsel in Deutschland vornehmen, müssen also innerhalb von 24 h ab dem Zugang der Anmeldung zur Netznutzung beim Netzbetreiber vom neuen Lieferanten mit Strom be-liefert werden. Die dazu von einem Lieferanten abzuwickelnden Kernprozesse betreffen neben der Anmeldung beim Netzbetreiber sämtliche vertragsbezogene Prozesse mit dem Kunden und die Kündigung beim alten Lieferanten, wenn der Kunde dafür eine Vollmacht ausstellt. Zudem erfordert die Belieferung eines neuen Kunden auch die bilanzielle Zuord-nung des Kunden zu einem *Bilanzkreis*, der dann vom Lieferanten bewirtschaftet wird. Details zur Bewirtschaftung von Bilanzkreisen und Anforderungen in Bezug auf die zu verwendenden Zeitreihen werden in einem eigenen Regelwerk, den *Marktprozesse für die Bilanzkreisabrechnung Strom (MaBiS)* festgelegt [8].

Sollte der Lieferantenwechsel nicht innerhalb der 24 h-Frist erfolgen, können Kunden Schadensersatz nach § 249 BGB ff verlangen. Netzbetreiber und Lieferanten sind daher verpflichtet, sämtliche Aktionen zu dokumentieren, damit nachvollziehbar ist, welcher Akteur eine etwaige Verzögerung zu verantworten hat.

▶ **Aus der Praxis** Die Abteilung Zählerwesen eines EVU stattet sämtliche Groß- und Kleinbäckereien im Netzgebiet mit Smart Metern aus. Die ausgelesenen Zähl- und Messdaten basieren auf einem Minimum-Zeitintervall von einer Minute. Bäckereien, die bisher über Standardlastprofile kalkuliert wurden, aber dem typischen Produktionsprofil nicht entsprechen, da sie eher „Verkaufs- stätten" sind, werden somit in ihrem Lastverhalten transparent. Sämtliche ge- messenen Zähl- und Messdaten fließen über ein Meterdatenmanagement- system (MDM) in das Energiedatenmanagementsystem (EDM-System) ein, das als Datendrehscheibe die übrigen Systeme bedient.

Die bisherige Orientierung der Beschaffung an lang- und mittelfristigen Absatzprognosen für die Kundengruppe wird abgelöst durch Ist-Absätze, die ständig im EDM-System aktualisiert werden. Die im Rahmen des Bilanz- kreismanagements gemeldeten Fahrpläne werden präziser und orientieren sich ebenfalls an den gemessenen Ist-Absätzen. Die Beschaffung stellt angesichts der genauen Absatzdaten von einer rollierenden Standardlastprofilbeschaffung auf eine kundengruppenspezifischere Beschaffung um. Auch die Zuordnung der Beschaffungskosten und Risikozuschläge im Beschaffungssystem erfolgt nun kundenspezifisch mit erhöhter Güte.

2.4   Die Beschaffung

Fachbeitrag von Prof. Dr. Christian Jungbluth, Fachhochschule Aachen

Einordnung der Beschaffung im Kontext des Betriebsmodells Während der Bereich *Operations* als Maschinenraum des Betriebsmodells im Hintergrund fungiert, ist der Bereich *Beschaffung* in seinem operativen Teil ein weiteres Front-End des Betriebs- modells Stromvertrieb. Anders als der Bereich *Interaktion* steht er dabei jedoch nicht mit den Kunden in Kontakt, sondern mit den *Geschäftspartnern des Großhandels- markts*. Die Beschaffung ist also bei einem klassischen Stromvertrieb gleichsam der Einkauf (werden auch eigene Stromerzeugungskapazitäten am Großhandelsmarkt ver- marktet oder gibt es großzügige Freiheiten im Eingehen von Positionen abseits des Ein- kaufs der gerade vertrieblich benötigten Mengen, spricht man von Handel anstelle Be- schaffung).

Im Hintergrund des Einkaufs arbeitet jedoch auch der Maschinenraum der Operations, die sich also in ihren Aufgaben in einen vertrieblichen oder vertriebsunterstützenden und einen beschaffungsunterstützenden Teil dividieren lassen. Die Beschaffung – so wollen es die Regeln des Marktes – beschäftigt sich dabei nur mit der *Zukunft*: Es werden Strommengen eingekauft und verkauft, deren Lieferdatum in der Zukunft liegt. Diese Zukunft fängt strenggenommen mit der nächsten Viertelstunde an und hört erst dort auf, wo es keine Angebote und auch keine Nachfrage mehr gibt, im Allgemeinen ist das der Zeitraum jenseits der nächsten drei Jahre.

Rolle versus organisatorische Zuordnung der Beschaffung   Der Bereich Beschaffung bezeichnet eine Funktion im Betriebsmodell und ist im Aufbau vieler klassischer Energielieferanten auch eine eigene Organisationseinheit. Klassischerweise werden in der *Organisationseinheit Beschaffung* die Funktionen der Beschaffung und in Teilen Operations aus dem Betriebsmodell (siehe Abb. 2.1) verortet, während die *Organisationseinheit Vertrieb* sich oft auf die Funktion der Interaktion beschränkt.

Diese organisatorische Aufteilung entspricht allerdings nicht der *Zuordnung der Verantwortlichkeiten*, da die Funktion Operations – Datenmanagement, Prognose, Kalkulation – ganz wesentlich vertriebsunterstützende Tätigkeiten beinhaltet, deren Inputs in der Verantwortung des Vertriebs liegen und deren Outputs die Deckungsbeiträge des Vertriebs beeinflussen. Liegt die Durchführung der Operations bei der Organisationseinheit Beschaffung, ist sie hier dienstleistend für die Organisationseinheit Vertrieb tätig.

Aufgaben und Zuordnung zu Funktionen   Abb. 2.17 gibt einen Überblick über eine klassische Aufgabenteilung zwischen den Rollen Vertrieb und Beschaffung mit einer Zuordnung zu den Funktionen Interaktion, Operations und (operative) Beschaffung. Wesentliche Aufgaben – im Bild schwarz hinterlegt – wurden bereits in den Vorkapiteln kurz erläutert. Hinzu kommen die im Bild grün hinterlegten Aufgaben.

Das *Absatzportfoliomanagement* beschäftigt sich mit dem Führen des geplanten und tatsächlichen Absatzes an Kunden, dem Führen und dem Ermitteln der dazugehörigen Eindeckung an Strom aus der Beschaffung sowie mit der Ermittlung der Beschaffungskosten.

Das *Beschaffungsportfoliomanagement* umfasst die Positionszerlegung der Eindeckung, das Führen der getätigten Marktgeschäfte, das Ermitteln und Steuern der offenen Position, die Risikoermittlung, das Abbilden der vorgegebenen Limite und das Ermitteln des Beschaffungserfolgs (Portfoliowert).

Der *Marktzugang* beinhaltet die Anbahnung von Geschäftsbeziehungen zu Marktpartnern (Rahmenverträge) und gegebenenfalls die Lizensierung von Informationsportalen und Online-Handelsplätzen.

Bei der *Durchführung von Marktgeschäften* gibt es die Arbeitsschritte des Bildens einer eigenen Meinung über die Entwicklung des Marktes (Terminmarkt), des Ableitens der ak-

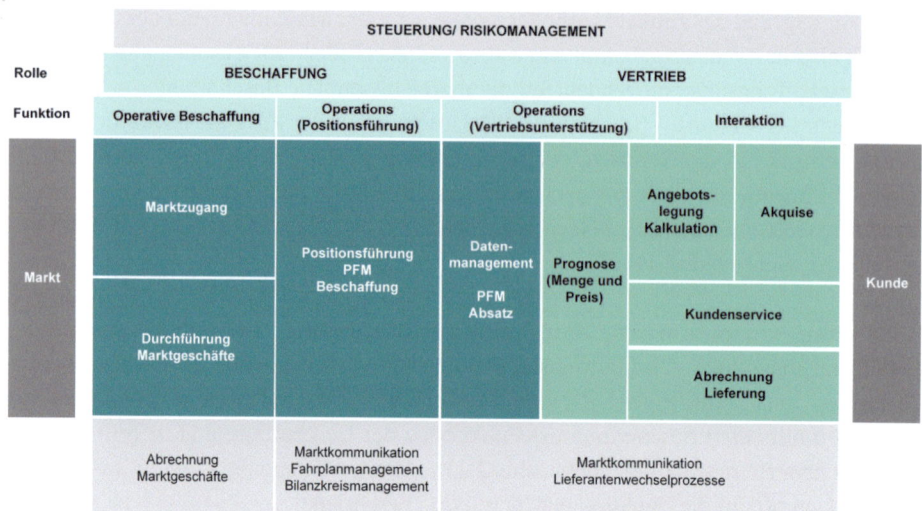

Abb. 2.17 Aufgabenteilung im Betriebsmodell zwischen Vertrieb und Beschaffung

tuellen Beschaffungsstrategie, der Durchführung von Marktgeschäften (Terminmarkt) auf Basis vorgegebener Limite und aktueller Strategie und der Durchführung von Spotmarkt-geschäften zur Glattstellung offener Positionen.

Im Folgenden werden diese Aufgaben näher erläutert.

Warum gibt es überhaupt eine Trennung der Rollen und Verantwortlichkeiten in Vertrieb und Beschaffung bzw. Handel und nachfolgend auch eine Unterscheidung zwischen *Absatzportfoliomanagement (PFM Absatz)* und *Beschaffungsportfoliomanagement (PFM Beschaffung)*? Dem liegt eine Denkweise in Geschäftsmodellen und Kernkompetenzen zugrunde, wonach Aufgabe, Kernkompetenz und Geschäftsmodell des Vertriebs die *Kundenbelieferung* ist, und es Aufgabe und Geschäftsmodell der Beschaffung – bzw. vielmehr des Handels – sein kann, neben der Herstellung des *Marktzugangs* auch *Handels-gewinne* zu erzielen.

Absatzportfoliomanagement *Das Absatzportfoliomanagement (PFM Absatz)* umfasst meist mehrere Vertriebs- oder Absatzbücher. In einem Vertriebsbuch werden diejenigen Kunden und Kundensegmente aggregiert, für die Strom – oder eine andere *Commodity* wie Erdgas (als Commodity werden handelbare Güter bezeichnet, die homogen sind und sich daher nur im Preis unterscheiden) – nach der *gleichen Eindeckungsstrategie* beschafft wird (siehe Beispiel). Da dadurch der *gleiche Stromeinkaufspreis* für diese Kunden und Kundensegmente realisiert wird, enthalten Vertriebsbücher meist homogene Kundensegmente mit einem ähnlichen oder gleichen Verkaufstarif und auch ähnlichem Abnahmever-halten, z. B. alle Bestandshaushaltskunden eines Lieferanten.

Beispiel: Eindeckungsstrategie

Beispielsweise kann Strom für das Segment der Haushaltskunden für das Jahr Y am Großhandelsmarkt in einem Zeitraum von ein oder zwei Jahren vor dem Jahr Y in Z Tranchen beschafft werden, die zeitlich in gleichen Abständen auf diese ein oder zwei Jahre verteilt werden. Dadurch würde ein Beschaffungspreis für dieses Segment für das Jahr Y realisiert, der in etwa dem Mittelwert des Marktpreises für die beschaffte Struktur der Haushaltskunden (Lastprofil H0) im Zeitraum dieser ein oder zwei Jahre entspricht. Dadurch wird die kurz- bis mittelfristige Volatilität der Marktpreise für die Beschaffung gedämpft, allerdings zu Lasten der Preischancen, die in dieser Volatilität liegen können.

Man kennt diese Prinzip vom „Sparplan" der Geldanlage, wobei durch ratierliche Anlage ein gemitteltes Einkaufspreisniveau realisiert wird im Vergleich zur Einmalanlage, die den gerade aktuellen Preis erzielt. ◄

Die Aufgabe des Absatzportfoliomanagements ist es, den *erwarteten Stromabsatz* beziehungsweise Stromverkauf an Kunden – beliebig unterteilt nach Kundensegmenten bis zu einzelnen Kunden und im Vertriebsbuch zusammengefasst – über den festgelegten Zeitraum der Portfoliobewirtschaftung in der Zukunft in viertelstündlicher Auflösung zu führen und der dazugehörigen *Eindeckung an Strom* aus dem Bereich Beschaffung gegenüberzustellen und diese *Eindeckung auszulösen*.

Der Zeitraum der Portfoliobewirtschaftung in der Zukunft ergibt sich dabei aus der Laufzeit der Kundenverträge in die Zukunft, sofern diese begrenzt ist – z. B. werden mit Geschäftskunden üblicherweise Jahresverträge abgeschlossen –, ansonsten aus der Eindeckungsstrategie der Kundensegmente – z. B. einer vorlaufenden ratierlichen Eindeckung der erwarteten Absatzmengen über einen Zeitraum von einem Jahr oder mehr.

Basis des Absatzportfoliomanagements sind daher Mengenprognosen. Diese betreffen Prognosen des Absatzes der leistungsgemessenen (RLM-)Kunden und Prognosen des Absatzes der Standardlastprofil-Kunden (SLP).

- *Prognosen des Absatzes der leistungsgemessenen (RLM-)Kunden* werden in ihrer zeitlichen Struktur, für den Folgetag bis zum Ende des Lieferzeitraums durchgeführt. Ist der Kunde in Belieferung, kann aus den eingehenden Ist-Zeitreihen des Strombezugs eine aktualisierte, bessere Prognose erfolgen. Basis einer sauberen Absatzprognose ist hier also die regelmäßige Aktualisierung der Prognose auf Basis von Ist-Zeitreihen.
- *Bei Prognosen des Absatzes der Standardlastprofil-Kunden (SLP)* liegt anders als bei den RLM-Kunden – außer z. B. bei temperaturabhängigen Lastprofilen – keine Prognoseunsicherheit über die zeitliche Struktur vor, da diese durch das Lastprofil der Netzbetreiber vorgegeben ist. Allerdings gibt es Mengenunsicherheit dadurch, dass Kunden mit latenter Vertragsbindung den Lieferanten wechseln oder neue hinzukom-

men können. Basis einer sauberen Absatzprognose ist hier also die Kontrolle der Entwicklung des Kundenbestands und seiner Mengen auf Basis der Daten aus dem führenden Vertragsmanagementsystem und den Kundenbestands- bzw. Bilanzkreiszuordnungslisten.

Ein weitere, oft allerdings nicht wirklich umgesetzte Aufgabe des Absatzportfoliomanagements ist es, den *tatsächlichen Stromabsatz* in Form der Ist-Zeitreihen zu führen und der dazugehörigen finalen Eindeckung gegenüberzustellen. Daraus können die Differenzmengen in zeitlicher Auflösung ermittelt und einzelnen Kunden bzw. Vertriebsbüchern zugeordnet werden, mitsamt der damit *verbundenen Ausgleichsenergiekosten*, die sich auf die bereits realisierten Einkaufspreise aufaddieren.

Ziel des Absatzportfoliomanagements ist es also u. a.,

- die je Vertriebsbuch festgelegte Eindeckungsstrategie (automatisiert) zu exekutieren, die vom Vertrieb unter Kunden- und Risikogesichtspunkten festgelegt wird,
- einen aktuellen Einkaufspreis bzw. eine Einkaufspreiszeitreihe je Vertriebsbuch zu ermitteln,
- ggf. die vergangenen Ausgleichsenergiekosten je Vertriebsbuch bzw. Tarifsegment zu ermitteln und in die Deckungsbeitragsrechnung des Vertriebs zu übermitteln,
- auf dieser Basis die Kalkulation der Tarife und Risikoaufschläge zu unterstützen.

Die beschriebene Trennlinie zwischen Vertrieb und Beschaffung findet sich auch auf Ebene der Portfolien in den Aufgaben des Absatz- und Beschaffungsportfoliomanagements wieder: Das Absatzportfoliomanagement hat keine Meinung über die zukünftige Preisentwicklung am Großhandelsmarkt und es werden darin *keine strategischen (offenen) Positionen* aufgebaut! Das Absatzportfoliomanagement exekutiert eine *regelbasierte Eindeckungsstrategie* ohne jegliche Handelsfreiheiten. Chancen, aber auch Risiken der Marktpreisentwicklung am Großhandelsmarkt werden so konsequent für den Vertrieb ausgeschlossen. Kleinere Stromvertriebe ohne eigene Beschaffungseinheit decken so z. B. ihre Absatzbücher direkt über an den Marktpreis indizierte Tranchenverträge bei Großhändlern ein.

Idealtypisch decken die Vertriebsbücher im Absatzportfoliomanagement ihre Lastgangzeitreihen regelbasiert im Beschaffungsportfoliomanagement ein. Diese internen (oder externen) Bestellungen werden preislich bewertet (Transferpreis). Der Transferpreis entspricht dabei z. B. dem aktuellen Marktpreis (PFC), zuzüglich ggf. Strukturierungs- und sonstiger Risikoaufschläge (siehe Abb. 2.18).

Das Absatzportfoliomanagement deckt dabei regelbasiert (Teil-)Lastgangzeitreihen beim *Beschaffungsportfoliomanagement* ein. Diese Lastgangzeitreihen sind zeitlich strukturiert in viertelstündlicher oder stündlicher Auflösung, so wie die Mengenprognose sie ermittelt. Am Großhandelsmarkt wiederum können zwar auch solche sogenannten *strukturierten Lieferungen* (Fahrpläne) bilateral eingekauft werden, gehandelt werden können jedoch nur sog. *standardisierte Produkte*. Das sind bandförmige Lieferungen über gewisse

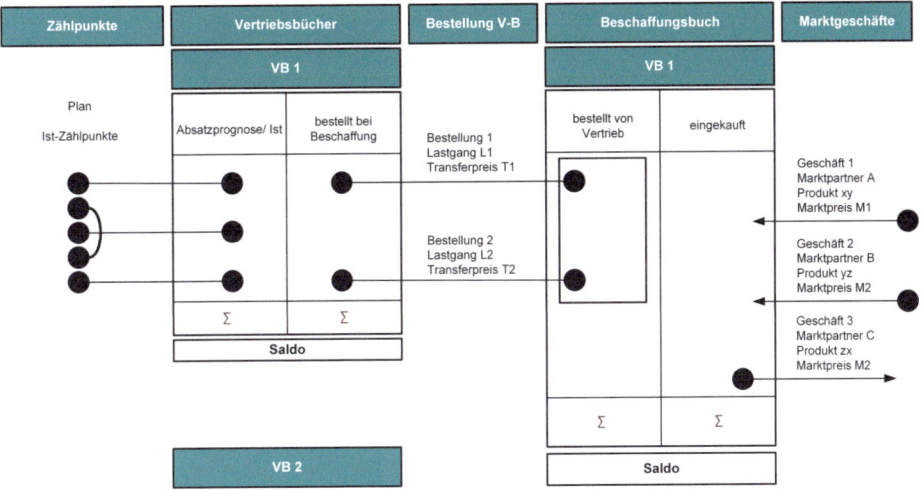

Abb. 2.18 Zusammenspiel zwischen PFM Absatz und PFM Beschaffung, Positionszerlegung

Zeitperioden, z. B. Monat, Quartal, Jahr. Eine wesentliche Aufgabe des Beschaffungsportfoliomanagements ist es, die zeitlich strukturierten Bestellungen aus den Vertriebsbüchern nach bestimmten Regeln in standardisierte Produkte des Großhandelsmarkts
sowie eine Restposition zu *zerlegen*.

Das Beschaffungsportfoliomanagement ist ähnlich wie das Absatzportfoliomanagement
in Bücher – Beschaffungsbücher – strukturiert. Strukturierungsmerkmal ist dabei z. B. eine
unterschiedliche *Beschaffungsstrategie*, die umgesetzt werden soll, oder auch das *Markt-
segment*, auf dem agiert wird. So kann es z. B. ein Beschaffungsbuch geben, in welchem
nur Standardprodukte des Terminmarkts verwaltet werden, während ein anderes die strukturierte Restmenge aufnimmt und z. B. erst im Spotmarkt glattstellt. Klassisch gibt es eher
wenige Beschaffungsbücher, in denen die Bestellungen aller Vertriebsbücher zusam-
menlaufen.

**Beschaffungsportfoliomanagement zum Führen der getätigten Marktgeschäfte und
zur Ermittlung und Steuerung der offenen Position** In den Beschaffungsbüchern werden die Bestellungen aus den Vertriebsbüchern den dazugehörigen getätigtem *Marktgeschäften* gegenübergestellt (vergleiche Abb. 2.18). Aus der Differenz zwischen Bestellungen und am Markt gekauften und verkauften Mengen bildet sich eine Differenzzeit-
reihe (Saldo), genannt *offene Position*. Einzig diese Position unterliegt aus Sicht des
Beschaffungsportfoliomanagements dem *Marktpreisrisiko*, da sie noch nicht glattgestellt
wurde. Die offene Position kann in Zeitbereichen „short" sein, d. h., die Mengen wurden
bereits an die Vertriebsbücher „verkauft", aber noch nicht am Markt eingekauft, oder umgekehrt („long"). Offene Positionen entstehen in den Beschaffungsbüchern nicht nur
durch strategisches Verhalten, sondern auch unvermeidlich durch a) die beschriebene
Reststruktur, die nicht am Terminmarkt beschafft werden kann, und b) dadurch, dass Ver-

triebsbestellungen oftmals geringe Mengen umfassen, die nicht unverzüglich am Markt glattgestellt werden können. Eine wesentliche Aufgabe des Beschaffungsportfoliomanagements ist also auch das Kumulieren kleinteiliger, ggf. auch gegenläufiger Positionen zu einer größeren, beschaffbaren und ggf. auch besser strukturierten Position (sog. *Portfolioeffekt*).

Eine weitere wesentliche Aufgabe des Beschaffungsportfoliomanagements ist die *Überwachung und Steuerung* der Mengen- wie auch der finanziellen Positionen (Limite). Marktpreise ändern sich laufend, bestehen große offene Positionen, können daraus erhebliche Wertschwankungen des Portfolios und auch Verluste resultieren. Damit daraus keine für das Unternehmen nachteiligen oder gar gefährdenden Verluste resultieren, werden im Rahmen des *Risikomanagements* Handlungsspielräume für das Beschaffungsportfoliomanagement definiert, die durch Limite begrenzt sind. Typischerweise wird Folgendes geregelt und limitiert:

- Produkte und Marktplätze, auf denen die Händler aktiv sein dürfen,
- Umfang des Geschäftsvolumens mit bestimmten Marktpartnern,
- Finanzielle und Mengenvolumina von Geschäften, die die Händler autonom abschließen dürfen,
- Mengen short/long je Beschaffungsbuch für verschiedene Zeiträume,
- Finanzielles Risiko der offenen Position bzw. Summe aus realisiertem Gewinn/Verlust (der bereits geschlossenen Positionen) und finanziellem Risiko der offenen Position für bestimmte Zeitbereiche, Bücher und das Gesamtportfolio.

Das *finanzielle Risiko* wird dabei über einen standardisieren Ansatz – oft ein *Value-at-Risk-Ansatz* auf Basis der aktuellen Marktpreisvolatilität oder ein Stresstest-Ansatz – ermittelt. Verlust und finanzielles Risiko des Gesamtportfolios müssen dabei für das Unternehmen tragbar sein, meist wird dies durch die Bereitstellung entsprechenden *Risikokapitals* sichergestellt. Ist bereits ein Verlust im Portfolio eingetreten (auf Basis der geschlossenen Positionen), reduziert sich entsprechend das Risiko, welches mit der offenen Position noch eingegangen werden kann, und damit proportional die Höhe der möglichen offenen Position. Ist das Risikokapital aufgebraucht, gibt es keinen Handlungsspielraum mehr für die Beschaffung und sie kann keine (strategischen) offenen Positionen mehr eingehen: Vertriebsbestellungen müssen direkt am Markt glattgestellt werden.

Ziel des Beschaffungsportfoliomanagements ist es – neben der Kumulierung der Vertriebsbestellungen zu beschaffbaren Positionen – freilich auch, einen *Gewinn aus den Handlungsspielräumen* und Marktaktivitäten im Vergleich zu einer weitgehend risikoneutralen „einfachen" Glattstellung der Vertriebsbestellungen zu realisieren. Liegt dieser Gewinn im Mittel über den zusätzlichen Personal- und IT-Kosten der Beschaffung plus einer angemessenen Verzinsung des eingesetzten Risikokapitals, lohnt sich das Beschaffungsportfoliomanagement. Das Beschaffungsportfoliomanagement ist eine im wesentlichen IT-basierte Aufgabe, die durch dafür entwickelte Software umgesetzt wird, und dem Bereich der Operations zuzuordnen ist. Aus dem Beschaffungsportfoliomanagement kommen die Randbedingungen für die Durchführung von Marktgeschäften. Damit Marktgeschäfte getätigt werden können, muss ein entsprechender *Marktzugang* bestehen.

Marktzugang: Stromgroßhandelsmärkte Die Stromgroßhandelsmärkte teilen sich in den *Spot-* und den *Terminmarkt*, die sich in ihrer Fristigkeit unterscheiden. Am Spotmarkt werden Lieferungen gehandelt, deren Erfüllungsdatum am selben oder am folgenden Tag liegt (Intraday, Day-ahead). Gehandelt werden einzelne Stunden- bzw. Viertelstunden-produkte und Blöcke von Stunden. Am Terminmarkt werden Lieferungen gehandelt, die entsprechend weiter in der Zukunft liegen, meist die oben beschriebenen Standardprodukte oder auch Fahrpläne. Einen *Marktzugang* zu haben, bedeutet, seine Produkte handeln zu können zu Bedingungen und Preisen, die denen der börslichen Handelsplätze mit ihren öf-fentlichen Preisen vergleichbar sind. Dazu muss die Beschaffung nicht unbedingt selbst für den börslichen Handel lizensiert sein, sondern dies ist auch z. B. auf Basis *bilateraler Verträge* mit anderen Marktpartnern möglich, bei denen auf das Preisniveau der börslichen Handelsplätze referenziert wird.

Grundlage des Marktzugangs sind insofern Geschäftsbeziehungen zu anderen Markt-partnern in Form von *Rahmenverträgen*, in denen die allgemeinen Bedingungen für die gegenseitige Lieferung und Abnahme von Strom festgelegt sind. Für jedes Geschäft (Transaktion) mit diesen Marktpartnern werden dann nur noch Produktart, Menge, Liefer-zeitpunkt und Preis verhandelt bzw. festgelegt und in einer *Confirmation* bestätigt. Weit verbreitet in der Branche sind Standard-Rahmenverträge von der EURpean Federation of Energy Traders (EFET). Um das *Kontrahentenrisiko* – also das Risiko, dass der Geschäfts-partner mit Zahlung oder Lieferung ausfällt – zu minimieren und auch eine Bandbreite von Angeboten zu erhalten, schließt eine aktiv tätige Beschaffung meist mit einer ganzen Anzahl von Großhändlern Rahmenverträge ab.

Alternativ bzw. additiv dazu kann sich die Beschaffung für den *börslichen Handel* bei der EEX (Termin) oder der EPEX (Spot) lizensieren lassen – Hürde hierbei ist neben den Lizensicrungskosten jedoch das Clearing bzw. Margining aller getätigten Geschäfte –, sowie bei anderen *Online-Handelsplätzen*, z. B. Brokerplattformen oder neuen Stromhandels-Start-ups.

Begleitend zum Marktzugang braucht die Beschaffung *Marktinformationen* zur aktuel-len Festlegung von Beschaffungsstrategien und zur Ermittlung von Risiken. Dies sind einerseits rein technische Informationen über die historische Marktentwicklung, anderer-seits und vor allem aber auch in die Zukunft weisende Informationen für die *fundamentale Marktentwicklung*, z. B. Wetterinformationen, Kraftwerksausfälle, sonstige technische, ökonomische oder politische Entwicklungen mit potenziellem Einfluss auf die Markt-preise. Die Lizensierung entsprechender Informationen – Newsletter, Marktberichte u. a. – ist somit Teil der Organisation des Marktzugangs.

Durchführung von Marktgeschäften Die Durchführung von Marktgeschäften umfasst folgende wesentliche Aufgaben: Bilden einer eigenen Meinung über die Entwicklung des

Marktes (Terminmarkt), Ableiten der aktuellen Beschaffungsstrategie, Durchführung von Marktgeschäften (Terminmarkt) auf Basis vorgegebener Limite und aktueller Strategie, Durchführung von Spotmarktgeschäften zur Glattstellung offener Positionen

Die wesentliche Grundlage für die operative Durchführung von Marktgeschäften im Terminmarkt bilden wie gesehen das Risikomanagement und die Messung der *aktuellen Limitauslastung* aus dem Beschaffungsportfoliomanagement. Daraus ergibt sich für die operativen Händler stets eine der beiden folgenden Optionen:

- Aufgrund von Limitverletzungen – Mengen- oder finanzielle Limite – muss die offene Position verringert werden. Daraus leiten sich konsekutiv Marktgeschäfte ab, die umzusetzen sind, um die Limitverletzung zu beheben („Muss").
- Es liegt keine Limitverletzung vor. Aus der Lage der Limite und der aktuellen Position sowie der weiteren Festlegungen im Risikomanagement (freigegebene Produkte, Ordergrößen u. a.) ergibt sich der aktuelle Handlungsspielraum, den die operativen Händler für Marktgeschäfte nutzen können („Kann").

Wie entscheiden Händler, ob und in welche Richtung Kann-Geschäfte getätigt werden? Dazu benötigen sie eine Meinung über die zukünftige Entwicklung des (Termin-)Marktes. Auf Basis dieser Meinung entwerfen sie ihre *aktuelle Beschaffungsstrategie*. Die Meinung speziell über die kurzfristige Entwicklung des Marktes kann z. B. auf Basis charttechnischer Analysen entstehen, wie sie an den Finanzmärkten weit verbreitet sind. Meinungen über die längerfristige Entwicklung des Marktes werden – analog zu den Finanzmärkten – zumeist aus fundamentalen Marktanalysen gewonnen. Analog zu den Finanzmärkten ist grundsätzlich mit einem verstärkten Einsatz KI-basierter Marktanalysen zu rechnen (siehe *Algo-Trading* im Abschn. 3.3.1).

Aktuelle Beschaffungsstrategie und Kann-Option lösen *Marktgeschäfte* aus, indem Händler – oder Algorithmen – aktuelle Angebote überwachen oder selbst Orders platzieren und bei passendem Preis abschließen. Der Abschluss erfolgt je nach Marktplatz elektronisch oder telefonisch und wird mit einer elektronischen Deal Confirmation bestätigt. Nachfolgeprozesse sind Meldepflichten (z. B. REMIT) und Abrechnung der Geschäfte.

Ergänzend zu den Termingeschäften müssen in der Regel *täglich Spotgeschäfte* getätigt werden. Diese sind einerseits notwendig, um täglich die zeitliche Struktur (Viertelstunden) der Liefermengen einzukaufen, da im Terminmarkt standardisiert nur Bandlieferungen über 24 h (base) bzw. über 12 h (zwischen 8 und 20 Uhr, peak bzw. off-peak) realisierbar sind. Andererseits können kurzfristig, untertätig die Liefermengen für den Rest des Tages auf Basis eintreffender Ist-Werte des aktuellen Stromverbrauchs von Großkunden neu prognostiziert werden, was wiederum zu entsprechenden Spotmarktgeschäften führt.

Im Spotmarkt sind für reine Stromlieferanten keine strategischen Positionen bzw. Optimierungen möglich, es sei denn, sie verfügen über *nachfrageseitige Flexibilität* auf Kundenseite, die sie optimieren und steuern können – z. B. zeitlich variable stromverbrauchende Produktionsprozesse, Kälteanlagen, zukünftig Elektro-Wärmepumpen, Elektromobile. Aufgrund der klaren Regeln – Glattstellen der Restpositionen mit oder

ohne Optimierung bekannten Flexibilitätspotenziale – eignet sich der Spotmarkt besonders für die automatisierte Durchführung der Marktgeschäfte (*Auto-Trading*), welches
mittlerweile auch bei größeren Stadtwerken eingesetzt wird. Nachfolgeprozesse im Kurz-
fristhandel sind neben den beschriebenen auch die Meldeprozesse vor allem gegenüber
dem Bilanzkoordinator (Fahrplanmanagement, Bilanzkreismanagement).

▶ **Aus der Praxis** Ein kleines EVU bezieht aktuell seinen gesamten Stromeinkauf
von einem Großhändler im Rahmen eines sog. Vollversorgungsvertrags. Der
Preis hierfür bestimmt sich aus dem mittleren Marktpreis im Zeitverlauf von 18
Monaten vor Lieferbeginn zuzüglich einem Aufschlag. Größere Sondervertragskunden des EVU sind hiervon ausgenommen, hierfür kann der Vertrieb aktuelle Preise vom Großhändler erfragen. Der Akquisitionserfolg für kleinere und
mittelgroße leistungsgemessene Sondervertragskunden muss hingegen ex
ante vom EVU geschätzt werden, diese Mengen werden im Rahmen des Voll-
versorgungsvertrages mit beschafft. Problematisch für den Vertrieb des EVU ist,
dass er über keine differenzierten Informationen zur Bepreisung unterschiedlicher Tarife oder auch kleinerer bis mittelgroßer leistungsgemessener Sondervertragskunden verfügt, der erzielte mittlere Marktpreis für diese Kunden je
nach Marktentwicklung nicht wettbewerbsfähig ist, und er hier in einer schlech-
ten Wettbewerbsposition ist.

Das EVU lässt sich von einem kleinen Beratungsunternehmen verschiedene
Optionen erarbeiten. Die Analyse ergibt, dass es kaum wirtschaftlich ist, eine
eigene Beschaffung aufzubauen. Eine aktivere Rolle und bessere Wettbewerbsposition kann jedoch erreicht werden, wenn anstelle der Vollversorgung
Portfoliomanagement und Beschaffung von einem Dienstleister eingekauft
werden. Im eigenen EDM-System werden nun Kundensegmente und Vertriebsbücher definiert und die Mengenprognosen durchgeführt. Der Dienstleister
führt das Absatzportfoliomanagement, entwickelt in Abstimmung mit dem
EVU die Eindeckungsstrategie und deckt die Prognosemengen danach zu
Marktkonditionen ein. Entstehende Ausgleichsenergiemengen und -kosten
werden den Büchern sachgerecht zugeordnet. Portfolioeffekte werden an das
EVU weiterverrechnet. Der Vertrieb hat einen Online-Zugang und kann jederzeit
die aktuellen Einkaufspreise/Einkaufspreiszeitreihen in den Vertriebsportfolien
exportieren und die Absatzprognosen aktualisieren.

Hierdurch verbessern sich seine Informationslage und die Möglichkeit, unterschiedliche Tarife adäquat zu bepreisen. Insbesondere können jetzt auch
leistungsgemessene Kunden, deren Verbrauch für eine direkte Marktbes-
chaffung noch zu gering ist, marktnah bepreist und entsprechend des
Akquisitionserfolgs einem eigenen Vertriebsbuch zugeordnet werden und
zeitnah und sachgerecht beschafft werden, was den Akquisitionserfolg und
die Wirtschaftlichkeit der Belieferung deutlich verbessert und deren Risiko
verringert.

2.5 Kurzer Exkurs: Beschaffung und Abwicklung von Herkunftsnachweisen (HKN) und Regionalnachweisen (RN)

Herkunftsnachweise (HKN) werden über verschiedene Beschaffungsquellen wie spezialisierten Händlern, Großhändlern, Stromerzeugungsunternehmen oder direkt von einzelnen Anlagenbetreibern bezogen. Als Beschaffungsinstrumente werden insbesondere Online-Plattformen genutzt, über die Ausschreibungen durchgeführt werden. Die Ausstellung der Herkunftsnachweise erfolgt in Deutschland lediglich für nicht geförderte Anlagen. In der Schweiz werden auch für geförderte Anlagen Herkunftsnachweise ausgestellt. Den Ausgangspunkt für die Ausstellung von HKN bilden die Registrierung der Anlagen und der Nachweis der physischen Produktion einer MWh Strom. Die Abwicklung der HKN erfolgt auf digitalen Buchhaltungssystemen (in Deutschland: Herkunftsnachweisregister HKNR des Umweltbundesamtes, in der Schweiz über die Plattform der Pronovo AG) über verschiedene Konten.

HKN werden nach Ausstellung zunächst auf dem virtuellen Konto des Anlagenbetreibers geführt. Dieser kann die HKN an weitere Akteure wir Lieferanten oder Händler verkaufen. Dabei werden die HKN an die Konten der entsprechenden Käufer transferiert. Von Stromvertrieben werden HKN rund zwei bis drei Jahre im Voraus für bestimmte Grünstrom-Absatzportfolien beschafft. Die Qualität und die Menge der zu beschaffenden Nachweise richten sich dabei nach den zu bedienenden Grünstromprodukten und verwendeten Gütesiegeln sowie den voraussichtlichen Absatzmengen. Sollten prognostizierte Absatzmengen und die dafür beschaffte Anzahl von Herkunftsnachweisen von tatsächlich gelieferten Mengen abweichen, müssen die Differenzen nach Ende des Geschäftsjahres durch Zu- oder Verkäufe ausgeglichen werden. Nach der Belieferung von Kunden müssen die Herkunftsnachweise entwertet werden, um diese für die Stromkennzeichnung zu nutzen. Entwertete Herkunftsnachweise können dann nicht mehr genutzt werden (siehe Abb. 2.19).

Auch die Abwicklung von Regionalnachweisen (RN) erfolgt über ein digitales Buchhaltungssystem, das sogenannte Regionalnachweisregister (RNR). Vorgaben zur Registrierung von regionalen Anlagen, zum Transfer und zur Entwertung von Regionalnachweisen findet man in verschiedenen Dokumenten des Umweltbundesamtes [9]. Die Nutzung der Software wird über ein Handbuch des Umweltbundesamtes begleitet [10].

Selbstcheck Kap. 2

Warum wird das Betriebsmodell auch als „Maschinenraum" bezeichnet?

Anhand welcher wesentlichen Funktionen lässt sich das Betriebsmodell Stromvertrieb beschreiben?

Warum sollten Bilanzkreise aus Sicht von Stromlieferanten möglichst ausgeglichen sein?

Wie kann man die Prognosegüte im Rahmen der Bilanzkreisbewirtschaftung erhöhen? Welche Auswirkungen haben höhere Prognosegüten auf das Geschäftsmodell von Stromlieferanten?

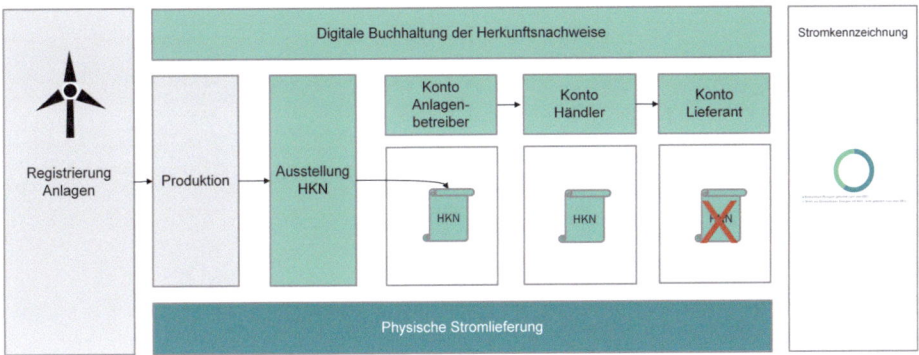

Abb. 2.19 Beschaffung und Abwicklung von Herkunftsnachweisen

Was bedeutet „Portfoliomanagement"? Worin unterscheiden sich Beschaffungs-portfoliomanagement und Absatzportfoliomanagement?

Welche Großhandelsmärkte unterscheidet man und nach welchen Kriterien werden diese unterschieden?

Welche Aufgaben fallen bei der Durchführung von Marktgeschäften an?

Literatur

1. MÜLLER Leonard, Handbuch der Elektrizitätswirtschaft, 2. Aufl (2000), Springer Verlag, 514 S.
2. GNDEW, Gesetz zum Neustart der Digitalisierung der Energiewende, Bundesgesetzblatt BGBl. I, 26.Mai 2023
3. BDEW, Leitfaden für die Stromkennzeichnung, Umsetzungshilfe für Lieferanten von Strom zu den Bestimmungen über die Stromkennzeichnung (§ 42 Abs. 1 bis 8 EnWG i. V. m. § 79 EEG), Stand Oktober 2024
4. UMWELTBUNDESAMT, Webinar zur Einführung in das Regionalnachweisregister, 11. Dezember 2018
5. BREMEN Frank, GEORG Jörg, KLINGEN Dirk, Intelligentes Kundenbindungsmanagement, in: e/m/w Heft 2/3-2015
6. BUNDESNETZAGENTUR, Geschäftsprozesse zur Kundenbelieferung mit Elektrizitäts, Konsolidierte Lesefassung gemäß Beschluss BK6-22-024, 21. März 2024
7. BDEW, Rollenmodell für die Marktkommunikation. Energiemarkt. Anwendungshilfen. Strom und Gas. Berlin, 23.August 2016 (Version 1.1)
8. BUNDESNETZAGENTUR, Marktregeln für die Durchführung der Bilanzkreisabrechnung Strom, 01. Oktober 2022
9. UMWELTBUNDESAMT, Homepage, www.umweltbundesamt.de/themen/klima-energie/erneuerbare-energien/regionalnachweisregister-rnr, 2019
10. HERFORTH Christian, Handbuch zur Nutzung der Software des Regionalnachweisregisters, Umweltbundesamt, Stand Dezember 2018

Die Transformation im Stromvertrieb

3

„Nichts ist so beständig wie der Wandel."

(Heraklit von Ephesus)

Das Kap. 3 beschäftigt sich mit dem durch verschiedene Einflussfaktoren ausgelösten Wandel des Stromvertriebs. Anhand eines Transformationsmodells werden wesentliche Treiber und deren Wirkung auf Geschäftsmodell und Betriebsmodell skizziert und beschrieben.

3.1 Einführung und Begrifflichkeiten

Der Stromvertrieb unterliegt einem rasanten Wandel, der durch Möglichkeiten der *dezentralen Strom- und Eigenversorgung* sowie insbesondere durch neue *digitale Technologien* hervorgerufen wird. Kennzeichnend für den Wandel ist zudem ein sich veränderndes *Verhalten von Kunden*, welche neue Technologien im Rahmen des Stromkaufs und Stromkonsums nutzen. Damit verändert sich das Geschäftsmodell Stromvertrieb ebenso wie das Betriebsmodell, das sich an neue Technologien und Geschäftslogiken anpassen muss. Bevor in diesem Kapitel ausführlich auf wesentliche Transformationsprozesse eingegangen wird, werden grundsätzliche Begrifflichkeiten zum Thema Transformation geklärt. Dabei wird sich auf eine Begriffssystematik bezogen, die in enger Anlehnung an den Aufbau eines Digitallabors für Energieversorgungsunternehmen erarbeitet wurde [1].

J. H. Georg, *Stromvertrieb im (digitalen) Wandel*,
https://doi.org/10.1007/978-3-658-48054-7_3

▶ **Transformation** = Übergang von einem Zustand in einen anderen Zustand. Damit geht Transformation immer mit Veränderungen einher, die einen ursprünglichen Zustand verändern.

▶ **Treiber** = Veränderungsfaktor, der den Zustand eines Wirkungsbereiches verändern kann.

▶ **Wirkungsbereich** = abgegrenzter Bereich innerhalb eines Wertschöpfungsmodells oder Systems, der von Treibern über die Veränderung von Touchpoints verändert werden kann.

▶ **Touchpoint** = Funktion innerhalb eines Wirkungsbereichs.

▶ **Handlungsfeld** = Beschreibung, wie bestimmte Funktionen verbessert werden können.

Der grundsätzliche Zusammenhang zwischen Treiber, Wirkungsbereich, Touchpoint und Handlungsfeld ist in Abb. 3.1 skizziert.

Der Zusammenhang wird anhand der folgenden Beispiele deutlich:

Beispiel 1
Die zunehmende Weiterentwicklung von Chatbots wird als Treiber für die Beantwortung
von Online-Kundenanfragen an der Kundenschnittstelle (Touchpoint) im Bereich In-
teraktion (Wirkungsbereich) angesehen. Das Handlungsfeld besteht aus dem vermehrten
Testen und dem Einsatz von „Chatbots" zur Optimierung der Kundenkommunikation
(Handlungsbereich).
Beispiel 2
Die zunehmende Weiterentwicklung der Künstlichen Intelligenz ist Treiber für die Verbes-
serung der Verbrauchsprognosen von einzelnen Objekten (Touchpoint) im Rahmen der

Abb. 3.1 Zusammenhang
Treiber, Touchpoint,
Handlungsfeld [1]

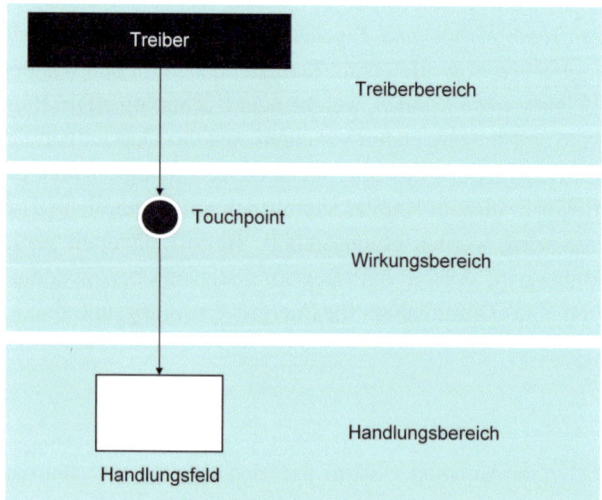

Absatzprognose (Wirkungsbereich). Das Handlungsfeld besteht darin, über selbstlernende Objekt-Simulationen die Prognosequalitäten von Objektportfolien zu erhöhen, um Bilanzkreisabweichungen im Rahmen der Bilanzkreisbewirtschaftung (Handlungsbereich) zu verringern.

Beispiel 3

Die von der EU forcierte Einführung von 15- Minuten Zeitintervallen für Day-Ahead-Spotmarktprodukte ist Treiber für eine kleinteiligere Abwicklung von Handelsgeschäften durch Handelssysteme (Touchpoint) im Wirkungsbereich Beschaffung. Handlungsfelder bestehen hier beispielsweise in der operativen Anpassung von Zeitintervallen in den Handelssystemen zur Bewirtschaftung des Beschaffungsportfolios (Handlungsbereich).

Auch das Thema Digitalisierung kann im Rahmen eines Lehrbuches nur dann behandelt werden, wenn grundsätzliche Begrifflichkeiten geklärt sind. In Anlehnung an ein Grundlagen-Seminar zum Thema Digitalisierung in der Energiewirtschaft [2] werden daher folgende Begriffe festgelegt.

▶ **Definition Digitalisierung** = nach klassischem Informatikverständnis Umwandlung von analogen Daten in digitale Daten.

Bezogen auf die Daten-Wertschöpfung bezeichnet die Digitalisierung auch den durch Informationstechnologien hervorgerufenen Wandel bei der Gewinnung, der Analyse und dem Austausch von Daten [3].

Ein erweitertes, allgemeine Verständnis bezieht sich auf die zunehmende Digitalisierung von Lebens- und Arbeitswelten und meint damit eigentlich die Digitale Transformation dieser Welten.

▶ **Definition Digitale Transformation** = Veränderungen, die durch digitale Technologien (Treiber) ausgelöst werden.

Digital transformiert werden verschiedene Wirkungsbereiche wie Kundeninteraktionen oder operative Funktionen des Betriebsmodells.

3.2   Die Treiber der Transformation

Wenn man sich mit Treibern der Transformation der Stromversorgung und speziell des Stromvertriebs auseinandersetzt, stellt man fest, dass es bis heute keine allgemein gültige Kategorisierung von Treibern gibt. Zahlreiche Referenten und Autoren stellten in der Vergangenheit die sogenannten 3 **Ds** – *Dezentralisierung, Digitalisierung* und *Dekarbonisierung* – in den Mittelpunkt ihrer Transformationsbetrachtung. Oft ist zusätzlich auch von *Demonopolisierung* die Rede [4]. Mit Blick auf zahlreiche Bürger- und Community-Modelle (Beispiel: Lokale Energiegemeinschaften), bei denen lokale Akteure die Stromversorgung in Eigenregie managen, kann man heute auch von einer zunehmenden *Demokratisierung* der Stromversorgung sprechen.

Gerade aus Sicht des Stromvertriebs kommen Faktoren wie ein verändertes *Konsum-* oder *Kaufverhalten* von Kunden hinzu, das im vorbeschriebenen Kontext sowohl Treiber als auch Wirkungsbereich ist – nämlich immer dann, wenn digitale Technologien wie Smartphones oder Applikationen die Interaktion der beteiligten Akteure verändern. Nicht zuletzt verändern zunehmende *Regularien* die Spielbedingungen und das Zusammenspiel von unterschiedlichen Funktionen innerhalb der vertrieblichen Wertschöpfung. Da die *Dezentralisierung* insbesondere eine Auswirkung veränderter Regularien (insbesondere EEG), innovativer Technologien und eines veränderten Konsumverhaltens ist, wird diese hier nicht explizit als Treiber aufgeführt.

Digitale Technologien spielen insofern eine bedeutende Rolle für die Transformation des Stromvertriebs, da sie kontinuierlich auf das bestehende Betriebsmodell über verschiedene Touchpoints einwirken und es an vielen Stellen effizienter machen können. Zudem wird die vertriebliche Wertschöpfungskette durch kerngeschäftsergänzende Produkte und neue Geschäftsmodelle erweitert. Die digitale Transformation des Stromvertriebs ist somit nicht neu. Im Gegenteil – sie ist ein kontinuierlicher und evolutionärer Prozess, der mit dem Einzug der Computertechnologie und der zunehmenden Umwandlung analoger in digitale Daten in den 1970er-Jahren begann, durch die Nutzung des World Wide Web beschleunigt wurde und heute mit der rasanten Entwicklung von verschiedenen Grundlagentechnologien wie Big Data, Künstliche Intelligenz oder Blockchain-Technologien konfrontiert ist. Damit ist auch die Rolle der Digitalen Technologien klar definiert – die eines Unterstützers oder „Enablers". Dazu passt das Zitat eines bekannten Internet-Bloggers: „Es sind nie digitale Technologien, die die Welt verändern, sondern immer Menschen, die diese Technologien nutzen." [5].

Welche digitale Technologien verändern nun den Stromvertrieb? Um diese Frage zu beantworten, wird zunächst anhand Tab. 3.1 eine Kategorisierung digitaler Technologien vorgenommen.

Big Data kann nach Wayne Balta in vier verschiedene V-Dimensionen eingeteilt werden [7]: Mit „Volume" wird die reine Datenmenge oder das Datenvolumen bezeichnet, das über Technologien erhoben, transportiert, gespeichert oder analysiert wird. Die kleinste Dateneinheit ist das sogenannte Bit. In der Regel ergeben 8 Bits 1 Byte. „Velocity" zielt auf die Geschwindigkeit ab, mit der Daten übertragen werden und beinhaltet daher immer eine Zeitkomponente. Die Datenübertragungsrate wird in Bit pro Sekunde (bit/s) angegeben. Höhere Geschwindigkeiten werden in Megabit pro Sekunde (1 Mbit/s = 1000 kbit/s) oder sogar Gigabit pro Sekunde (1 Gbit/s = 1000 Mbit/s) angegeben. „Variety" drückt die Bandbreite der Daten aus. Im Kern gibt die Variety an, wie viele unterschiedliche Datenformate vorliegen. Mit „Veracity" wird die Wahrhaftigkeit oder Glaubwürdigkeit von Daten und Datenquellen bezeichnet. Diese ist heute angesichts steigender manipulierter oder fehlerhafter Daten ein wichtiges Gütekriterium bei der Beurteilung von Datenerhebungs-, Datenanalyse- und Dateninformationsprozessen. Als Big-Data-Technologien werden heute angesichts fehlender quantitativer Merkmale solche Technologien bezeichnet, die zur Bewältigung der zum Teil exponentiell steigenden V-Dimensionen herangezogen werden und für die herkömmliche Technologien nicht mehr ausreichen.

Tab. 3.1 Digitale Technologien

	BIG-DATA-TECHNOLOGIE	ÜBERTRAGUNGS-TECHNOLOGIE	SENSORIK/ZÄHLER-TECHNOLOGIE	KI/AI-TECHNOLOGIE	PLATTFORM-TECHNOLOGIE
Definition	Spezielle Lösungen, mit denen große Mengen an Daten gespeichert, verarbeitet und ausgewertet werden [6]	Spezielle Lösungen, mit denen Daten zwischen verschiedenen Punkten transferiert werden können	Spezielle Lösungen, die analoge Daten und Datenströme in digitale Daten und Datenströme umwandeln	Spezielle Lösungen für Wissensverarbeitung (Suchen, Finden), Maschinelles Beweisen (Analytics), Lernen (Induktion), Sprach- und Bildverarbeitung	Spezielle Lösungen, mit denen Producer und Consumer zum Zweck des Austauschs in Verbindung gebracht werden
Anwendungen (Beispiele)	Hadoop, Cloudera, Apache Hive, NoSQL, MySQL Engine	LoRaWan, Powerline, G5, LAN, WLAN	Smart Meter, NILM – Noninstrusive Load Monitoring, Bilderkennungssoftware	Virtuelle Such- und Ausführungsagenten, Chatbots, Spracherkennungssysteme, Data-Analytics-Systeme, Predictive-Analytics-Systeme, AI-Forcast-Engines, AI-gestützte Szenariotools für Preisprognosen	Cloud Computing SaaS, Block Chain als dezentrales Buch- und Transaktionsregister

Übertragungstechnologien sind vereinfacht ausgedrückt Technologien, die den Transfer von Daten von einem Sender zu einem Empfänger ermöglichen. Während man im 19. Jahrhundert über erste Telefaxgeräte Daten mit einer Geschwindigkeit von 105 Bits pro Sekunde (entspricht rund 1260 Buchstaben pro Minute) von A nach B senden konnte, können heute bereits mit modernen Netztechnologien (VDSL, LTE) Übertragungsraten von 100 Megabits pro Sekunde erzielt werden. Der Mobilfunkstandard 5G verspricht Datenübertragungsraten von 10 Gigabit pro Sekunde und 6G soll diese mit bis zu 1 Terabit pro Sekunde noch bei weitem übertreffen. In Anlehnung an das Telefax-Beispiel könnten somit mehr als 8,5 Bill. Buchstaben je Minute übertragen werden. Neben der reinen Datenvolumenübertragung müssen Übertragungstechnologien je nach Anwendungsfall bestimmte Entfernungen und Barrieren überwinden können (Beispiel: Hausmauer im Zählerraum), relativ schnelle Latenzzeiten als Reaktionszeit auf Impulse gewährleisten (Beispiel: Ansteuerung von Geräten in Echtzeit) oder besonders energiesparend sein (Beispiel: Übertragung von Messwerten).

Unter Sensorik werden im Folgenden Technologien verstanden, die analoge Messgrößen wie Temperaturen, Drücke, elektrische oder optische Signale aufnehmen und diese in digitale Signale oder Daten umwandeln. Über den Einsatz von Übertragungstechnologien können die Signale dann an verschiedene Stationen zur Weiterverarbeitung (Beispiel: Datenbank) oder an Aktoren zum Zwecke der Steuerung (Beispiel: PV-Anlage) übertragen werden.

Mit Künstlicher Intelligenz (KI) können vereinfacht Technologien beschrieben werden, die automatisiert und zum Teil selbstständig neues Wissen wie Prognosen, Kausalitäten oder Regeln anhand von Daten und der Anwendung mathematischer Algorithmen generieren. Eine einheitliche Definition des Modewortes „Künstliche Intelligenz" gibt es nicht – eine Definition ist auch deswegen schwierig, da es bisher keine allgemeingültige Definition von „Intelligenz" gibt.

Die folgende Definition ist in Anlehnung an ISO/IEC [8] entstanden.

► **KI** = Teil der Informatik (Computer Science), der sich mit dem Aufbau und Nutzung von Datenmodellen beschäftigt, die in der Lage sind, hochkomplexe Denkprozesse durchzuführen, die an Menschliche Fähigkeiten wie Erkennung von Mustern und Anomalien, Lernen, Begründen und ständiges Optimieren angelehnt sind.

Je nach Betrachtung der Wertschöpfung können im Rahmen von KI wissensverarbeitende Systeme von selbständig lernenden Systemen unterschieden werden.

Wissensverarbeitende Systeme generieren aus vorhandenem Wissen neues Wissen und Werte, indem aus einer Fülle von Daten bestimmte Muster oder Kausalitäten erkannt werden, die von Akteuren genutzt werden. Ein virtueller *Chatbot* beispielsweise erhält eine Textanfrage von einem Kunden, die in mehrere Fragmente aufgeteilt wird. Diese Fragmente dienen dazu, eine geeignete Musterantwort zu suchen, zu finden und dem anfragenden Kunden zurückzuspielen.

Selbständig lernende Systeme hingegen optimieren sich durch gemachte Erfahrungen selbstständig. So kann ein lernender Chatbot über eine gezielte Nachfrageroutine beim

Kunden eine gewünschte Lösung herbeiführen, die sich bereits bei ähnlichen Anfragen bewährt hat. Lernende *Systeme* werden auch im Bereich der *Data Analytics* eingesetzt. Mit Data Analytics können aus verschiedenen Daten aus unterschiedlichen Datenquellen bestimmte Kausalitäten in Bezug auf eine oder mehrere Bezugsgrößen berechnet werden. Eine praktische Anwendung findet Data Analytics zum Beispiel bei der Beurteilung, ob es Kausalitäten zwischen bestimmten Vertriebsaktionen und Vertragskündigungen gibt.

Predictive Analytics beschäftigt sich insbesondere mit Vorhersagen, die ebenfalls auf der Basis von Daten aus mehreren Datenquellen getroffen werden. Zum Einsatz kommt die Technologie insbesondere in Prognose-, Szenario- und Simulationstools.

Kommerzielle KI- Anwendertools werden heute eingesetzt, um vielfältige Aufgaben innerhalb des Betriebsmodells zu unterstützen.

KI-gestützte Recherche- und Textbearbeitungsprogramme (Beispiele: ChatGBT, Deepseek) können genutzt werden, um die Effizienz von wiederholbaren Recherche-, Präsentations- und Textarbeiten zu erhöhen.

KI-basierte selbstlernende Wissensmanagementsysteme (Beispiele: Starmind, Cosma) sorgen dafür, dass fachspezifisches Wissen immer dann zur Verfügung steht, wenn es benötigt wird und die richtigen Fachexpertisen miteinander verbunden werden, um notwendiges Wissen zur Lösung von Aufgaben zu generieren.

KI-basierte Simulationstools (Beispiele: Power BI oder Prometheus [9]) nutzen verschiedene Predictive Analytics Modelle, um Szenarien, Megatrends sowie komplexe Ursache-Wirkungszusammenhänge sichtbar zu machen.

Plattformtechnologien ermöglichen die zentrale Speicherung und Analyse von Daten sowie den Austausch von Daten und Informationen zwischen verschiedenen Akteuren. Je nach inhaltlicher Ausrichtung von Plattformen kann man zwischen transaktionszentrierten und datenzentrierten Plattformen unterscheiden [10].

Bei transaktionszentrierten Plattformen steht die Vermittlung zwischen Akteuren im Vordergrund. Beispiele für transaktionszentrierte Plattformen sind Handelsplattformen, auf denen sich Anbieter und Nachfrager treffen, um miteinander Geschäfte zu tätigen [10].

Datenzentrierte Plattformen sorgen dagegen für die datenbasierte Vernetzung von Software, Hardware oder bestimmten Services in einem Gesamtsystem [10]. Auf datenzentrierten Plattformen können insbesondere Daten und Datenströme aus verschiedenen Datenquellen zentral gesammelt, ausgewertet und für unterschiedliche User aufbereitet werden.

Hierbei spielt das sogenannte *Cloud Computing* eine wichtige Rolle, das verschiedene Systemelemente zur Verfügung stellt. *Cloud-Software-Systeme* beinhalten Software-Applikationen, die in einer Cloud zur Nutzung gegen ein Entgelt zur Verfügung gestellt werden. Das daraus resultierende Geschäftsmodell wird auch als *Software as a Service* (SaaS) bezeichnet. Software-as-a-Service-Angebote adressieren heute sämtliche Bereiche und Funktionen innerhalb des Betriebsmodells Stromvertrieb.

Im Rahmen von Cloud-Plattform-Systemen stellt ein Anbieter eine Plattform inklusive einer Programmierumgebung und Bauteilen (Interfaces) zur Verfügung, mit denen Daten zwischen unterschiedlichen Anwendungen oder Geräten transferiert werden können. Insbesondere neue, datengetriebene Geschäftsmodelle (siehe Kap. 4) erfordern die zunehmende Vernetzung von verschiedenen Akteuren, Sensoren und Aktoren, die über Cloud-Plattform-Systeme unterstützt werden können.

Cloud-Infrastruktur-Systeme stellen ganze IT-Infrastruktur-Systeme wie Rechner, Speicherkapazitäten oder Server gegen Entgelte zur Verfügung.

Neben zentralen Plattformen, bei denen meist Stamm- und Transaktionsdaten der Anwender zentral gespeichert werden, gibt es dezentrale Netzwerke auf der Basis der Blockchain-Technologie, bei denen Daten dezentral in Registern vorgehalten werden.

▶ **Blockchain** = Datenregister, das dezentral in einem verteilten Hauptbuch bei allen Akteuren gespeichert ist und direkte Transaktionen zwischen Akteuren ermöglicht.

▶ Jede Transaktion muss von allen Akteuren genehmigt werden, um ausgeführt zu werden. Ist eine Transaktion genehmigt, wird sie in einen Datenblock geschrieben. Erst wenn der Datenblock in die Block-Kette (Chain) eingefügt ist, gilt die Transaktion als bestätigt. Nachträgliche Manipulationen des Datenblocks werden durch kryptographische Verschlüsselungsverfahren so gut wie ausgeschlossen, da die Veränderung eines Blocks in der Kette die Veränderung sämtlicher Blöcke bedingen würde.

Im Gegensatz zu zentralisierten Netzwerken ermöglicht die *Blockchain* den direkten Austausch von Daten zwischen verschiedenen Akteuren über autonome Knoten ohne Intermediäre (siehe Abb. 3.2). Die dafür notwendige Vertrauensbasis wird durch einen Konsens-Mechanismus gewährleistet. Verschiedene Validierungsregeln sorgen für eine geordnete Abwicklung der Transaktionen [11]. Da die Daten dezentral gespeichert werden, können diese über Berechtigungen anderen Akteuren zugänglich gemacht werden.

Grundsätzlich kann man, was die Architektur der Blockchain-Technologie anbetrifft, zwischen *permissioned Blockchains* und *permissionless Blockchains* unterscheiden [12].

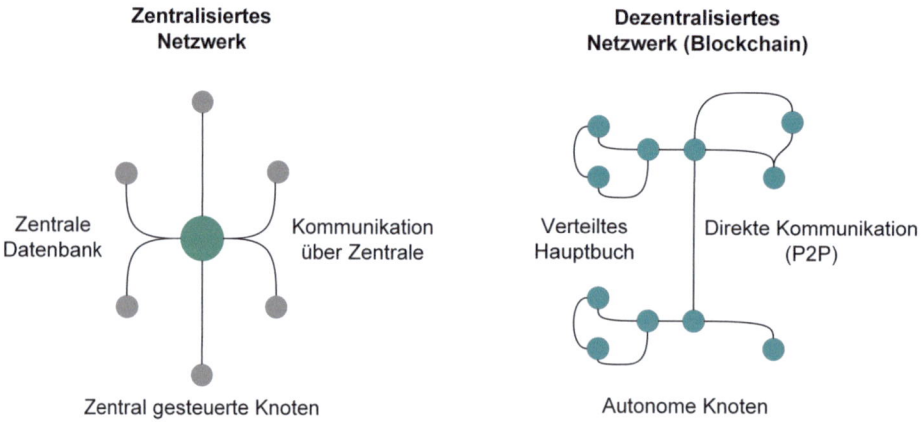

Abb. 3.2 Zentralisiertes versus Dezentralisiertes Netzwerk [11]

Bei der *permissioned Blockchain* besteht grundsätzliches Vertrauen zwischen den Teilnehmern, da die Teilnehmer gemäß bestimmter Auswahlkriterien geworben werden. Das Vertrauen bei der *permissionless Blockchain* wird ausschließlich durch den verwendeten kryptographischen Verschlüsselungsmechanismus erreicht, der die nachträgliche Veränderung abgeschlossener und in den Blöcken dokumentierter Transaktionen nicht mehr zulässt. Die Anwendungsvorteile der Blockchain und ihrer Funktionen werden derzeit durch eine Vielzahl von Use Cases geprüft [12].

Das Konsumverhalten als weiterer Treiber des Stromvertriebs steht in einem direkten Zusammenhang mit veränderten Informations- und Kommunikationsgewohnheiten, die durch die Nutzung von verschiedenen Online-Plattformen via mobilen (Beispiele: Smartphone, Tablet, Laptop) oder stationären Zugangsgeräten (Beispiel: PC) erfolgt. Neben der Möglichkeit, sich über Preise und Produkte von Anbietern direkt online zu informieren, beeinflussen zunehmend Soziale Netzwerke die Meinungsbildung über bestimmte Anbieter und Produkte. Hinzu kommt – ebenfalls ausgelöst durch die Möglichkeit der Vernetzung – der zunehmende Kundenwunsch nach dem Teilen von bestimmten Produkten und Services, das im Rahmen der sogenannten „Sharing-Ökonomie" Einzug in die wirtschaftswissenschaftliche Diskussion gehalten hat und heute z. B. in Strom-Communities und Lokalen Energiegemeinschaften (siehe Abschn. 4.4.3) umgesetzt wird.

Der gesetzliche Regulierungsrahmen sorgt ebenfalls dafür, das sich der Stromvertrieb permanent anpassen muss.

Handlungsfelder in Deutschland ergeben sich beispielsweise durch

- den schnellen Lieferantenwechsel innerhalb von 24 h nach EnWG § 20 a Abs. 2 [13] – siehe Abschn. 3.3.3,
- neue Standards zur Datenübertragung am Beispiel AS4 -Applicability Statement lt. Bundesnetzagentur Beschluss BK6-21-282 [14],
- dem Gesetz zum Neustart der Digitalisierung der Energiewende [15] und dem beschleunigten Ausbau von sogenannten Smart Metern, der die Grundlage neuartiger dezentraler und datengetriebener Geschäftsmodelle ist und den Betrieb neuartiger Stromlieferungsmodelle unter Einbezug zeitvariabler Tarife ermöglicht (siehe Abschn. 4.2),
- der Einführung dynamischer Markttarife und zeitvariabler Netzentgelte lt. Modul 3§14 a EnWG [13].

In der Schweiz müssen insbesondere durch den Mantelerlass und dem vom Bundesrat verabschiedeten ersten Verordnungspaket [16] konkrete Vorgaben erfüllt werden. Diese betreffen u. a.

- die Berechnung von Tarifen innerhalb der regulierten Grundversorgung bei stärkerem Einbezug lokaler und einheimischer Stromproduktion (siehe Abschn. 3.3.3),
- die Umsetzung von Einsparzielen beim Stromverbrauch,
- die Ermöglichung von Lokalen Energiegemeinschaften,
- das Angebot zeitvariabler Netzentgelte.

▶ **Aus der Praxis** Die Abteilung Marktforschung wird vom Leiter Vertrieb des Stadtwerks beauftragt, zur Einschätzung der künftigen Transformationsfähigkeit im Vertrieb eine Treiberanalyse zu erstellen. Die Treiberanalyse soll wesentliche Treiber und Trends aufzeigen, die das Geschäfts- und Betriebsmodell nachhaltig verändern können. Zudem sollen Wechselwirkungen der Treiber aufgezeigt werden. Die Marktforschung sichtet zunächst Studien von renommierten Beratungsgesellschaften, die sich mit den aktuellen Herausforderungen aus Sicht der Branche beschäftigen. Hinzu kommen Interviews mit Mitarbeitern aus unterschiedlichen Funktionsbereichen. Begleitend wird eine Kundenumfrage gestartet, die aus Sicht der Kunden Anforderungen ermittelt und eine Outside-In-Perspektive ermöglicht.

Die Ergebnisse fließen in einen Treiber-Workshop ein, in dem die Ergebnisse verdichtet, diskutiert und anhand eines Scoringverfahrens bewertet werden. Eine Kategorisierung der Treiberbereiche unterstützt die strukturierten Diskussion und Bewertung im Workshop sowie die Zuordnung der Treiber zu den einzelnen Wirkungs- bzw. Funktionsbereichen.

3.3 Die Transformation des Betriebsmodells

Das Abschn. 3.3 verknüpft die aufgezeigten Treiber der Transformation mit dem skizzierten Bezugsrahmen für das Betriebsmodell. Insbesondere wird beschrieben, wie die aufgezeigten Treiber auf das Betriebsmodell und auf einzelne Bereiche einwirken.

3.3.1 Die Transformation durch digitale Technologien

Digitale Technologien beeinflussen wie in Abb. 3.3 skizziert grundsätzlich die gesamte Datenwertschöpfungskette – angefangen von der Gewinnung, den Austausch, die Analyse, Darstellung und Nutzung von Daten. So führt der Einsatz von Sensoren in Kundensystemen (Beispiel: Einsatz von Smart Metern zur Erhebung von Verbrauchs- und Geräteverbrauchsdaten) dazu, dass hohe Mengen an Daten zunächst gesammelt werden. Über *Übertragungstechnologien* können diese Daten dann an zentrale, analytische Datenplattformen transferiert werden. Hier werden die ankommenden Datenströme in ein einheitliches Datenformat umgewandelt, um sie in einem nächsten Schritt zu analysieren und im Hinblick auf ihre Nutzung aufzubereiten. Verschiedene KI-Tools im Bereich *Predictive Analytics* können dazu beitragen, dass unterschiedliche Analyseziele wie *Muster- und Anomalieerkennung sowie* bestimmte *Prognosen* unterstützt werden.

Die Aufbereitung und finale Darstellung der Analysen wird ebenfalls durch digitale Technologien (Beispiel: Business-Intelligence-Plattform mit ansprechenden Dash Boards) unterstützt.

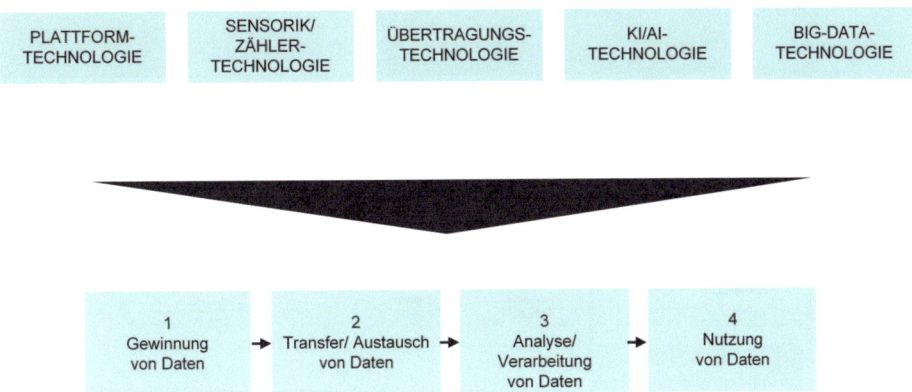

Abb. 3.3 Wirkungsbereiche in der Datenwertschöpfung

Gemäß einer kundenzentrischen Betrachtung der Wertschöpfungskette sollten ausgehend von den Anforderungen der Nutzer, die über die Verwendung der Daten profitieren, Anforderungen für sämtliche vorgelagerten Prozesse abgeleitet werden. Damit ergeben sich auch klare Vorgaben für den Einsatz und die Ausrichtung der zu verwendenden Technologie.

Im Betriebsmodell können Technologien an unterschiedlichen Touchpoints genutzt werden, um bestehende Funktionen zu optimieren und somit Mehrwerte in Bezug auf niedrigere Kosten oder höherer Prozessqualitäten zu schaffen. Dieser Optimierungsprozess findet seit Jahren kontinuierlich in den Unternehmen statt. Er bekommt aber durch die Geschwindigkeit, mit der neue Technologien entwickelt werden, eine neue Bedeutung. Insbesondere die hohe Anzahl von neuen Technologien muss in immer kürzeren Zeitabständen im Hinblick auf ihr Optimierungspotenzial für Prozessketten und einzelne Prozesse bewertet werden. Das schließt im Übrigen auch die kritische Betrachtung von Anschaffungs- und Betriebskosten mit ein.

Die im Folgenden beschriebenen Wirkungen digitaler Technologien beziehen sich auf die Bereiche Beschaffung, Operations inklusive Marktkommunikation sowie auf die Interaktion.

Wirkungsbereich Beschaffung Im Wirkungsbereich Beschaffung kann insbesondere der operative Handel von Strom durch den Einsatz von digitalen Plattformen, Algorithmen oder Blockchain-Systemen unterstützt werden (Abb. 3.4).

Digitale Plattformen können grundsätzlich in digitale Marktplätzen für Energieprodukte (Beispiel: Enmacc) und Service-Plattformen (Beispiel: Webportal der Axpo für Mengenbeschaffung und Verkauf) unterschieden werden.

Digitale Marktplätze ermöglichen durch die Zurverfügungstellung von Infrastruktur die Vernetzung zwischen verschiedenen Marktakteuren [17]. *Käufer* dokumentieren ihren Bedarf und stellen ihre Kaufwünsche in Form von Orders zur Verfügung. *Anbieter* stellen Angebote auf die Plattform, die von Käufern eingesehen und abgeschlossen werden kön-

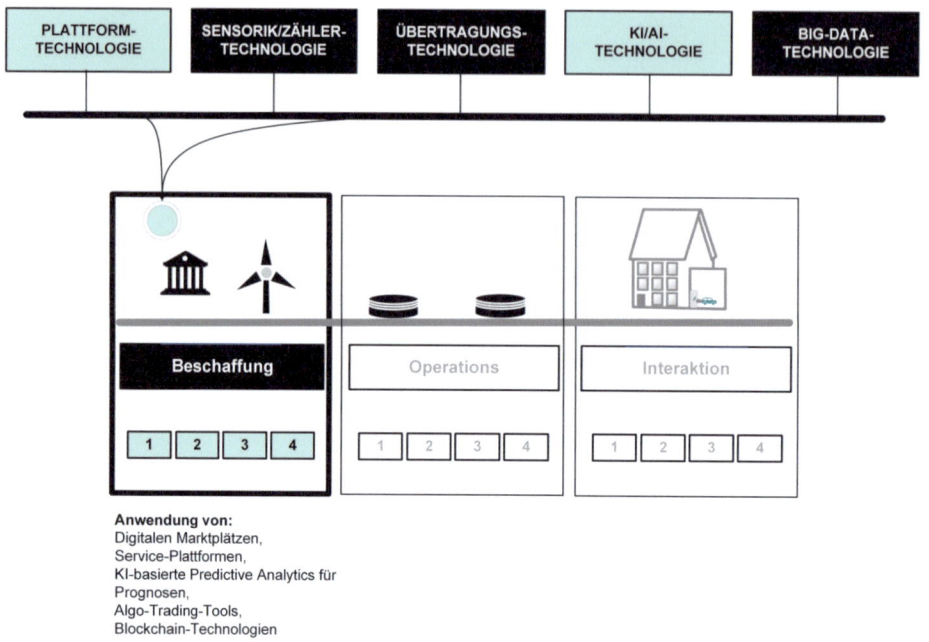

Abb. 3.4 Technologien im Wirkungsbereich Beschaffung

nen. Zudem gibt es in Anlehnung an den Plattform-Canvas [18] Owner und Producer. *Owner* sind Eigentümer und beteiligen sich an der Plattform. *Producer* entwickeln Software und sorgen für den operativen Betrieb der Plattform.

Service-Plattformen stellen bestimmte Service-Module zur Verfügung, die Kunden bei strategischen und operativen Aufgaben unterstützen. Service-Plattformen werden meist als *Software as a Service* von Anbietern angeboten und beinhalten beispielsweise Module wie Marktpreisanalysen, Kalkulationstools, Preisrechner, Portfolioübersichten und Risikoreportings. Darüber hinaus werden Funktionen des Marktzugangs ohne eine komplexe Zulassung ermöglicht [19]. Diese unterstützen den Handel mit Standardhandelsprodukten, dokumentieren und historisieren die getätigten Handelsgeschäfte [19]. Stromvertriebe, die digitale Handelsplattformen nutzen, bekommen neben einer aktuellen – möglichst Echtzeitmarktsicht zur Einschätzung des Marktes einen direkten Zugang zu den Großhandelsmärkten und können über kurze Entscheidungswege Marktopportunitäten nutzen. Dies setzt ebenfalls wie in Abschn. 2.5 skizziert den unmittelbaren Zugriff auf verschiedene Positionen des Portfoliomanagements (Beispiele: aktuelle Portfoliosituation, Auslastung der Limits, Kennzahlen des Risikomanagements) voraus.

Auch an Service-Plattformen sind mehrere Akteure beteiligt. *Anbieter* sorgen für die Bereitstellung der Module, *Kunden* nutzen dieses Module gegen Entgelt. *Producer* können für die Anbieter Module entwickeln und auf die Plattform stellen. *Owner* können sich je nach Beteiligungsmodell an der Service-Plattform beteiligen.

Im sogenannten Algo-Trading übernehmen Agenten und Algorithmen selbstständig über Zielvorgaben die Bewirtschaftung von Handelspositionen an den Großhandelsmärkten. Dabei greifen diese zunehmend auf KI-basierte Prognosetools zur Einschätzung von Großhandelspreisen und Verbrauchsmengen für bestimmte Kunden/Objekte und Kundenportfolien zurück. Dadurch können beliebig viele kleinere Positionen bewirtschaftet werden, was im Hinblick auf die zunehmende Kleinteiligkeit von Handelstransaktionen insbesondere auf den Spotmärkten (Beispiel: Aktuelle Anpassung der Marktzeitintervalle von Handelsprodukten im Day-Ahead-Handel von 60 min auf 15 min zum 11. Juni 2025) und die individuelle Bepreisung von kleineren Kunden von Vorteil ist. Die Limits ergeben sich im Rahmen des Algo-Tradings über Algorithmen, die von Händlern konfiguriert werden können. Der Händler kann sich dann verstärkt auf strategische Aufgaben wie die Ermittlung von Risiken und die Konfiguration der Algorithmen konzentrieren [20].

Der Einsatz der Blockchain-Technologie fand in den Jahren 2016 bis 2019 in verschiedenen Pilotprojekten insbesondere im OTC-Trading (Over-the-Counter-Trading) statt. Dabei platzierten Käufer und Verkäufer ihre Orders in einem Front Desk. Die Blockchain-Software war dabei dezentral auf den Rechnern der Marktteilnehmer gespeichert. Aufgrund der eingestellten Orders und der Einstellung kam es zu einem bilateralen Handel inklusive Forderungsausgleich zwischen den Handelsteilnehmern – ohne dass eine zentrale Plattform (Börse) eingeschaltet wurde.

Die Zahlungsabwicklung kann nach Merz [21] entweder *explizit* über die Definition eines Transaktionstypen „Zahlung" inklusive Währung und Payer-IDs oder *implizit* über einen von der Blockchain vorgegebenen Buchungsmechanismus erfolgen. Die eigentliche Transaktion „Kilowattstunde gegen Geld" kann an einen *Smart Contract* angebunden werden, der regelt, unter welchen Bedingungen – beispielsweise zum Mindestpreis – die Transaktion ausgeführt werden soll. Die Transaktionsdaten werden in Blöcke geschrieben und sind danach durch die Anwendung kryptographischer Verschlüsselungsmechanismen nahezu unveränderbar. Der Vorteil für die Handelsteilnehmer kann darin bestehen, dass eine gegenseitige manuelle Bestätigung der Details der Transaktion nicht mehr notwendig ist und der Geldtransfer zwischen zwei Konten ohne Intermediäre abgewickelt wird.

Insgesamt bleibt angesichts eines noch frühen Entwicklungsstands der Blockchain-Technologie nach heutigem Stand abzuwarten, in welchen konkreten Anwendungsfeldern der Beschaffung diese Technologie eine höhere Wirkung als etablierte Systeme erzielt.

Wirkungsbereich Operations   Im Wirkungsbereich Operations (Abb. 3.5) können neue Technologie an vielen Funktionsstellen dazu beitragen, dass Massendaten verarbeitet werden können, Prognosequalitäten steigen und Prozesse effizienter werden.

Cloud-Lösungen eignen sich für bestimmte Funktionen der Marktkommunikation und des Bilanzkreismanagements (Beispiel: Monitoring von empfangenen und gesendeten Nachrichten). Denn hier geht es weitgehend um Routineaufgaben, die gebündelt in einer Cloud kostengünstig abgewickelt werden können. Gleichwohl muss aus Sicht des Stromvertriebs ganz genau überlegt werden, welche Geschäftsprozesse man auslagern

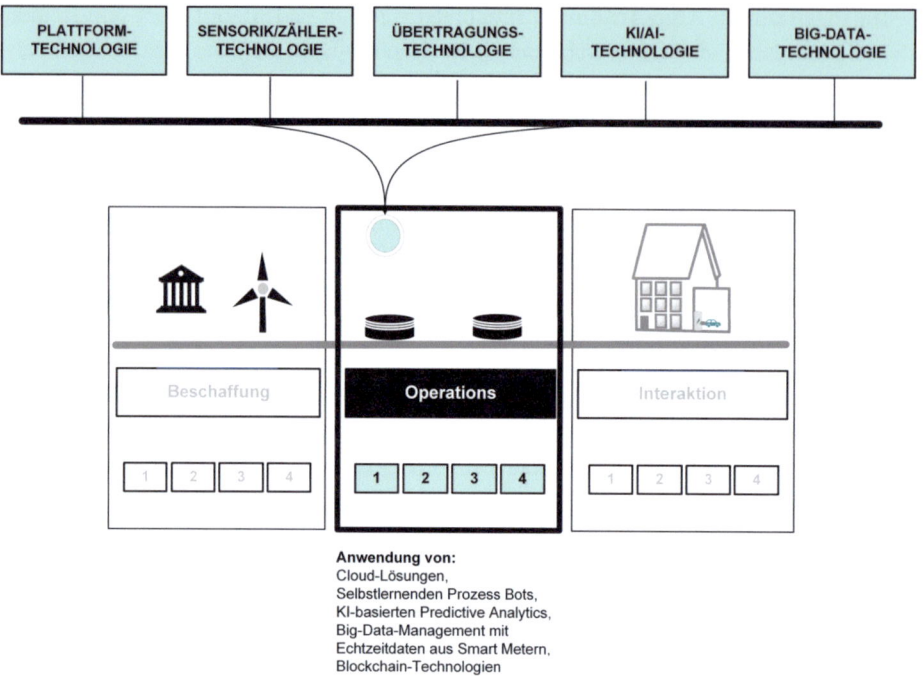

Abb. 3.5 Digitale Technologien im Wirkungsbereich Operations

möchte, welche Daten wann und in welchem Format aus internen Systemen generiert werden beziehungsweise wann und wie die Cloud auf etablierte interne Datendrehscheiben (z. B. EDM-System) zugreift.

Vor allem muss geklärt werden, wie der Schutz vor einem unbefugtem Datenzugriff erfolgt und ob Daten bei Insolvenz des Cloud-Anbieters wieder in unternehmensinterne Systeme integriert werden können. Hinzu kommt, dass aus Sicht des Stromvertriebs zusätzliche Ressourcen benötigt werden, um Koordinationsaufgaben in Bezug auf das Management beziehungsweise Orchestrieren von Systemen, Akteuren und Schnittstellen zu übernehmen.

Der Einsatz von intelligenten, bildverarbeitenden Zusatzmesseinrichtungen im Zählerbestand oder die Installation von *Smart-Meter-Technologie* in Verbindung mit Big-Data-fähigen Übertragungs- und Datenmanagementsystemen kann eine Vielzahl an marktgetriebenen Produkten im Metering und in der Abrechnung ermöglichen. So können Smart Meter oder „smart gemachte" Meter über Sensoren kontinuierlich Zählerstände der Strom-, Wasser- und Wärme-Messeinrichtungen bzw. der Heizkostenverteiler ablesen (siehe Abschn. 4.2.2).

In einem zentralen Kommunikationssystem können diese gesammelt und zu Einzelzeitreihen aufbereitet werden. Die Einzelzeitreihen gelangen über eine Wide-Area-Übertragung an eine zentrale Datenbank. Diese bereitet die Einzelzeitreihen auf und bedient je nach Produkt eigene und externe Kunden-Systeme. Produkte, die auf das beschriebene „Multi-Metering" aufsetzen, können Kundenwünsche nach monatlichen

Strom-Wärme-Wasser-Abschlägen, integrierten Jahresendrechnungen, zeitvariablen Tarifen oder Energiemanagementlösungen inklusive Visualisierungstools bedienen.

Die Blockchain-Technologie kann grundsätzlich im Bereich Operations zur Unterstützung wesentlicher Funktionen eingesetzt werden – in wie weit die Technologie dauerhaft Aufgaben innerhalb des Betriebsmodells übernehmen wird und damit bewährte Technologien verdrängen wird, ist aber weiterhin unsicher. Gleichwohl sei an dieser Stelle auf zahlreiche Pilotprojekte hingewiesen, die insbesondere im Zeitraum 2016 bis 2019 stattgefunden haben.

Im Bereich Abrechnung beschäftigten sich Pilotprojekte in der Vergangenheit mit der Veränderung von Abrechnungsprozessen. So konnten Kunden der Enercity Rechnungen mit Bitcoins begleichen [22]. Die Stadtwerke Energieverbund (SEV) ermöglichte ihren Kunden eine auf Blockchain basierende Abrechnung im Rahmen eines Stromkontos. Das Stromkonto wurde zunächst mit einem Guthaben per Kreditkarte, EC-Karte oder Überweisung aufgeladen. Die verbrauchten Kilowattstunden des Kunden wurden danach kontinuierlich angezeigt. Gleichzeitig wurden nahezu synchron Geldbeträge abbucht, die dem Gegenwert der verbrauchten Kilowattstunden entsprechen [23]. Eine Jahresendrechnung ist durch diesen Prozess zwar weiterhin notwendig, es entfallen jedoch die Berechnung und Abwicklung von Ausgleichszahlungen. Durch das Guthabenkonto entfallen ebenfalls Kosten für Mahnungs- und Inkassoleistungen und die Abwicklung von Beschwerden aufgrund falscher Endrechnungsbeträge.

Im Bereich Bilanzkreismanagement kann die Blockchain grundsätzlich unterstützend wirken [21] – und zwar dort, wo permanent Zeitreihen von mehreren Akteuren in einem System des Übertragungsnetzbetreibers auflaufen, das wiederum die Zeitreihen auf Plausibilitäten prüft und Änderungsanforderungen an die Akteure zurücksendet. So können Automatismen abgebildet werden, die diese Zeitreihen lückenlos in Blöcken dokumentieren und erst dann freigeben, wenn diese übereinstimmen.

Innerhalb des Lieferantenwechsels konnte das Zusammenspiel von Akteuren durch eine Blockchain optimiert werden [24]. Zum einen bietet sich eine Blockchain-Lösung grundsätzlich immer da an, wo Aktivitäten unterschiedlicher Akteure lückenlos dokumentiert werden müssen (Beispiel: Eingang Anmeldung Entnahmestelle beim Netzbetreiber), um bei Rechtsstreitigkeiten transparent darlegen zu können, wann welche Daten und Informationen von einem Akteur zu einem anderen Akteur geflossen sind. Zum anderen kann ein in der Blockchain geregelter und unmittelbarer Zugriff auf Daten und Informationen dazu führen, dass bisherige Sende- und Bestätigungsprozesse zwischen den verschiedenen Akteuren entfallen und sich damit Wechselprozesse beschleunigen lassen.

Im Betrieb öffentlich zugänglicher Ladepunkte (siehe Abschn. 4.5) bietet der bilanzielle Zugang zum Ladepunkt (für Kunden, die ihren Stromlieferanten an den Ladepunkt „mitbringen" wollen) ebenfalls einen interessanten Anwendungsfall für die Blockchain Technologie. Die hier notwendigen Prozesse der Bilanzgruppen-Zuordnung, der Bilanzierung von Ladevorgängen und des Austausch von Daten mit verschiedenen Akteuren könnte über eine Blockchain unterstützt werden [25].

Auch KI-Technologien eignen sich zunehmend, um Aufgaben im Bereich Operations zu unterstützen:

KI-basierte Prozess-Bots, die wiederholende Tätigkeiten erkennen und automatisieren. Anwendungsbereiche von Prozess-Bots liegen insbesondere in der Optimierung von Prozessketten, die durch manuelle Schnittstellen zwischen unterschiedlichen IT-Systemen gekennzeichnet sind. Ein Beispiel für eine derartige Prozesskette ist die Erstellung von Vertriebsreports, bei der ein Mitarbeiter Daten aus unterschiedlichen Systemen sammelt, aufbereitet und darstellt. Prozess-Bots können hierbei Zugriffe und Klicks von Mitarbeitern beobachten und in einen Automatismus überführen, der dann bei einer erneuten Anfrage ausgeführt wird.

KI basierte Tools für Predictive Analytics können künftig insbesondere im Rahmen des Pricings von zeitvariablen und dynamischen Tarifen eingesetzt werden. Dabei wird Kundenverhalten in Form veränderter Lastprofile als Reaktion auf unterschiedliche Preise während eines Tages gemessen und mit verschiedenen Randparametern – z. B. mit Wetterdaten – verknüpft.

Über *selbstlernende Algorithmen* kann dann prognostiziert werden, welche Preisspannen notwendig sind, um gewünschtes Kundenverhalten wie die Verschiebung des Stromverbrauchs von Starklastzeiten in Schwachlastzeiten anzureizen. Dies kann für einzelnen Kunden, für Kundengruppen und für die Gesamtheit des Kundenportfolios erfolgen [26].

Wirkungsbereich Interaktion Auch im Wirkungsbereich der Interaktion gibt es eine Vielzahl an Touchpoints, die durch den Einsatz digitaler Technologien unterstützt werden können (siehe Abb. 3.6).

Chatbots werden in Kundencentern eingesetzt, um Standardanfragen der Kunden zu beantworten. Fragestellungen werden dabei zunächst in einzelne Key-Begriffe zerlegt. Ein Algorithmus sorgt über „Wenn-dann"-Verknüpfungen für die Auswahl der besten Antwort für die jeweilige Begriffskombination aus einem Antwortpool, der wiederum in einer Datenbank hinterlegt ist. So können Standardfragen wie „Wo finde ich Tarifinformationen?" mir einem Hinweis auf die entsprechende Produkt-Site der Homepage leicht beantwortet werden. Einfache Chatbots hätten bei der Variation der Frage „Wo finde ich Preisinformationen?" insofern ein Antwortproblem, da der Begriff Preis nicht eindeutig einer bestimmten Produktkategorie zugeordnet ist. Hier unterstützen dann spezifische Nachfragen, um auf die vom Kunden gewünschte Produkt-Site zu gelangen.

Mit Unterstützung von *Maschinellem Lernen* als Teilbereich der Künstlichen Intelligenz (KI/AI) werden Chatbots mit jeder Frage klüger, indem sie erzielte Ergebnisse und den Weg dorthin bewerten. Abweichungen von Standardanfragen sind somit kein Problem, da der Chatbot anhand einer Vielzahl von Fragestellungen gelernt hat, zum Ziel zu kommen. Chatbots sind eigentlich keine neue Erfindung. So setzt Yello Strom bereits seit

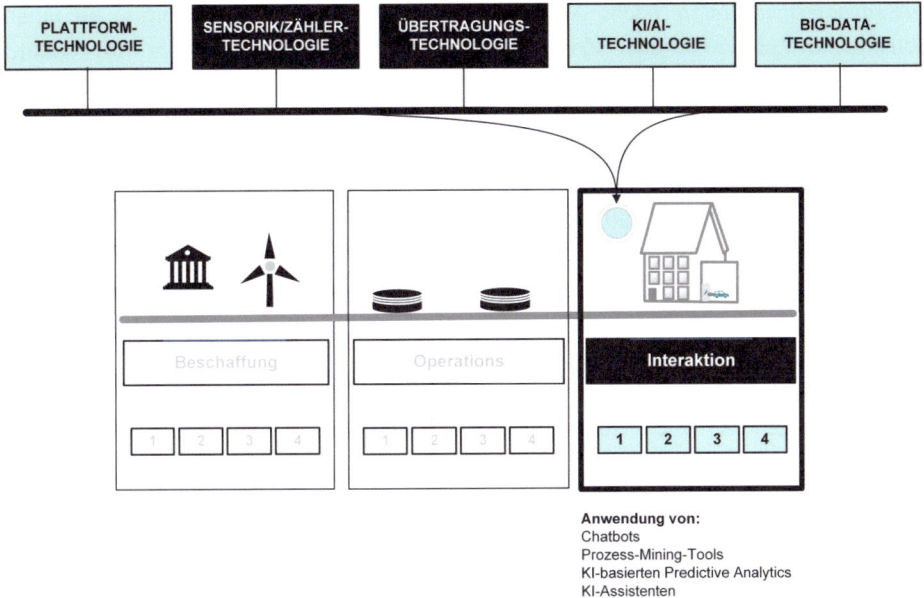

Abb. 3.6 Digitale Technologien im Wirkungsbereich Interaktion

2001 die virtuelle Kundenberaterin „Eve" ein, die auf der Homepage freundlich Fragen ihrer Kunden beantwortet. Vorteile des Einsatzes von Chatbots liegen aus Sicht der Kunden u. a. in der 24/7-Erreichbarkeit des Unternehmens und kürzeren Wartezeiten. Servicecenter, die Chatbots einsetzen, können mehrere Anfragen gleichzeitig beantworten und entlasten somit die Service-Mitarbeiter.

Der Nutzen des Einsatzes von Chatbots im Kundenservice hängt neben der Programmierung wesentlich von den Schnittstellen zu bestehenden Abrechnungs- und CRM-Systemen ab. Hier können Interaktionsdaten mit Stamm- und Rechnungsdaten verknüpft werden. Dies hat wiederum mehrere Vorteile – zum einen erfolgt bei Kenntnis des Anfragenden eine Verknüpfung mit dem Kundenstatus, was Antwortqualitäten erhöht. Zum anderen kann der Interaktionsverlauf bei Einwilligung der Kunden in CRM-Systemen zur weiteren Gestaltung der Kundenbeziehung gespeichert werden. Nicht zuletzt kommt es beim Einsatz eines Chatbots auch auf die Schnittstelle zu menschlichen Kollegen an, um spezifische Fragen individuell zu klären. Auch an der Schnittstelle Mensch-Maschine erfolgen permanent Lernfortschritte, die eine bestmögliche Begleitung des Customer Journeys sicherstellen.

Der Einsatz von digitalen Kundencentern als zentrale Plattformlösung zur Einsicht von Verträgen, Abschlägen und Rechnungen gehört im Stromvertrieb zum Servicestandard. Durch den Einsatz von Smart Metern können Online-Kundencenter für Privat- und Gewerbekunden analog der im leistungsgemessenen Geschäftskundenbereich üblichen Zugriffe auf Lastgangdaten künftig um entsprechende Visualisierungsbereiche erweitert werden. Diese können auch dazu verwendet werden, im Rahmen der Abbildung *preisdynamischer Tarife* (siehe Abschn. 4.2.4) unterschiedliche Marktpreise für unterschiedliche Zeitpunkte oder Zeitspannen anzuzeigen. Eng verbunden mit Online-Kundencentern sind Smartphone-Applikationen, die den mobilen Zugriff auf Informationen „rund um das Thema Energie" und gegebenenfalls weiterer Themen (Beispiel: Online-Parkplatzsuche) ermöglichen, die Unternehmen als „Umsorger" für die Kunden bereitstellen.

Zur Optimierung der vielfältigen Interaktionsprozesse mit Kunden werden Systeme benötigt, die Interaktionsdaten sammeln, transferieren, analysieren, aufbereiten und zur Nutzung bereitstellen (siehe Datenwertschöpfung in Abb. 3.3). Dies gilt insbesondere für die Auswahl der Vertriebskanäle und die Optimierung von Vertriebs- und Serviceprozessen. Digitale Technologien können hier an mehreren Stellen ansetzen.

KI-basierte Assistenten unterstützen die systematische Abwicklung von eingehenden Kundenanfragen – z. B. über das automatisierte Erkennen und Einordnen von Anfrageinhalten, einen zielgerichteten Zugriff auf anfragerelevante Inhalte und Kompetenzen und das „Bespielen" von unterschiedlichen Kommunikationskanälen (Beispiele: e-Mail, WhatsApp, Chatbot, Hotline) zur Beantwortung der Kundenanfragen.

Mit dem Einsatz von Prozess-Mining-Tools, die Machine-Learning-Technik nutzen, können Prozesse visualisiert, im Hinblick auf Kennzahlen analysiert und im Sinne einer höheren Effizienz optimiert werden.

Die Verwendung von Predictive Analytics sorgt bereits heute im Energievertrieb dafür, dass historische Interaktionsdaten (Beispiel: Kündigungszeiten, Kündigerprofile) mit Umfelddaten (Beispiel: Preiserhöhungen) und Stammdaten miteinander verknüpft werden. Somit können Vorhersagen mit bestimmten Eintrittswahrscheinlichkeiten darüber getroffen werden, wann welcher Kunde kündigen wird [27]. Damit werden die in Kap. 1 behandelten Kundenwertberechnungen auf eine neue Grundlage gestellt. Wiederabschlusswahrscheinlichkeiten können nunmehr präzise vorhergesagt werden. Dies wiederum hat Auswirkungen auf die Steuerung des Vertriebs. So müssen Zielpreise angepasst werden, um veränderte Ziel-Deckungsbeiträge zu erwirtschaften. Zudem können Kundenbindungs- und Serviceleistungen nun im Hinblick auf Wirkungen und Kosten überprüft werden.

▶ **Aus der Praxis** Um wesentliche digitale Treiber und deren Wirkung für das eigene Unternehmen einzuschätzen und zu nutzen, entschließt sich die Geschäftsführung eines Stadtwerkes, ein Praxislabor für Digitale Transformation einzurichten. Das Praxislabor findet einmal im Monat statt. Die Teilnehmer werden aus unterschiedlichen Abteilungen rekrutiert und haben den Status des „Influencers" innerhalb ihrer Abteilungen. Im Rahmen der ersten Termine werden digitale Technologien aufgezeigt, die im Hinblick auf einen sinnvollen Einsatz bewertet werden. Zur Beurteilung, ob der Einsatz der Technologie sinnvoll ist, werden Kriterien herangezogen, die sich auf konkrete messbare Ziele wie Erhöhung von Prozessdurchlaufzeiten oder die Steigerung von Kundenzufriedenheiten mit bestimmten Leistungen beziehen. Hinzu kommt eine erste

Einschätzung der Umsetzbarkeit im Unternehmen und der voraussichtlichen Investitionen. Nach der Bewertung findet eine Auswahl in Bezug auf die konkrete Anwendung der Technologien statt, die im Rahmen von Prototypings getestet werden.

Die Prototypings finden ebenfalls im Rahmen des Praxislabors statt, welches eine kollaborative Arbeitsplattform mit Rollendefinitionen und interaktiven Workflows zur Verfügung stellt. Ein Prototyping befasst sich mit der Integration eines Chatbots auf der Homepage des Unternehmens. Hierzu wird eine externe Marketing-Agentur hinzugezogen, die sich auf die Programmierung und die Implementierung von Chatbots bei Energieversorgungsunternehmen spezialisiert hat. Diese stellt zunächst ein Raster mit Standard-Fragekategorien, Standard-Fragen und Musterantworten auf die Plattform. Auf der Grundlage von eigenen Customer Journeys werden diese von berechtigten Teilnehmern des Praxislabors ergänzt. Die Programmierung und IT-seitige Einbindung des Chatbots erfolgt in einem separaten IT-Team zwischen der IT-Abteilung und der Agentur.

3.3.2   Die Transformation durch verändertes Konsumverhalten

Das Konsumverhalten von Kunden wird immer von Motiven bestimmt. Somit steht zu Beginn dieses Abschnitts die Einordnung von Motiven im wissenschaftlichen Kontext.

▶ **Motiv** = latente Neigung eines Menschen, einen bestimmten positiven Zustand durch Verhalten zu erreichen [28]. Das Verhalten erzeugt dann eine bestimmte Wirkung (Abb. 3.7).

Motive können impliziter oder expliziter Natur sein. *Implizite Motive* beziehen sich auf unbewusste, gelernte Präferenzen. *Explizite Motive* dagegen beziehen sich auf Werte und Ziele, die sich Personen selbst zuschreiben [29]. Der Stromkonsum funktioniert nach Forschungen des Steinweg Institutes [30] weitgehend unbewusst, also implizit – als zentraler Indikator für „Alltagsnormalität". Wird diese Alltagsnormalität gestört – zum Beispiel durch die Aufforderung der Zählerselbstablesung –, schreckt dies zunächst die Kunden auf. Der Vertrieb muss dann sicherstellen, dass sich durch entsprechende Maßnahmen die Alltagsnormalität schnell wieder einstellt. Dieses psychologische Profil des Steinweg Institutes gilt für die überwiegende Mehrheit aller Privatkunden, die dem Thema Strom pas-

Abb. 3.7 Motiv-Verhaltens-Wirkungskette

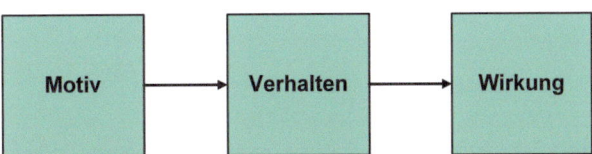

siv gegenüberstehen. Gemäß der Motivdefinition besteht die latente Neigung dieser passiven Kunden, einen bestimmten positiven Zustand zu erreichen, lediglich darin, bei einer „Aufstörung" den ursprünglichen Zustand der Alltagsnormalität schnell wieder herzustellen. Damit könnte man auf den ersten Blick meinen, dass sich das grundsätzliche Verhalten in Bezug auf den Stromkonsum bei der überwiegenden Anzahl der Kunden nicht ändert. Auf den zweiten Blick wäre zu hinterfragen, wie sich z. B. durch einen flächendeckenden Einzug digitaler Technologien in Haushalten die Alltagsnormalität für die Kunden ändert.

Was wäre, wenn der Stromkonsum jederzeit sichtbar auf Displays angezeigt wird und anhand von Ampeln mit vergangenen Durchschnittsverbräuchen verglichen wird? Findet dann eine Verhaltensänderung in Bezug auf die Senkung des Stromverbrauchs statt? Setzen sich Kunden dann mit ihrem Stromanbieter in Verbindung, um Stromspartipps zu bekommen? Wird eine direkte Übertragung von Messwerten an den Stromanbieter via Smart Meter Gateway überhaupt von Kunden akzeptiert? Diese und weitere Fragen sind zu stellen, wenn man sich mit der Veränderung von Konsumverhalten und deren Auswirkung auf die Akzeptanz von Produkten des Stromvertriebs auseinandersetzt.

Entgegen der bisherigen Systematik wird der Treiber Konsumverhalten lediglich auf den Wirkungsbereich der Interaktion fokussiert. Die Wertschöpfung beginnt – wie im Abb. 3.8 skizziert – nun beim Kunden und zwar so, dass man die Motive der Kunden frühzeitig erkennt und diese rückwirkend in der Wertschöpfungskette berücksichtigt.

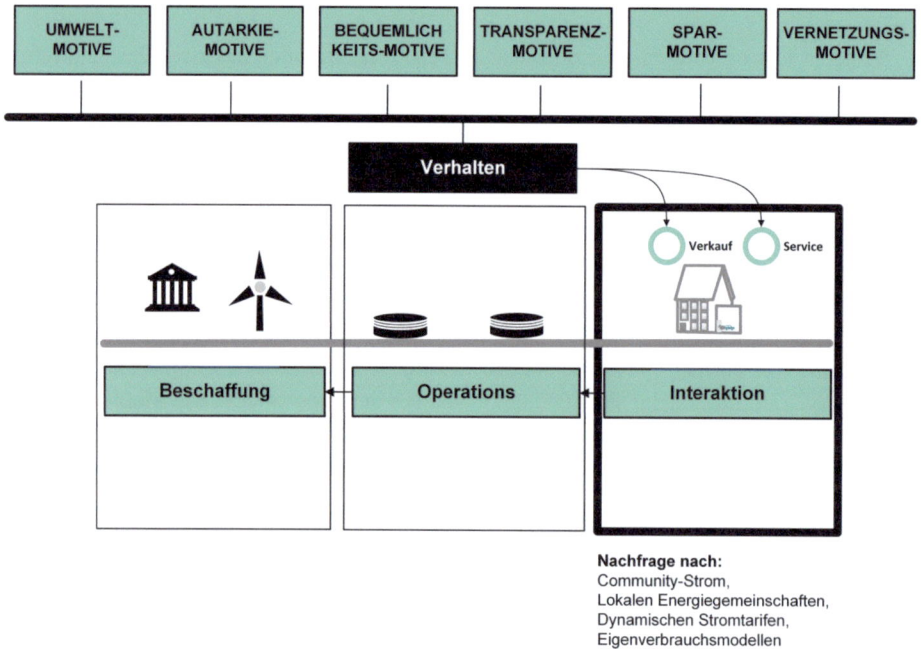

Abb. 3.8 Wirkungsbereiche eines veränderten Konsumverhaltens

Ergänzt um motivationswissenschaftliche Erkenntnisse können aus dem beobachteten Verhalten an bestimmten Kontaktpunkten die treibenden Motive ermittelt werden, nach denen Kunden handeln. Ein Kunde, der beispielsweise Bilderkennungssoftware auf seinem Smartphone nutzt, um Zählerstände regelmäßig auszulesen und diese im Kundenportale zu speichern, handelt mit hoher Wahrscheinlichkeit aus einem *Transparenzmotiv* heraus. Er kann jedoch auch von einem *Sparmotiv* getrieben worden sein, das in Verbindung mit der Erwartung von niedrigeren Abschlagsbeträgen steht. Entscheidend für das Angebot kundenzentrierter Serviceleistungen ist neben der Kenntnis der aktuell genutzten Servicekanäle, Kontaktpunkte, Verweildauern oder Abbrüche die Analyse der dahinterliegenden Motive. Nur durch diese Kenntnis können Vorhersagen über Veränderungen von Motiven und Konsumverhalten getroffen und die Customer Journeys im Sinne der Kundenerwartungen bestmöglich durch Serviceleistungen begleitet werden.

Auch das Angebot von Produkten erfordert die aktive Auseinandersetzung mit impliziten und expliziten (Kauf-)Motiven der Kunden. Im klassischen Vertrieb von Stromtarifen lassen kurze Mindestvertragslaufzeiten und zunehmende Vertrags- und Lieferantenwechsel auf eine hohe Bedeutung des Faktors Preis und der Bedienung von Sparmotiven schließen [31].

Das Angebot zeitvariabler und dynamischer Tarife (siehe Abschn. 4.2.4) erfolgt unter der Prämisse, dass Kunden ihren Stromverbrauch zum Zweck der Kostensenkung an Preissignalen ausrichten und somit ebenfalls *Sparmotive* verfolgen. Die weiterhin steigende Anzahl von Ökostromkunden lässt zudem Rückschlüsse auf verstärkte *Umweltmotive* bei der Produktwahl zu.

Neben monetär geprägten Sparmotiven erlangen zunehmend *soziale Motive* nach *Sharing*, *Autarkie* und *Vernetzung* mit anderen Kunden und Akteuren eine zunehmende Bedeutung. Ob diese Motive ähnlich stark – wie in anderen Branchen (Beispiele: Airbnb oder Uber) – auf den Stromvertriebsmarkt einwirken und diesen über neuartige, datengetriebene Geschäftsmodelle nachhaltig verändern, bleibt abzuwarten. Die steigende Zahl von sich selbst optimierenden Eigenverbrauchern sowie die sich entwickelnden lokalen Energiegemeinschaften (siehe Abschn. 4.4.3) weist aktuell jedoch genau darauf hin.

Ein wesentlicher Erfolgsfaktor bei der Gestaltung von Produkten und Dienstleistungen besteht darin, verändertes Konsumverhalten bereits zu Beginn einer Produktentwicklung zu berücksichtigen. Eine kundenzentrische Gestaltung von Produkten kann insbesondere durch die **J**obs-**T**o-**B**e-**D**one-Methode (JTBD-Methode) unterstützt werden. Bei dieser Methode werden „Stellenanzeigen" für Produkte aufgeben, die dann bestimmte Jobs für Kunden erledigen. Die Formulierung der Jobs ist wiederum abhängig von der zugrundeliegenden Motivation der Kunden, die durch bestimmte Motive bestimmt wird. An dieser Stelle wird man gezwungen, sich tief in den Kunden hineinzuversetzen und seine Situation zu verstehen.

Eine sehr anschauliche Darstellung der **J**obs-**T**o-**B**e-**D**one-Methode liefert Prof. Clayton Christensen von der Harvard Business School [32]. Am Beispiel von Milchshakes erläutert er, dass diese einen speziellen Job zu erledigen haben. Dieser Job besteht darin, Autofahrer auf ihrer Fahrt zur Arbeit (Fahrsituation) zu sättigen und das möglichst bis zur Mittagspause

(Sättigungsmotiv). Damit stehen Milchshakes im Wettbewerb mit Donuts, Bagels, Bananen und weiteren Sättigungsspendern, die ebenfalls auf der Fahrt zur Arbeit das Sättigungsmotiv befriedigen. Auf Basis dieser Erkenntnis können spezifische Anforderungen an das Produkt Milchshake abgeleitet werden, das im Vergleich zu den anderen Produkten einfach einen besseren Job macht. Diese können beispielsweise in der Verpackung liegen, die es dem Autofahrer während der Fahrt erleichtert, Milchshakes zu konsumieren. Zudem könnte auch die Rezeptur des Milchshakes in der Hinsicht angepasst werden, dass sich für Milch-shake-Kunden ein Sättigungsgefühls bis zur Mittagszeit einstellt.

Auch auf den Stromvertriebsmarkt oder einzelne Teilmärkte kann die **Jobs-To-Be-Done**-Methode angewendet werden. Basis für die Stellenbeschreibung ist dabei ebenfalls eine tiefe Auseinandersetzung mit der Situation des Kunden und seinen Motiven, wie das folgende Beispiel zeigt.

Beispiel: Jobs-To-Be-Done-Definition für ein PV-Produkt

Teil A: Situationsbeschreibung

Ich bin ein Einfamilienhausbesitzer mit 5000 kWh Jahresstromverbrauch, sehr umweltbewusst und stark in der Region verwurzelt. Mein Haus hat eine Südwestaus-richtung und eine nutzbare Dachfläche von 80 m². Eine Wärmepumpe nutze ich, um umweltfreundlich Warmwasser und Raumwärme zu erzeugen. Ich möchte selber Strom aus einer PV-Anlage für den Eigenbedarf erzeugen, überschüssigen Strom an andere Kunden in der Region verkaufen und Reststrom von anderen PV-Anlagenbetreibern oder aus sonstigen Erneuerbare-Energien-Anlagen (EEA) in der Region beziehen. Der Preis für den Reststrom soll immer dann niedrig sein, wenn Erzeugungsüberschüsse aus Erneuerbare-Energien-Anlagen (EEA) zu erwarten sind.

Teil B: Stellenanzeige

Für meinen Stromkonsum suche ich zum nächstmöglichen Zeitpunkt ein Produkt. Das sind Ihre Aufgaben:

- Planung, Bau und Inbetriebnahme der benötigten Hardwarekomponenten zum Eigenverbrauch von PV Strom,
- Ansprechende Visualisierung der Produktions- und Verbrauchsdaten einschließlich der Umweltauswirkungen,
- Optimierung des Eigenverbrauchs, u. a. durch intelligente Einbindung der Wärme-pumpe , Sicherstellung des Verkaufs und Bezug von PV-Strom innerhalb der Region,
- Prognose und visuelle Abbildung des Erzeugungsmixes für den Reststrom ein-schließlich der zu erwartenden Preise für den Folgetag.

Das bringen Sie mit:

- Günstiger Zugriff auf Anlagen und Komponenten,
- Hohe Technische Kompetenz bei der Installation von PV-Anlagen,

- Digitale Kompetenz im Bereich Datensammlung, Datenanalyse und Datenaufbereitung sowie bei der preisorientierten Steuerung von Verbrauchern in privaten Haushalten,
- Ausgeprägtes Netzwerk mit PV-Eigenerzeugern in der Region.

Während in Teil A die Motive Umweltbewusstsein, Autarkie und Vernetzung zum Ausdruck kommen, wird in Teil B die Job-Description geliefert. Veränderungen im Teil A haben immer Auswirkungen auf Teil B. ◄

3.3.3 Die Transformation durch Gesetze und Regelungen

Die in Kap. 1 aufgezeigten Gesetze und Regelungen wirken grundsätzlich auf alle aufgezeigten Wirkungsbereiche. Ein Schwerpunkt liegt sicher in der Beeinflussung von energiewirtschaftlichen Prozessen des Betriebsmodells, zum Beispiel im Bereich der Bilanzkreisbewirtschaftung und der Marktkommunikation. Hier können sich Gesetze und Regelungen unmittelbar auswirken. Eine unmittelbare Wirkung tritt insbesondere dort ein, wo Vorgaben den Austausch von Daten zwischen Akteuren anhand von definierten Prozessen, Datenformaten, Datenbezeichnungen und Übertragungsprotokollen regeln. Werden diese wie im Beispiel der Einführung neuer sparteneinheitlicher Nachrichtentypenversionen im Lieferantenwechselprozess (GPKE) geändert [33], sind softwareseitigen Anpassungen der IT-Systeme notwendig.

Weitere Wirkungen von veränderten Gesetzen und Regelungen betreffen die Kalkulation von Tarifen und der dort einfließenden Abgaben (Beispiel: Änderung KWK-Gesetz) sowie die Gestaltungsmöglichkeiten von Stromprodukten (Beispiel: Einführung von Regionalen Herkunftsnachweisen und Abwicklung im Regionalherkunftsnachweisregister).

Über die Beeinflussung des Angebots- und Nachfrageverhaltens wirken Gesetze und Regelungen insbesondere auch auf die übrigen Treiber und somit auch indirekt auf die Wirkungsbereiche. So bildet das Messstellenbetriebsgesetz (MsbG) den Rahmen und die Grundlage für die Einführung neuer digitaler Technologien, die zusammen mit einem veränderten Konsumverhalten neue Produkte (Beispiele: Dynamische Tarife, Kostenoptimierte Eigenverbrauchssysteme) ermöglichen.

▶ **Aus der Praxis (Deutschland)** Zur Umsetzung des Lieferantenwechsel innerhalb von 24 h beauftragt die Leiterin der Abteilung Energievertrieb & Handel eines Stadtwerks ihren Assistenten mit der Erstellung einer Liste zu notwendigen Handlungsfeldern. Der Assistent konnte nach Recherche von Branchendokumenten und internen Gesprächen folgende Handlungsfelder identifizieren:

Im Wirkungsbereich Operations (speziell in der Marktkommunikation) ergeben sich folgende Handlungsfelder:

- Einführung eines Prozesses zur Identifikation der Marktlokations-ID von wechselwilligen Kunden mittels API-Schnittstellen und die Berücksichtigung dieser sogenannten MaLo-ID bei der Kommunikation gegenüber dem Netzbetreiber,
- Anmelden eines Änderungsbedarfs für übermittelte Abrechnungsdaten im Rahmen der Qualitätsrückmeldung an den Netzbetreiber (Bereich Marktkommunikation),
- Änderung und Verwendung von neuen EDIFACT-Formaten im Rahmen des Datenaustauschs mit den beteiligten Akteuren (Bereich Marktkommunikation),
- Umstellung der Datenübertragung auf von e-Mail auf das Applicability Statement 4 Protokoll (AS4) gemäß Beschluss der Bundesnetzagentur (BNetzA BK6).

Sonstige Handlungsfelder ergeben sich

- im Wirkungsbereich Interaktion (Services) mit der Anpassungen der Q&A (Fragen und Antworten) für Kunden mit Hinweis auf die Möglichkeit, innerhalb von 24 h beliefert werden zu können sowie Einbindung der Q&A in die Kundeninteraktion – u. a. Schulungen der Service-Mitarbeiter, Aktualisierung der routinemäßigen Chatbot-Antworten,
- im Wirkungsbereich Beschaffung mit der Anpassung der Bestellzeitpunkte an feststehende, verlässliche Belieferungszeiten,
- im Wirkungsbereich Operations (Pricing) mit Schaffung kurzfristiger Preisanpassungs-Möglichkeiten als Antwort auf schnelles Handeln wechselwilliger Kunden.

In einem weiteren Schritt werden die beteiligten Abteilungen gebeten, Vorschläge zur IT-seitigen Umsetzung der notwendigen Anpassungen zu erarbeiten und entsprechende Umsetzungsprojekte aufzusetzen.

▶ **Aus der Praxis (Schweiz)** Zur Umsetzung des Schweizer Stromgesetzes beauftragt die Leiterin der Abteilung Energie, Handel und Vertrieb eines Schweizer Stadtwerkes ihren Assistenten mit der Skizzierung wesentlicher Handlungsfelder im Hinblick auf notwendige Anpassungen innerhalb der Grundversorgung. Nach einer Recherche zu relevanten Regelungen und Branchendokumenten sowie nach Gesprächen mit verantwortlichen Mitarbeitern ergeben sich die folgenden Handlungsfelder für den Wirkungsbereich Beschaffung

- Aufteilung der Beschaffungsportfolien Markt- und Grundversorgung und Aufhebung der bisherigen Durchschnittspreiskalkulation – Anpassungen der neuen Portfoliovorgaben in den Handels- und Beschaffungssystemen sowie in den Kostenrechnungssystemen,

- Kündigung der bestehenden Graustromverträge, die mit Herkunftsnachweisen „grüngestellt" wurden,
- Abschluss von Bezugsverträgen mit inländischen Erneuerbaren Anlagen mit einer Laufzeit von mindestens 3 Jahren.

Für den Wirkungsbereich Operations konnten folgende Handlungsfelder identifiziert werden:

- Berücksichtigung der Kalkulationsvorgaben zur Einberechnung Eigener Anlagen zu Gestehungskosten, Beteiligungen und gezahlten Einspeisevergütungen im Rahmen des Pricing-Tools,
- Konzeption eines Standardproduktes auf Basis inländischer Erneuerbarer Energien, Erstellung von Beschaffungsvorgaben (für Beschaffungsteam) und Abrechnungslogiken (für Abrechnungsteam),
- Konzeption und Aufbau einer anreizgesteuerten Simulationsplattform zum Testen zeitvariabler Netzentgelte zusammen mit einem IT-Unternehmen.

In einem weiteren Schritt wird der Assistent gebeten, die Handlungsfelder anhand klarer Aufgabenpakete mit zuständigen Verantwortlichkeiten und Zeitvorgaben zu definieren.

3.4   Die Transformation des Geschäftsmodells

Auch das Geschäftsmodell Stromvertrieb kann durch verschiedene Treiber beeinflusst werden.

Geschäftsmodell-Veränderungen beziehen sich dabei auf Transformationsarten und Transformationsgeschwindigkeiten.

Transformationsgeschwindigkeiten beziehen sich auf *Transformationszyklen*, in denen Geschäftsmodell-Transformationen stattfinden. *Transformationszyklen* können eine Dauer von ein paar Monaten bis zu einigen Jahrzehnten haben.

Adaptive Weiterentwicklungen können je nach Adaptionsgegenstand und Projektorganisation innerhalb kurzer oder langer Zyklen stattfinden. Dies gilt auch für die *Erweiterung* des Geschäftsmodells, die beispielsweise durch den Aufbau von Peer-to-Peer-Stromhandelsplattformen stattfindet. Diese werden zum Teil innerhalb von nur einem Jahr aufgebaut und in Betrieb genommen. Agiles Projektmanagement sowie die Hinzuziehung von externen Partnern wirken hier oft als Beschleuniger. Projekte, die sich dagegen mit der *Neuordnung* des traditionellen Geschäftsmodells beschäftigen und insbesondere etablierte Organisationsstrukturen aufbrechen, haben aufgrund von internen Widerständen oft eine längere Laufzeit.

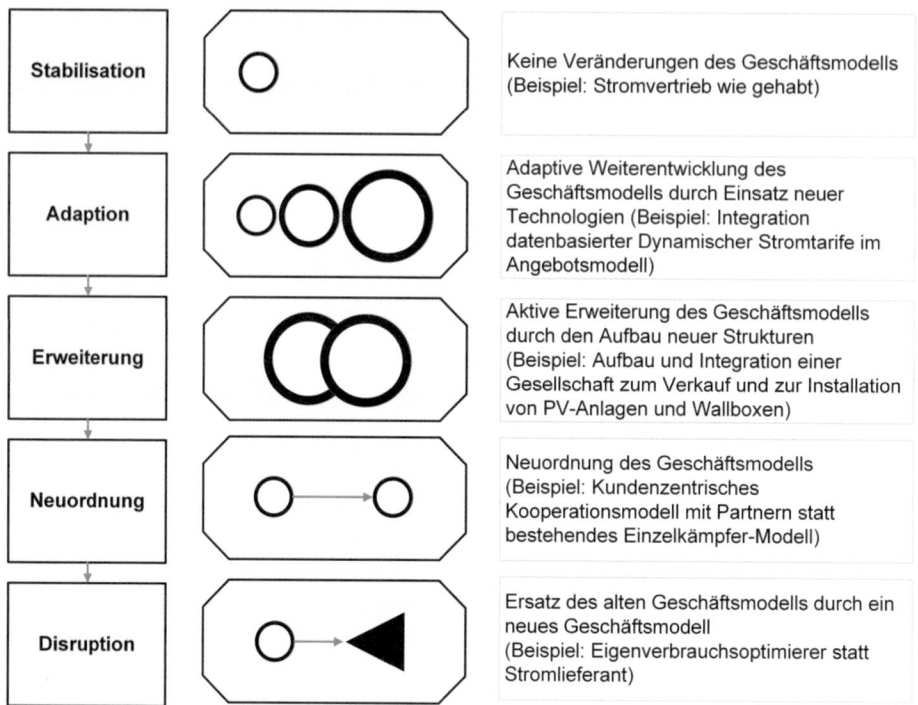

Abb. 3.9 Transformationsarten von Geschäftsmodellen in Anlehnung an Wirtz [34]

In Anlehnung an Wirtz [34] werden in Abb. 3.9 wesentliche Transformationsarten unter Einbezug stromvertriebsrelevanter Beispiele skizziert.

Bei der *Stabilisation* des Geschäftsmodells wird das grundlegende Geschäftsmodell weitergeführt. Dies schließt eine Optimierung des jeweiligen Betriebsmodells jedoch nicht aus.

Bei der *Adaption* wird durch die Einführung neuer Produktbausteine das etablierte Geschäftsmodell ergänzt bzw. weiterentwickelt. Beispiele für *Adaptionen* im Stromvertrieb sind Zusatzbausteine für Stromtarife wie Regionale Herkunftsnachweise, 12-monatige auf Echtwerten basierende Abschläge im Rahmen von Stromkonten oder zeitvariable sowie dynamische Tarife.

Bei der *Erweiterung* der Geschäftsmodelle können neue Kundensegmente mit neuen Produkten oder Dienstleistungen erschlossen werden. So kann sich ein Stadtwerk mit dem Angebot von integrierten Strom-, Wasser- und Wärmeabrechnungen neue Kundensegmente im Bereich der Wohnungswirtschaft erschließen. Diese *Erweiterung* des Geschäftsmodells bedingt oft eine organisatorische *Neuordnung* bestehender Strukturen, die auf Kollaboration in der Entwicklung und Kooperation im Betrieb des Geschäftsmodells basiert.

Eine *Disruption* des bestehenden Angebotsmodells tritt ein, wenn ein Angebot vollständig durch ein anderes Angebot ersetzt wird. Dies wäre z. B. der Fall, wenn ein Anbieter von Strom künftig als „reiner" Vermittler zwischen Stromproduzenten und Stromnachfragern auftritt. Mit dem Angebot verändert sich ebenfalls die grundsätzliche Ertragslogik, die nun auf einem Vermittlungsentgelt statt auf einem Stromverkaufspreis basiert.

Die Veränderung des Geschäftsmodells Stromvertrieb kann auch anhand der in Kap. 1 skizzierten Teilmodelle beschrieben werden.

Das Angebotsmodell wird insbesondere durch das Angebot neuer Produkte und Dienstleistungen transformiert. Neue Produkte und Dienstleistungen sind wiederum Ergebnisse eines veränderten *Kundenverhaltens*, das durch neue *digitale Technologien* einerseits und einen veränderten g*esetzlichen Rahmen* andererseits beeinflusst wird. So führte der Anreiz einer festen und garantierten Einspeisevergütung für selbst erzeugten Strom aus regenerativen Erzeugungsanlagen im Rahmen des Erneuerbare-Energien-Gesetzes (EEG) dazu, dass immer mehr Konsumenten zu Produzenten und damit zu „Prosumern" wurden und verstärkt in regenerative Erzeugungsanlagen investierten.

Aktuell sorgen fallende Komponentenpreise sowie steigende Strompreise aufgrund steigender Netznutzungsentgelte dafür, dass selbst produzierter und konsumierter Strom aus eigenen PV-Anlagen zum Teil günstiger ist als der vollständige Strombezug aus dem Stromnetz. Hierdurch bildete sich eine Vielzahl neuer Produkt- und Dienstleistungsansätzen, die die Optimierung des Eigenversorgungsanteils der Prosumer im Fokus haben (siehe Kap. 4). Neben der Reststromlieferung im Rahmen des traditionellen Geschäftsmodells sorgt eine Vielzahl von Stromanbietern über ein (Dienstleistungs-)Angebot dafür, dass sie an der Wertschöpfung Eigenversorgung teilhaben und aus dieser Teilhabe langfristige, periodische Erlöse generieren. Entsprechende Leistungen reichen von der Planung, Installation, Finanzierung und Inbetriebnahme der Hardwarekomponenten bis hin zum optimierten Betrieb der dezentralen Anlagen mittels Softwarelösungen.

Das Angebotsmodell kann zudem direkt durch neue *Anwendungsfelder* beeinflusst werden, die durch technische Innovationen entstehen. Am Beispiel der Einführung der 5G-Übertragungstechnik [35] wird deutlich, dass durch höhere Datenübertragungsraten, geringere Latenzzeiten und höhere Kapazitäten in Bezug auf angeschlossene Aktoren/Geräte je km^2 neue Anwendungsfelder ermöglicht werden (siehe Abb. 3.10). So könnte der massenhafte Einsatz von smarten Sensoren mit kurzen Reaktionszeiten und die schnelle Übertragung von großen Datenmengen die Vernetzung von Millionen Aktoren (ansteuerbare Geräte) ermöglichen. Damit wird insbesondere der Aufbau von Geschäftsmodellen in den Bereichen Smart Metering, Smart Home, Smart City, Autonomes Fahren oder Internet Of Things (IOT) unterstützt.

Auch das Leistungsmodell wird von sämtlichen aufgezeigten Treibern beeinflusst. Eine Beeinflussung ergibt sich dabei *indirekt* aus der Veränderung des Angebotsmodells und der notwendigen Anpassung von Schlüsselleistungen, Schlüsselressourcen und Schlüsselpartnerschaften. Letztere können über digitale Kollaborationsplattformen unterstützt werden, die dazu beitragen, dass die interorganisationale Zusammenarbeit zwischen den beteiligten Partnern (Beispiele: Funknetzbetreiber, Hard- und Softwareanbieter, Messstellenbetreiber) im Rahmen der Wertschöpfung effizient gestaltet wird.

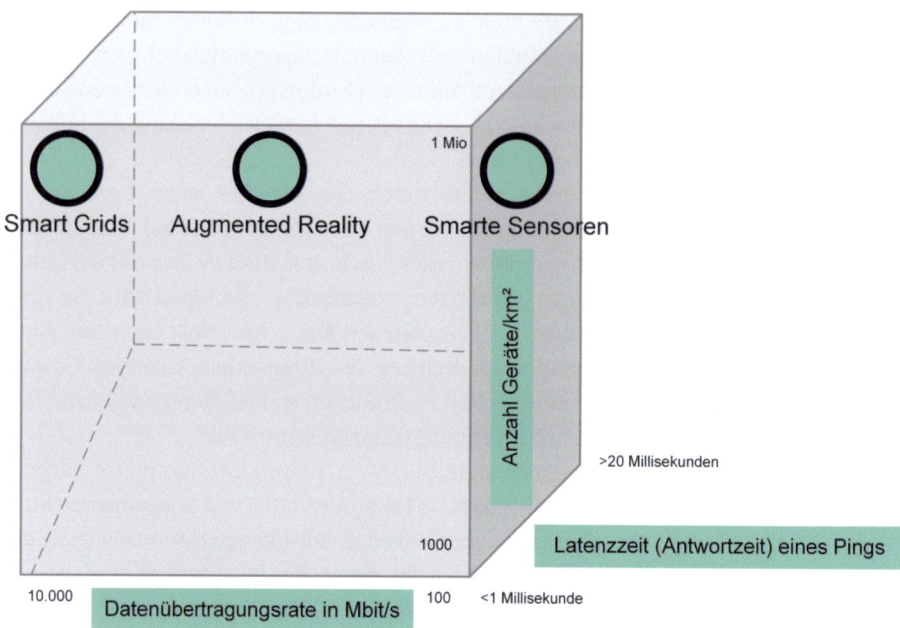

Abb. 3.10 Neue Anwendungsfelder durch die Einführung der 5G-Technik

Das Leistungsmodell kann zudem *direkt*, d. h. durch die Nutzung *neuer Technologien*, die zur Leistungserstellung eingesetzt werden, verändert werden. Dies betrifft im Wesentlichen die bereits skizzierten Wirkungsbereiche innerhalb des Betriebsmodells.

Veränderungen des Angebots- und Leistungsmodells schlagen sich indirekt wiederum in die quantitativen Modelle wie Kosten- und Investitionsmodell, Erlösmodell und Ertragsmodell nieder. So wird das Erlösmodell beispielsweise über neue Preismodelle und Erlösquellen verändert, die sich aus einem veränderten Angebot ergeben. Das Ertragsmodell wird zum einen über veränderte Erlöse, zum andern über veränderte Kosten und notwendige Investitionen beeinflusst.

Selbstcheck Kap. 3

Welche übergeordneten Transformationstreiber wurden im Kap. 3 beschrieben?

Welche Technologien werden nach ihrer Ansicht künftig das Betriebsmodell des Stromvertriebs am meisten beeinflussen und warum?

Welche konkreten Handlungsfelder entstehen im Stromvertrieb durch das Vorhandensein von KI-Technologien? Skizzieren Sie ihre Beispiele anhand der Systematik Treiber-Touchpoint-Handlungsfeld.

An welchen Touchpoints können Gesetzliche Regelungen das Betriebsmodell beeinflussen? Welche Handlungsfelder können sich ergeben?

Aus welchen Motiven heraus handeln Kunden? Warum ist es aus Sicht einer Stromvertriebsorganisation wichtig, diese Motive zu berücksichtigen?

Beschreiben Sie das Vorgehen der JTBD-Methode.

Welche Transformationsarten unterscheidet man bei Geschäftsmodellen?

Literatur

1. ICG-INFORMATION CONSULTING GROUP, Systematik der Digitalen Transformation (2018), www.icg.ch
2. VEREON, Vereon Seminar Digitale Transformation im EVU, Zürich, 12.09.2018
3. ENZYCLOPÄDIE DER WIRTSCHAFTSINFORMATIK, www.enzyklopaedie-der-wirtschafts-informatik.de (2018)
4. THOMA Suzana Dr., BKW, Energie und Infrastruktur im Wandel (2018), www.energie-cluster.ch
5. LOBO Sascha, Vortrag auf der Fachveranstaltung der Energieagentur NRW, e-World, Essen, 06.02.2018
6. BENDEL Oliver, Fachhochschule Nordwestschweiz (FHNW), in: Wirtschaftslexikon.Gabler.de, Springer Gabler
7. WHARTON UNIVERSITY OF PENSYLVANIA, Special Report, Sustainability in the age of big data, September 2014
8. ISO-INTERNATIONAL ORGANIZATION OF STANDARDIZAZION, Information technology Vocabulary, 2015
9. OMEGALAMDATEC, https://omegalambdatec.com, 2024
10. VON ENGELHARDT Sebastian, WANGLER Leo, WISCHMANN Steffen, Eigenschaften und Erfolgsfaktoren digitaler Plattformen, in: Begleitforschung Autonomik für Industrie 4.0, iit-Institut für Innovation und Technik in der VDI/VDE Innobation und Technik GmbH, Stand März 2017
11. RÜCKGAUER Oliver, Vortrag „Die Blockchain – eine praxisorientierte Erklärung", Vereon Seminar Digitale Transformation im EVU, Zürich, 12.09.2018
12. BDEW, Blockchain-Radar Energie und Mobilität, Februar 2018
13. BUNDESMINISTERIUM FÜR JUSTIZ UND VERBRAUCHERSCHUTZ, Gesetz über die Elektrizitäts- und Gasversorgung (2005), Stand 23.12.2024
14. BUNDESNETZAGENTUR, Beschlusskammer 6, BK 6-212-282
15. BUNDESGESETZBLATT Nr. 133, Gesetz zum Neustart der Digitalisierung der Energiewende, Bonn, 22.05.2023
16. SCHWEIZER BUNDESRAT, Faktenblatt zu den Neuerungen im Energierecht ab 2025, in: Portal der Schweizer Regierung, 05.02. 2025
17. KUSTERER Helmut, Digitaler Marktplatz für Energieprodukte und OTC-Handel, in: ew Magazin für die Energiewirtschaft, Ausgabe 2/2019
18. PDT – PLATFORM DESIGN TOOLKIT, www.platformdesigntoolkit.de (2018)
19. SCHULZ Matthias, Digitale Plattform E-Point: Neue Tools und Entwicklungen, in: Energiewirtschaftliche Tagesfragen (2019), Heft 1/2
20. EBINGER Dirk, Digitalisierung energiewirtschaftlicher Prozesse, in: emw, Heft 01/2018
21. MERZ Michael, Potential of the Blockchain Technology in Energy Trading, in: BURGWINKEL Daniel et al. (Hrsg.), Blockchain technology Introduction for business and IT managers (2016), de Gruyter
22. BTC ECHO, Bitcoins und Blockchain Pioneers, Pressemeldung vom 17.09.2016

23. GREWE Joachim, Bundesverband Erneuerbare Energie e. V., BEE-Präsentation Stadtwerke Energie Verbund SEV GmbH, Digitalisierung und Blockchain – wie kann man beides nutzen?, e-World, Februar 2017
24. HABERKORN Florian, HINTERSTOCKER Michael, ZEISELMEIER Andreas, VON ROON Serafin, Erhebliche Prozessbeschleunigung des Stromlieferantenwechsels mittels Blockchain, in: Energiewirtschaftliche Tagesfragen (2019), Heft ½
25. BANULA, www.banula.de/projekt, 2024
26. JHC ENERGIE, Projektskizze zur Nutzung von Flexibilitäten, 23.September 2024
27. RIDDER Martin, Big Data – Perspektivenwechsel im energiewirtschaftlichen Vertrieb, in: emw, Heft 02/ 2018
28. KIRCHGEORG Manfred, Wirtschaftslexikon Gabler, Springer Gabler Verlag (2018)
29. BERTHEL Jürgen, Personalmanagement, 3. Auflage (1991), C.E. Poeschel Verlag, 426 S.
30. STARK Georg, Tagungsunterlagen Vereon Vertriebsleitertagung, Zürich 27.09.2016
31. BUNDESNETZAGENTUR/BUNDESKARTELLAMT, Monitoringbericht (2017), S. 217 ff.
32. CHRISTENSEN Clayton, Vortrag Understanding the Job, Phoenix Lectures, University of Phoenix (2018)
33. BUNDESNETZAGENTUR, BK6-22-024 Beschluss zur Regelung für einen beschleunigten werktäglichen Lieferantenwechsel in 24 Stunden vom 21.03.2024
34. WIRTZ Bernd W., Business Model Management, 4. Auflage (2017), Springer Gabler, S. 324
35. HUAWEI, www.huawei.com, in Anlehnung an Darstellung LTE-anbieter.info (2018)

Neuartige Geschäftsmodelle im Stromvertrieb

4

„Nur vom Nutzen wird die Welt regiert."

(Friedrich Schiller)

Im folgenden Kap. 4 werden neuartige Geschäftsmodelle im Stromvertrieb beschrieben. Neuartige Geschäftsmodelle können das klassische Geschäftsmodell durch neue Geschäftsmodell-Muster erweitern oder sogar ersetzen

Die im Folgenden verwendete Systematik zur Beschreibung von neuartigen Geschäftsmodellen im Stromvertrieb verwendet zum einen die **Art des Angebotes**, welches primär darauf abzielt, ausgehend von Kundenbedürfnissen die zunehmende *Eigenerzeugung* von Kunden zu unterstützen, *Stromlieferungen* an Kunden in unterschiedlichen Varianten zu ermöglichen, den *Eigenverbrauch* von Prosumern zu optimieren oder Strom in Kombination mit anderen Sparten im Rahmen von *Mehrsparten-Angeboten* anzubieten.

Zum anderen werden bestimmte **Geschäftsmodellmuster** beschrieben, die sich im Rahmen der Angebotsmodelle abspielen. Im Stromvertrieb sind einige Muster wie *Add-ons*, *Sales*, *Bundles* (Beispiel: Kombiprodukte Erdgas-Strom-Telekommunikation) oder *Flatrates, dynamische sowie zeitvariable Anreize* bereits fester Bestandteil von Angebotsmodellen. Andere Muster wie *Intermediary*, *Community*, *Brokerage/Vermittlung* oder *Peer to Peer* befinden sich noch in der Markteinführung oder wurden im Rahmen von einzelnen Projekten getestet.

© Der/die Autor(en), exklusiv lizenziert an Springer Fachmedien
Wiesbaden GmbH, ein Teil von Springer Nature 2025
J. H. Georg, *Stromvertrieb im (digitalen) Wandel*,
https://doi.org/10.1007/978-3-658-48054-7_4

4.1   Geschäftsmodellmuster

In der bestehenden Geschäftsmodell-Literatur werden Geschäftsmodelle durch verschiedene Muster wie in Tab. 4.1 dargestellt kategorisiert.

Tab. 4.1 Geschäftsmodellmuster (Auswahl)

Muster	Beschreibung (zum Teil aus dem Englischen übersetzt)
Community [1]	Ein zentraler Community Operator stiftet durch das Angebot von Community-Leistungen einen langfristigen Nutzen für die Community-Mitglieder. Die Mitglieder zahlen dafür eine Mitgliedergebühr („community fee").
Brokerage [1]	Zusammenbringen von Verkäufern und Käufern gegen Transaktionsgebühren.
Peer-to-Peer	Zwei Parteien wickeln Transaktionen ohne die Einschaltung von Intermediären vollständig ab.
Manufacture [1]	Hersteller kontaktieren direkt Nachfrager und wickeln Transaktionen bilateral ab. (Anmerkung: Dies geschieht zum Teil über „Bypassing" der etablierten Kanäle.)
Intermediary [1]	Anbieter sammeln Informationen und Daten und stellen diese gegen Entgelt anderen Marktteilnehmern zu Verfügung.
Utility [1]	Erhebung von Daten in Echtzeit und Angebot darauf basierender Dienstleistungen.
Sharing Infrastructure [1]	Nutzung von gemeinsamen Infrastrukturen und Aufteilung der dadurch verursachten Kosten.
Subscription [1]	Nachfrager zahlen ein festes periodisiertes Entgelt für die Inanspruchnahme einer Leistung des Anbieters.
Content [1]	Anbieter stellen Inhalte gegen ein Entgelt zur Verfügung.
Affiliation [1]	Dritte werden für die Zuführung von Kunden entlohnt.
Freemium [2]	Angebot eines freien Basis- und kostenpflichtigen Premiumpaketes.
Flatrate [2]	Unlimitierter Konsum zum Festpreis.
Bundles	Anbieter bündeln verschiedene Produkte und Dienstleistungen in einem Paket und verlangen dafür einen Paketpreis.
Add-ons [2]	Basisleistungen werden zu einem günstigen Preis angeboten – Zusatzoptionen treiben den Preis in die Höhe.
Cash Maschine [2]	Vereinbarung langfristiger Zahlungsvereinbarungen mit Lieferanten und Durchsetzen kurzfristiger Zahlungsziele bei Kunden.
Sales	Vertrieb von Leistungen gegen Entgelt.
Contracting	Planung, Finanzierung, Bau, Betrieb von Anlagen gegen Gebühr.
Energy Management	Planmäßige Unterstützung bei der effizienten und sparsamen Nutzung von Energie.
Dynamic Pricing	Dynamische Anpassung von Preisen an dynamische (Markt-/Netz-) Entwicklungen
Zeitvariable Anreizmodelle	Unterstützung Senkung/ Erhöhung Stromverbrauch zu bestimmten Zeiten
Kapazitätsorientierte Anreizmodelle	Leistungsbeschränkung gegen Anreize

Zur Beschreibung neuartiger Geschäftsmodelle im Stromvertrieb werden die im Folgenden skizzierten Muster herangezogen.

Sales beschreibt die grundsätzliche Logik des Verkaufs, bei dem ein Anbieter ein Produkt anbietet, das vom Käufer bezogen und bezahlt wird. Die Interaktion zwischen Stromanbietern und Kunden kann, wie in Abschn. 2.2 beschrieben, über eine Vielzahl an digitalen Vertriebskanälen begleitet werden.

Unter *Contracting* wird eine Dienstleistung verstanden, bei der ein Contractinggeber einem Contractingnehmer eine Hardware (Beispiel: PV-Anlage) zur Verfügung stellt, diese Hardware finanziert, betreibt und wartet und dafür ein Entgelt verlangt. Das Geschäftsmodellmuster Contracting findet insbesondere im Rahmen von Pachtmodellen statt, die auch die Stromlieferung an Kunden beinhalten können (siehe Abschn. 4.3.2).

Vermittlung beziehungsweise *Brokerage* zielt grundsätzlich auf die Vermittlung zwischen einem Verkäufer und einem Käufer ab, die bestimmte Güter miteinander tauschen. Der Vermittler beziehungsweise Broker bezieht für seine Leistung der Vermittlung ein Entgelt. Vermittler können auch im Auftrag von Kunden bestimmte Dienstleistungen übernehmen. Die Vermittlung von Stromprodukten findet heute insbesondere auf digitalen Plattformen wie Verivox oder CHECK24 statt. Auch Geschäftsmodelle im Bereich der Direktvermarktung, bei denen ein Direktvermarkter Strom für einen Anlagenbetreiber an den verschiedenen Märkten vermarktet und einen Teil seines Erlöse an den Anlagenbetreiber zurückgibt, erfüllt das Prinzip der Vermittlung (siehe Abschn. 4.3.3).

Die Logik des *Intermediary* zielt auf die Sammlung von Daten durch einen Intermediär ab, der die Daten an andere Akteure verkauft. Diese bieten dann bestimmte Mehrwertdienste für Kunden an, die auf der Analyse und Aufbereitung der Daten unter Einsatz von Big Data oder KI-Technologien basieren.

Der Grundgedanke einer *Community* besteht darin, dass Mitglieder der Community gemeinschaftlich agieren und gemeinsam Werte schaffen und dafür bereit sind, ein Entgelt zu zahlen. Die Zugehörigkeit zu einer Community ist an Bedingungen geknüpft. Diese können materieller (Beispiel: Besitzer von PV-Speichern), regionaler (Beispiel: Wohnsitz in einem bestimmten Gebiet) oder motivatorischer (Beispiel: Teilen von Strom aus bestimmten Erzeugungsanlagen) Natur sein. Strom-Communities nutzen neue digitale Technologien wie Gateways, Steuerboxen und zentrale Plattformen, die Daten aus unterschiedlichen Quellen miteinander verbinden und somit zu einer intelligenten Vernetzung von Stromangebot und Stromnachfrage beitragen (siehe Abschn. 4.4.3).

Die Logik des sogenannten *Peer-to-Peer* besteht darin, dass zwei Parteien ohne die Einschaltung eines Intermediäres miteinander Transaktionen abwickeln. Im Bereich des Stromvertriebs werden über sogenannte Power Purchase Agreements (PPA) Verträge zwischen zwei Akteuren, nämlich einem Anlagenbetreiber und einem Kunden, bereits abgewickelt. Allerdings erfordert die Abwicklung der Belieferung die Einschaltung weiterer Akteure (Beispiele: Prognosedienstleister oder Direktvermarkter). Peer-to-Peer-Modelle werden insbesondere durch Blockchain-Lösungen getrieben. Diese schaffen die Voraussetzungen dafür, dass eine Vielzahl kleinteiliger Transaktionen im Rahmen eines Netzwerkes abgewickelt und lückenlos dokumentiert werden können (siehe Abschn. 4.2.6).

Unter *Utility* wird im Folgenden die Erhebung von (Echtzeit-)Daten verstanden, die dazu genutzt werden, datenbasierende Leistungen oder Anreize anzubieten. *Multi Utility* beschreibt die gebündelte (Echtzeit-)Erhebung von Daten aus mehreren Zählern wie Strom-, Wärme- oder Wasserzählern. Insbesondere intelligente Messsysteme (siehe Abschn. 4.2.2), die Daten aus unterschiedlichen Messsystemen sammeln und aufbereiten, sind die Grundlage für eine Vielzahl datenbasierter Geschäftsmodelle für Gebäude und Quartiere.

Energy Management zielt primär auf die effiziente und sparsame Nutzung von Energie auf Basis von Verbrauchsdaten ab (siehe Abschn. 4.2.3). Damit ist Energy Management eng verbunden mit Utility, da eine effiziente und sparsame Nutzung von Energie in der Regel nur dann erfolgen kann, wenn entsprechende Verbrauchsdaten vorliegen.

Anreizmodelle sollen ein gewünschtes Verbrauchsverhalten incentivieren. Dies kann beispielsweise über *zeitvariable Tarife* erfolgen. *Dynamic Pricing* als Variante zeitvariabler Tarife verfolgen die dynamische Anpassung von Preisen an dynamische Entwicklungen in Märkten und/ oder Stromnetzen (siehe Abschn. 4.2.4).

4.2   Neuartige Stromlieferungsmodelle

4.2.1   Einordnung neuartiger Stromlieferungsmodelle

Neuartige Geschäftsmodelle im Bereich der Stromlieferung verwenden die in Abschn. 4.1 aufgezeigten Geschäftsmodell-Muster, die das klassische Geschäftsmodell erweitern oder ersetzen.

Neuartige Stromlieferungsmodelle können wie in Abb. 4.1 dargestellt zusätzlich nach „One-to-Many"- und „Many-to-Many"-Modellen unterschieden werden.

Im Gegensatz zur zentralen, klassischen Stromlieferung (Kap. 1), bei der gemäß eines *One-to-Many-Ansatzes* ein Anbieter sein Absatzportfolio bestehend aus vielen Objekten (Kunden) mit unterschiedlichen, zum Teil neuartigen Stromtarifen beliefert, basieren neue Geschäftsmodelle heute sehr häufig auch auf dem Grundgedanken *Many-to-Many*, d. h. viele Anbieter verkaufen Strom aus vielen kleinen dezentralen Erzeugungsanlagen an viele Objekte (Kunden) – entweder direkt in der Nachbarschaft, in einem abgegrenzten lokalen Gebiet (z. B. in einer Gemeinde) oder bundesweit.

Der Stromverkauf in Many-to-Many-Modellen erfolgt meist *peer-to-peer* anhand von sehr kleinteiligen kWh-Paketen, die anhand ihrer Herkunft gekennzeichnet sind (siehe Abschn. 4.2.6).

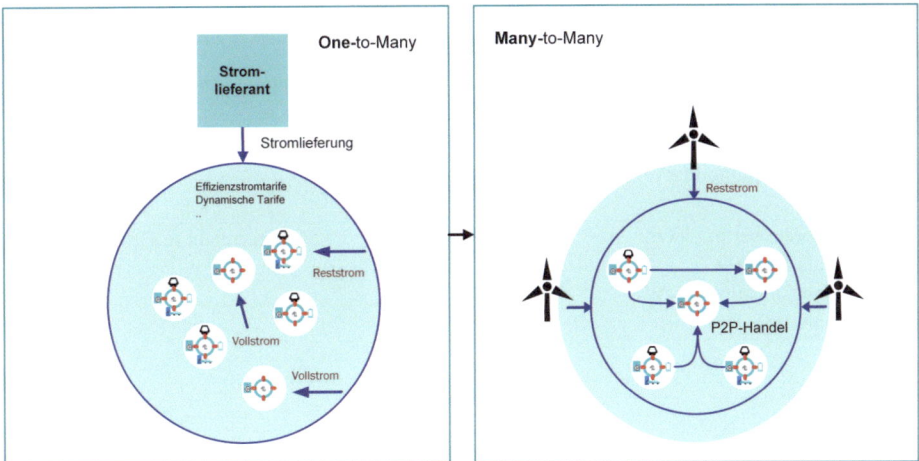

Abb. 4.1 Stromlieferungsgrundmodelle (exemplarisch)

Da der Betrieb neuartiger Stromlieferungsmodellen fast immer die Ausstattung von Objekten mit entsprechender Mess- und Kommunikationstechnik sowie Steuerungsfunktionen verlangt, wird an dieser Stelle der grundlegende technische Rahmen kurz skizziert.

4.2.2   Mess- und Steuerungssysteme als „Enabler"

Mit dem Gesetz zum Neustart der Digitalisierung der Energiewende [1] wurde in Deutschland bereits im Mai 2023 die Grundlage dafür gelegt, dass ein großer Anteil der Stromverbraucher und PV-Anlagenbetreiber über einen „Roll-Out" mit *intelligenten Messsystemen* ausgestattet werden sollen. Dabei unterscheidet man grundsätzlich zwischen *Pflichteinbaufällen* mit hohen Stromverbräuchen und installierten Erzeugungsleistungen (siehe Tab. 4.2) und *optionalen Einbaufällen*.

Zur Entwicklung der Roll-Out-Quoten in Deutschland wird auf regelmäßige Erhebungen und Informationen der Bundesnetzagentur [2] verwiesen. Aktuelle Ziele und Roll-Out-Quoten sind aus Tab. 4.2 ersichtlich. Auf bisherige Roll-Out-Barrieren wie zu niedrige Preisobergrenzen (POG), die für den Einbau und Betrieb der Systeme verlangt werden dürfen und zu knappe personelle Ressourcen der Stromnetzbetreiber soll an dieser Stelle nicht weiter eingegangen werden. Zur Ermöglichung neuartiger Geschäftsmodelle ist jedoch eine Beschleunigung des Hochlaufs von digitalen oder intelligenten Messsystemen dringend notwendig.

Zur begrifflichen Einordnung Intelligenter Messsysteme kann festgestellt werden: Grundsätzliche unterscheidet man wie in Abb. 4.2 skizziert im aktuellen Markt- und

Tab. 4.2 Roll-Out-Quoten [2]

Verbrauchssegmente	Ausstattungsquote Ziel	Ausstattungsquote
1 Pflichteinbaufälle mit Verbrauch kWh/a: 6000 bis 100.000 Erzeugungsleistung in kW: 7-100	20 % bis Ende 2025	12,47 % (erreicht in Q4 2024)
2 Großverbraucher mit kWh/ größer als 100.000 Erzeugungsleistung in kW: größer als 100	20 % bis Ende 2028	0,56 % (erreicht in Q3 2024),

Abb. 4.2 Definition Intelligentes Messsystem (Smart Meter)

Regulierungsumfeld zwischen *Modernen Messeinrichtungen*, sogenannten *Smart Meter Gateways* und *Intelligenten Messsystemen* [3].

▶ **Moderne Messeinrichtung** = digitaler Zähler ohne Kommunikationseinheit, der den gemessenen Zählerstand digital anzeigt und speichert [4].

▶ Erfasste Daten können mit einem Auslesegeräte ausgelesen werden.

▶ **Definition Smart Meter Gateway (SMGW)** = Kommunikationseinheit, die die Schnittstelle zwischen Zähler/Moderner Messeinrichtung und Kommunikationsnetz einnimmt und die Datenübertragung zum Messstellenbetreiber automatisiert [4].
Ein **Multi Utility Smart Meter Gateway** (MU-SMGW) bündelt zusätzlich die Daten unterschiedlicher Zähler/Messeinrichtungen in einem System.

▶ **Intelligentes Messsystem** = Zähler/Moderne Messeinrichtung inklusive Kommunikationseinheit, die Zählerstände als ¼-h-Werte speichert und diese je nach Wunsch täglich, wöchentlich, monatlich oder jährlich abrufbar macht [4].

In Bezug auf die Rollen kann festgestellt werden: Neuartige Stromliefermodelle müssen das Zusammenspiel zwischen den verschiedenen Rollen wie Smart Meter Gateway Administrator, Messstellenbetreiber, Netzbetreiber, Lieferant und externen Mehrwertdienstleistern berücksichtigen.

Der *Messstellenbetreiber* ist als grundzuständiger Messstellenbetreiber für den Einbau und den Betrieb eines intelligenten Messsystems zuständig. Nach dem Messstellenbetriebsgesetz 2025 [4] umfasst dies auch den Einbau, das Testen und den Betrieb von Steuerungseinrichtungen am Netzanschlusspunkt. Somit können über Steuersignale steuerbare Verbrauchs- und Erzeugungsanlagen angesteuert und bei Bedarf runter geregelt („gedimmt") werden, was wiederum eine wesentliche Voraussetzung für den Betrieb netzdienlicher Anreizmodelle – u. a. Steuerung nach § 14 a EnWG (siehe Abschn. 4.2.4) ist.

Der *Smart Meter Gateway Administrator* ist für den sicheren technischen Betrieb des intelligenten Messsystems verantwortlich. Der *Stromnetzbetreiber* ist in der Rolle des grundzuständigen Messstellenbetreibers damit für den Einbau und den Betrieb eines intelligenten Messsystems verantwortlich. Er kann jedoch die Grundzuständigkeit für intelligente Messsysteme nach § 41 Messstellenbetriebsgesetz (MsbG) an Externe übertragen [4].

Wettbewerbliche Messstellenbetreiber wie Lieferanten, Zählerhersteller oder Dienstleister sind im Gegensatz zu grundzuständigen Messstellenbetreibern nicht im Rahmen des sogenannten Smart Meter Rollout verpflichtet, intelligente Messsysteme bei Kunden einzubauen. Sie können jedoch *digitale Messsysteme* anbieten, die Messwerte aus digitalen Zählern (Modernen Messeinrichtungen) auslesen und in einem Backend verarbeiten, um drauf aufbauend verschiedene Mehrwertangebote wie Lastgangvisualisierungen oder dynamische Tarife zu realisieren. Dies kann auch ohne Anbindung an ein Smart Meter Gateway geschehen. Im Rahmen von Home-Energy-Management-Systemen lassen sich dann zusätzliche Effekte aus einer automatisierten und signalbasierten Steuerung von Anlagen erreichen.

▶ **Home-Energy-Management-System (HEMS)** = digitales System, das verschiedene Aktoren in (an) einem Objekt wie eine Stromerzeugungsanlage (Beispiel: PV-Dachanlage), Batteriespeicher, Wärmepumpe und sonstige Verbrauchsanlagen im Haushalt miteinander vernetzt, um über eine intelligente Steuerung verschiedene Ziele zu erreichen. Die Ziele sind dabei objektspezifisch und können sich auf die Eigenverbrauchsoptimierung, den Autarkiegrad, die Energiekostensenkung oder auf die Verkleinerung des CO_2-Fußabdrucks beziehen.

Die HEMS sind heute in der Lage, zeitvariable und dynamische Preissignale (Abschn. 4.2.4) aufzunehmen und über KI-basierte Optimierungsalgorithmen (siehe auch Beispiel in Abschn. 4.6) konkrete Aktionen wie das Aufladen des Elektroautos oder das „Hochfahren" einer Wärmepumpe bei niedrigen Strompreisen auszulösen.

In einem intelligenten Messsystem sind die in Abb. 4.3 dargestellten Datenflüsse zu beachten. Ausgangspunkt sind Messdaten, die durch intelligente Messeinrichtungen für Strom und ggfls. auch für weitere Sparten wie Wasser (W), Wärme (Wä) im lokalen metrologischen Netz (LMN) erhoben werden. Diese Daten haben gleich mehrere Aufgaben zu erledigen. Sie haben eine „dienende" Funktion in Bezug auf die notwendige Erstellung von Jahresabrechnungen und eine „gestaltende" Funktion mit Blick auf die Entwicklung

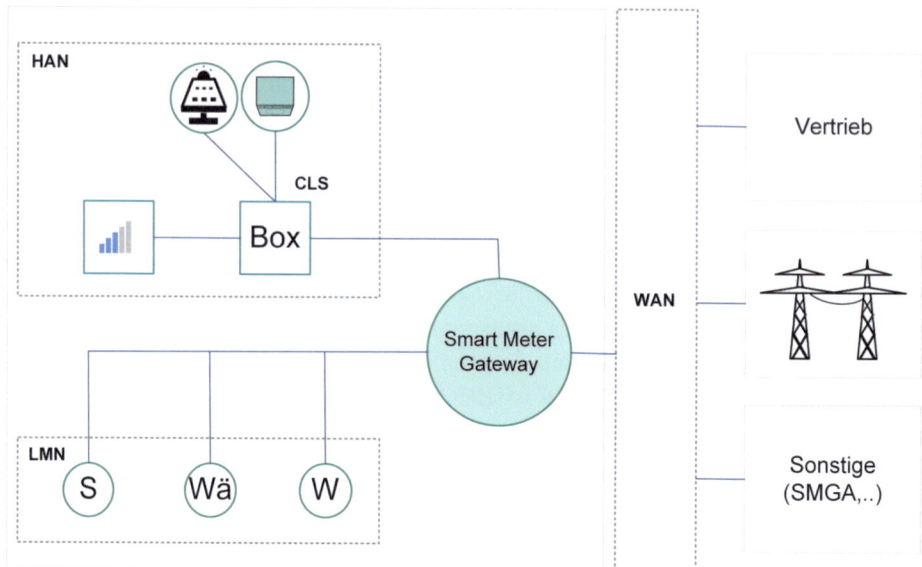

Abb. 4.3 Messsystem nach Messstellenbetriebsgesetz [4] (exemplarisch)

von Visualisierungs- und Steuerungsangeboten. Daten und Datenzeitreihen, die in erster Linie von Kunden und Stromlieferanten und zu Abrechnungszwecken auch vom Stromnetzbetreiber genutzt werden dürfen, können beispielsweise zum Betrieb zeitvariabler und dynamischer Tarife (siehe Abschn. 4.2.4) herangezogen werden.

Die technische Umsetzung der Tarife im intelligenten Messsystem erfolgt über die Einspielung von Tarifvarianten (TAV) in das entsprechende Register des Smart Meter Gateways. Das Smart Meter Gateway kann über ein Controllable Local System (CLS) im Heimnetzwerk (HAN) über eine Steuerbox mit Geräten kommunizieren, diese ansteuern oder aufbereitete Daten exklusiv für die Kunden bereitstellen. Die Bereitstellung erfolgt dann beispielweise über das Kundenportal eines *Home-Energy-Management-Systems*. Die aktive Steuerung der Anlagen über Steuerungslogiken kann dann ebenfalls über ein *Home-Energy-Management-System* (HEMS) erfolgen.

Über intelligente Messsysteme können dann passende Abrechnungsprodukte (Beispiel: Monatsabrechnung für zeitvariable und dynamische Tarife, unterjährige Abschläge) ermöglicht werden. Voraussetzung dafür ist, dass Stromnetzbetreiber und Abrechnungsdienstleister über das Wide Area Network (WAN) auf Verbrauchsdaten in einer mit dem Kunden vereinbarten Regelmäßigkeit zugreifen können.

In der Schweiz steht der Einsatz von Intelligenten Messsystemen im engen Zusammenhang mit der *Energiestrategie 2050* und dem Aufbau intelligenter Stromnetze. Die Umsetzung des Rollouts von intelligenten Messsystemen wird maßgeblich durch das Stromgesetz und die Stromversorgungsverordnung (StromVV) geregelt [5]. Sowohl Ausstattungsziele (80 % der Endkunden bis 2027) als auch Umsetzungen – rund 40 % der

Endkunden haben lt. dem Verband der Schweizerischen Elektrizitätswirtschaft VSE [6] ein intelligentes Messsystem – sind deutlich ambitionierter als in Deutschland.

Ein intelligentes Messsystem besteht nach [5] aus einem *elektronischen Elektrizitätszähler* (Erfassung von 1/4-h Messwerten), einem *digitalen Kommunikationssystem* und einem *Datenbearbeitungssystem*. Über eine *externe Kundenschnittstelle* können Messdaten aus Erzeugungs- und Verbrauchsanlagen verschlüsselt und anonymisiert an den zuständigen Stromnetzbetreiber übertragen werden – dies geschieht heute in der Regel einmal pro Tag. Eine *interne Schnittstelle* zum Kundensystem (HEMS, Applikation) ermöglicht die Verwendung der Daten durch die Endkunden.

Die folgenden Geschäftsmodelle basieren maßgeblich auf dem Einsatz von digitalen und intelligenten Mess- und Kommunikationssystemen. Es ist davon auszugehen, dass sich diese bei einer weiteren Beschleunigung des sogenannten „Roll-Outs" zunehmend in den Vertriebsmärkten durchsetzen werden.

4.2.3 Effizienzstrommodelle

Effizienzstrommodelle nutzen insbesondere das Muster *Energy-Management*. Sie bieten zusätzlich zur Stromlieferung *Add-ons* zur effizienten Verwendung von Strom an. Diese Add-ons bestehen – wie bei Beenic (vorher Fresh Energy) [7] – in der Bereitstellung eines Smart Meters, der monatliche, auf echten Verbrauchswerten basierende Abschläge ermöglicht. Zudem beinhalten derartige Effizienzstrom-Angebote kontinuierliche Verbrauchsmessungen von Einzelgeräten, ein virtuelles Kundenkonto mit sämtlichen Verbrauchswerten, Einspartipps und die Kopplung von Zahlungen an ein bestimmtes Verbrauchsverhalten. Die Visualisierung der Verbrauchsdaten inklusive der Kostenprognose wird über ein Kundenportal inklusive einer Applikation sichergestellt.

Dabei geht es in erster Linie darum, aus den erhobenen Daten Mehrwerte für Kunden zu schaffen. Diese bestehen beispielsweise darin, Verbrauchsmuster von verschiedenen Geräten zu erkennen, deren Auswirkungen auf den Stromverbrauch zu verstehen und gewonnene Erkenntnisse gezielt zur Stromeinsparung zu nutzen.

Hierbei leistet insbesondere das *Non-Intrusive Load Monitoring* (NILM) Unterstützung, welches über Signalerkennung den „Fingerabdruck" unterschiedlicher Geräte im Hausnetz erkennt und die *Disaggregation* des Gesamtverbrauchs in Einzelverbräuche ermöglicht. Ein ergänzender Einsatz von Chatbots kann den Kunden zudem Hinweise auf Einsparmöglichkeiten geben [8]. Effizienzstrom modelle und deren Wirkung auf spezifisches Verbrauchsverhalten sind auch Gegenstand von zahlreichen Forschungsprojekten, die durch die Europäische Kommission gefördert wurden [9].

Das Erlösmodell von Effizienzstrom basiert auf langfristigen Erlösen aus dem Stromverkauf und angebotenen Services, die aus einer langfristigen Kundenbeziehungen resultieren. Neben den Erlösquellen „Stromverkauf" und „Servicegebühr" bieten sich für Anbieter durch die systematische Sammlung, Speicherung und Auswertung von Verbrauchsdaten im Rahmen von *Intermediary* zusätzliche Erlösmöglichkeiten, die im Datenverkauf an Dritte, im Verkauf verdichteter Informationen oder in datenbasierenden Mehrwertdiensten wie dem Angebot von Stromspartipps liegen können.

4.2.4 Zeitvariable Anreizmodelle

In der Diskussion über eine gezielte Verbrauchssteuerung stehen Anreizmodelle, die aggregierte Kundenverbräuche auf eine höhere *Markt- Netz- und Systemdienlichkeit* ausrichten und anreizen sollen. Damit werden klassische Stromlieferungen über zusätzliche Anreize (z. B. Preissignale) angereichert. Anreize können je nach Zielsetzung zur Senkung oder zur Erhöhung des Stromverbrauchs eingesetzt werden. In Bezug auf die Wirkung können folgende Anreizmodelle unterschieden werden:

▶ Als **marktdienliche Anreizmodelle** werden Anreizmodelle bezeichnet, die positive und negative Knappheiten (z. B. Angebotsüberschüsse) auf den Großhandelsmärkten über Signale an verschiedene Akteure weitergeben, um diese zu einem marktdienlichen Verhalten anzureizen, d. h. mehr zu verbrauchen wenn Anreize (niedrige Preise) stark sind und weniger zu verbrauchen, wenn Anreize (hohe Preise) schwach sind [10].

▶ **Netzdienliche Anreizmodelle** bilden Knappheiten in Verteilnetzen ab. Anreize werden so gesetzt, dass Knappheiten wie Spannungsbandverletzungen oder Überlastungen der Betriebsmittel in Netzabschnitten (oft lokal) nicht eintreten [10].

▶ **Systemdienliche Anreizmodelle** nutzen übergeordnete Systemsichten (z. B. Erzeugungs- und Verbrauchslasten) um Anreize so zu setzen, dass überschüssige Lasten (Erzeugung/ Verbrauch) gar nicht erst entstehen [10].

Zeitvariable Anreizmodelle unterscheiden sich zudem nach der Art des verwendeten Anreizes, dem Bezugspunkt des Anreizes (z. B. Zeitpunkt des Stromverbrauchs) und der Dynamik der Anreizanpassung. *Preisanreize* verwenden *Preissignale*, um ein gewünschtes Verbrauchsverhalten auszulösen. Dabei können die Preissignale ad hoc oder kontinuierlich - für Kunden planbar - anhand von Preisspannen gebildet werden. *Ökologische Anreize* verwenden meistens *CO_2-Signale* oder *Anteile von Erneuerbaren Energien*, um ein gewünschtes Verhalten anzureizen. Preisanreize werden insbesondere im Rahmen von Tarifen abgebildet. Angesichts einer Vielfalt unterschiedlicher Tarifmodelle bietet es sich an, ein einheitliches Begriffsverständnis aufzubauen. Dazu dienen die folgenden Definitionen:

▶ **Zeitvariable Tarife** nutzen unterschiedliche Preise für unterschiedliche Verbrauchszeitfenster (Time-of-Use-Windows). Im Gegensatz zu einem Fixpreis, der sich nicht verändert, sind sie fest verknüpft mit bestimmten Zeitfenstern (z. B. Tageszeitfenstern) und variieren daher im Zeitablauf (z. B. während eines Tages). Damit sind sie *zeitvariabel* (siehe Abb. 4.4).

Abb. 4.4 Zeitvariabler Tarif
(Grundmodell)

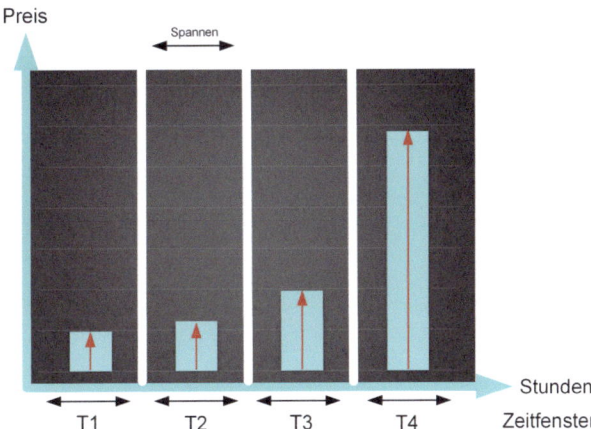

Tab. 4.3 Varianten Zeitvariabler Tarife [10]

	Keine Preisanpassung	Preisanpassung
Fixe Zeitfenster	Statisch-zeitvariabler Tarif Beispiele: HT/ NT-Regelungen, Modul 3 § 14a EnWG mit 3 Zeitfenstern ab 2025	Preisvariabler-zeitvariabler Tarif Beispiel: Frankreich /EDF/ tempo Beispiele (Dynamische Tarife): Tibber (D), Ostrom (D), Rabotcharge (D), Groupe e (CH)
Anpassung Zeitfenster	Statisch-zeitvariabler Tarif mit Anpassung der Zeitfenster Beispiele: TOU-Tarife USA, Schweiz (AMB „Dinamica")	

Je größer die Preisunterschiede bzw. Preisspannen zwischen den Zeitfenstern sind, desto stärker sind die Preissignale, die im Rahmen einer Kostenoptimierung von Kunden genutzt werden können. Erfolgen innerhalb der definierten Zeitfenster Preisanpassungen (z. B. täglich neue Preise), sind die Tarife *preisvariabel*. Erfolgen die Preisanpassungen aufgrund von dynamischen Entwicklungen und bilden diese Entwicklungen ab, sind die Tarife zusätzlich *dynamisch*. Bleiben die Preise innerhalb der Zeitfenster dagegen fix, sind die Tarife im Hinblick auf Preisanpassungen als *statisch* einzustufen.

Wie in Tab. 4.3 zu sehen ist, können verschiedene Varianten Zeitvariabler Tarife unterschieden werden.

Time-of-Use-Tarife (TOU) werden insbesondere in den USA angeboten. Die preisbestimmenden Tarifzeiten je Tag (Zeitfenster) ändern sich je Jahreszeit oder Monat – siehe Abb. 4.5 [11]. Die Preise sind grundsätzlich fix und gelten mindestens für eine Vertragsperiode. Damit können Kunden ihre Energiekosten durch Verlagerung ihres Stromverbrauchs in preisgünstige Zeiten senken. Ähnliche Modelle finden sich in Deutschland, Frankreich und in der Schweiz mit fest definierten Hochtarif- und Niedertarifzeiten sowie zusätzlichen Standardtarifzeiten im Rahmen zeitvariabler Netzentgelte. Zum Betrieb sol-

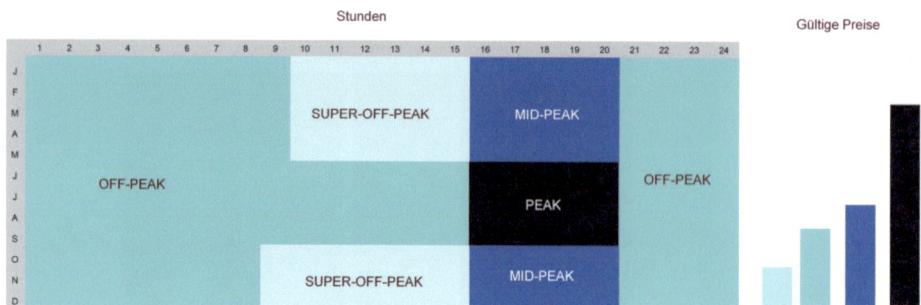

Abb. 4.5 Time-of-Use-Tarif in den USA [11]

cher Tarifmodelle werden lediglich Tarifregister in den eingesetzten Messeinrichtungen benötigt, mit denen Verbräuche separat nach unterschiedlichen Zeiten anhand der dafür vorgesehenen Tarife bewertet und abgerechnet werden. Da die Häufigkeit von Preis-änderungen im TOU-Modell („granularity") gering ist, kann auf die regelmäßige Sendung von Preissignalen an die Kunden verzichtet werden. Allerdings benötigen Kunden täglich einen transparenten Überblick über teure und günstige Tarifzeiten, um ihr Verbrauchsver-halten anpassen zu können. Dies erfolgt über Applikationen und Home-Displays, auf denen auch kurzfristige Preissignale angekündigt werden können.

Neben den planbaren zeitvariablen Tarifen haben sich insbesondere in den USA kurz-fristige ad-hoc-Preissignale – die sogenannte *Dynamic-Adder* [12] – im Rahmen eines *Critical Peak Pricings* etabliert.

▶ **Das Critical Peak Pricing (CPP)** basiert auf kurzfristigen Preissignalen, die auf Extremlasten im Netz abzielen und über einen extrem hohen Preis zur drastischen Sen-kung oder Unterbrechung des Stromverbrauchs anreizen sollen. Dies setzt eine hohe Wirkungsgeschwindigkeit bei Kunden („timeliness") voraus.

In den USA werden *Dynamic-Adder* im Rahmen der Time-of-Use-Tarife verwendet und 24 h vor Inkraftsetzung angekündigt. Oft sind *Dynamic-Adder* auf 50 bis 100 h im Jahr begrenzt [12].

Auch dynamische Tarife sind in den Bereich der zeitvariablen Tarife einzuordnen. Unter Verwendung des US-amerikanischen Begriffs des Real-Time-Pricings (RTP) ergibt sich für Dynamische Tarife folgende Definition:

▶ **Dynamische Tarife** bilden als Unterform zeitvariabler-preisvariabler Tarife die dyna-mischen Echtzeit-Preisentwicklungen (RTP) von Referenzmärkten (z. B. EPEX Spot day-ahead-Markt) ab. Dabei werden Zeitfenster, Spannen und Anpassungen so gestaltet, dass diese den Referenzmarktdynamiken entsprechen.

Im Fall des in Abb. 4.6 dargestellten Dynamischen Tarifs mit 24 Preiszeitfenstern wer-den preissensible und zeitlich flexible Kunden möglichst viel Strom zwischen 09:00 und

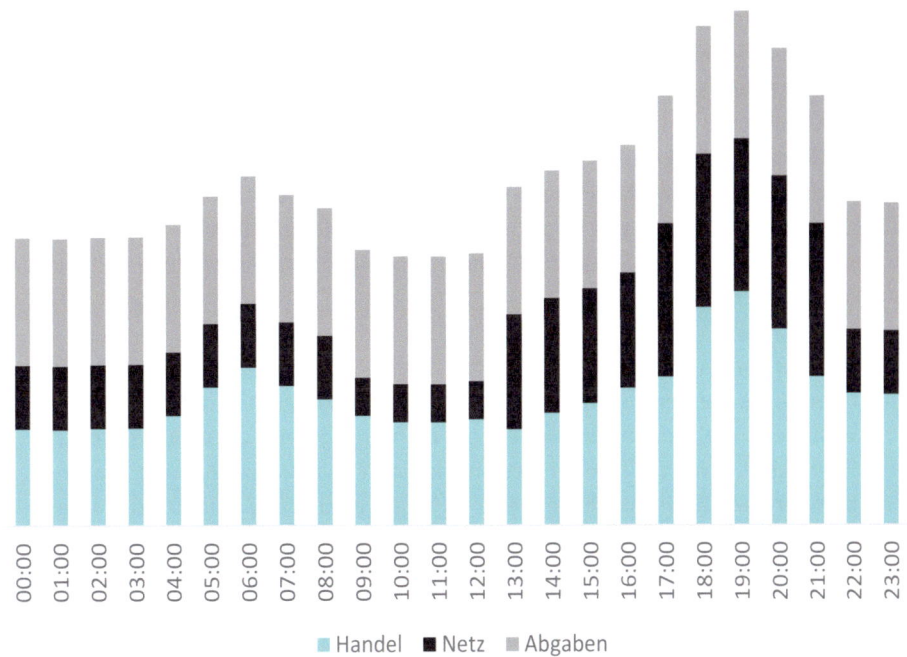

Handel   ■ Netz   ■ Abgaben

Abb. 4.6 Preiszeitreihe eines Dynamischen Tarifs (eigene Darstellung)

12:00 und möglichst wenig Strom zwischen 18:00 und 21:00 verbrauchen. Im Gegensatz zum TOU- und Critical-Peak-Pricing benötigen Dynamische Tarife regelmäßige Preis- bzw. Kosteninformationen aus relevanten Quellen.

Im Falle von sich viertelstündlich ändernden Spotmarktpreisen bekommt ein Kunde sogar 96 Preissignale am Tag, auf die er theoretisch sein Verbrauchsverhalten abstimmen könnte. Dies ist jedoch ohne Automatismen (z. B. über *Home Energie Management- Systeme*), mit denen stromverbrauchende Geräte auf Preissignale reagieren, schwer umsetzbar. Und selbst wenn sich die Geräte automatisiert ansteuern lassen, stellt sich immer auch die Frage, inwieweit Kunden fähig und bereit wären, ihr Konsum- und Verbrauchsverhalten an die Preissignale anzupassen.

Bei Geschäftskunden gibt es einige Anwendungsbereiche in den Bereichen Klimatisierung, Hochtemperaturprozesse oder auch im Betrieb von Wasserpumpen, die flexibel angesteuert werden können, ohne die Produktionsziele der Unternehmen insgesamt zu gefährden. Entscheidend sind hierbei Spielräume, die in Form von Speicherkapazitäten eine flexible Ansteuerung von Geräten ermöglichen. Im Fall eines Schöpfwerkes des Deich- und Hauptsielverbandes Dithmarschen sind dies vorgelagerte Speicherbecken, die einen flexiblen Einsatz der Schöpfpumpen ermöglichen, um Regenwasser in die Nordsee zu pumpen. Durch das Angebot viertelstundengenauer Preise der Next-Kraftwerke konnte das Schöpfwerk nach eigenen Angaben rund 30 % seiner Stromkosten im Vergleich zum letzten Liefervertrag senken [13].

Im Haushaltskundensegment etablieren sich insbesondere im Bereich der Einfamilienhäuser Home-Energie-Management-Systeme (HEMS) mit integrierten dynamischen Tarifen (Beispiele: 1Komma5Grad, E3/DC). Angebotsmodelle umfassen die Anbindung der Geräte (z. B. Wallboxen, Wärmepumpen) an eine Steuerbox, die digitale Ansteuerung der Geräte nach bestimmten Fahrplänen auf Basis selbstoptimierender Algorithmen sowie die flexible Abrechnung nach unterschiedlichen Tarifzeiten. Die Leistungserbringung erfolgt meist in enger Kooperation mit Gerätelieferanten und IT-Unternehmen, die die notwendigen Systeme für die Sammlung, Speicherung, Auswertung und Nutzung von Daten zur Verfügung stellen.

▶ **Aus der Praxis** Ein Stromanbieter möchte verschiedene Angebote identifizieren, die Kunden zukünftig zu einem zeitlich flexibleren Stromverbrauchsverhalten anreizen. Im Hinblick auf die Einführung eines *zeitvariablen Tarifs* interessiert ihn, wie flexibel Bestandskunden mit Wallboxen und Wärmepumpen auf unterschiedliche Preise im Tagesverlauf reagieren. Dazu wurde eine Befragung mit der Auswertungslogik einer 4 Punkt Likert-Skala programmiert und „online" gestellt. Danach wurde der Zugangs-Link zur Online-Befragung in einem postalischen Anschreiben an die Bestandskunden versendet - mit der Bitte, diese innerhalb von 14 Tagen zu beantworten. Nach Auswertung der Antworten kann festgestellt werden:

- Insgesamt haben die befragten Bestandskunden eine hohe Bereitschaft, Opportunitäten aus unterschiedlichen Preisen im Tagesablauf zu nutzen.
- Besitzer von Ladepunkten sind in Bezug Verbrauchsverlagerungen deutlich flexibler als Besitzer von Wärmepumpen.
- Die befragten Bestandskunden bevorzugen überwiegend einen Tarif mit mehreren Preiszeitfenstern pro Tag.

Der Stromanbieter entschließt sich darauf hin, zu Beginn des nächsten Jahres einen dynamischen Stromtarif für Haushaltskunden anzubieten. Zur Beschreibung des Angebots werden von der Produktentwicklungsabteilung mögliche Angebotsvarianten im Detail recherchiert, skizziert und anhand einer Auswahlbefragung (Choice Based Conjoint) bewertet. Aufgrund des Antwortverhaltens entscheidet sich die Geschäftsführung des Anbieters für ein Angebot, das wie folgt beschrieben wird:

- Die Preiszeitfenster haben eine Spanne von 60 min - damit ergeben sich 24 Preise je Tag.
- Die gültigen Preise je Preiszeitfenster werden den Kunden in einem Kundenportal für den Folgetag angezeigt – damit können Kunden ihr Verbrauchsverhalten frühzeitig im Rahmen einer Selbstoptimierung planen.

- Der aktuelle Durchschnittspreis sowie sämtliche Einzelpreise werden ebenfalls im Kundenportal angezeigt – damit wird die erreichte Preiszeitreihe für den Kunden transparent.
- Die Preise werden gedeckelt – somit können Kunden Risiken aus extrem hohen Preisen vermeiden.
- Die Abrechnung erfolgt monatlich aufgrund eines „Matchings" von ermittelten Verbrauchszeitreihen mit den zugehörigen Preiszeitreihen – die monatlichen Abrechnungsbeträge werden ebenfalls im Kundenportal angezeigt.

Die *Preiskalkulation* erfolgt je Zeitfenster auf Basis von Großhandelspreisen (EPEX SPOT, day ahead) zuzüglich konstanter Netzentgelte und Abgaben. Großhandelspreise werden 1:1 an den Kunden weitergereicht. Kunden haben über die Aufschlüsselung der Preiskomponenten volle Transparenz über die gültigen Gesamtpreise. Anfallende Betriebskosten und Risiken werden über eine Servicegebühr abgedeckt. Zur Umsetzung des Angebots wird ein IT-Dienstleister beauftragt. Auf der Grundlage eines grundlegenden Leistungsmodells mit den Funktionen Beschaffung, Operations und Interaktion erstellt der Dienstleister das Betriebsmodell (siehe Kap. 2). Das *Betriebsmodell* beschreibt sämtliche Detailprozesse und leitet Anforderungen an die Umsetzung der Prozesse ab:

- zur Veröffentlichung des Tarifs auf der Internet-Homepage (Interaktion)
- zur Ausstattung der Kunden mit Zählern zur Erhebung der Verbrauchsdaten in 60 min Intervallen (Operations)
- zum Aufbau und zur Anbindung des Kundenportals (Interaktion)
- zur Implementierung des Meter-Daten-Managements und der Abrechnungsroutinen (Operations)
- zur Absatzprognose, Profit- und Risikoermittlung (Beschaffung)
- zum Aufbau von Reporting-Standards zur Produktsteuerung (Operations)

Die abschließende Implementierung der Prozesse in den jeweiligen IT-Systemen erforderte u. a. die Anpassung der abrechnungsrelevanten Preis- und Verbrauchszeitreihen im Abrechnungssystem.

Kapazitätsmodelle zur Beschränkung von Leistungskapazitäten zu bestimmten Zeiten Der Grundgedanke Kapazitätsorientierter Anreizmodelle besteht darin, den Kunden zu bestimmten Zeiten nur eine beschränkte Leistungskapazität zur Verfügung zu stellen (z. B. an Ladepunkten) oder steuerbare Verbraucher im Haushalt wie Wärmepumpen oder Wallboxen auf eine maximale Leistung herunter zu regeln. Dies erfolgt dann gegen die Gewährung eines monetären Vorteils - z. B. durch die Reduzierung von Netzentgelten.

Auch wenn es sich bei Kapazitätsorientierten Anreizmodellen i. d. R. nicht um Stromliefermodelle handelt, greifen diese direkt in die Optimierung von Stromlieferungen ein –
z. B. immer dann, wenn Verbrauchsverlagerungen im Rahmen dynamischer Liefertarife
aufgrund von niedrigen Preisen nur bedingt stattfinden können.

▶ **Kapazitätsorientierte Anreizmodelle** geben maximale Leistungskapazitäten für
unterschiedliche Zeitfenster vor. Dabei können die vorgegebenen Leistungskapazitäten in
ihrer Höhe *fix* oder *variabel* sein, in ihrem Abruf sich auf *fixe Zeitfenster* beziehen oder *ad
hoc* erfolgen. Als Gegenleistung bekommen Kunden einen monetären Vorteil – z. B. in
Form von reduzierten Netzentgelten.

Beispiele für Kapazitätsorientierte Anreizmodelle finden sich z. B. im Bereich der
Elektromobilität [14]. So geben flexible Kapazitätsverträge („Capacity Contracts") dem
Elektroauto-User klare Vorgaben hinsichtlich der Kapazitätsnutzung. Neben einer *garantierten Leistung*, die er mit Ausnahme von Peak Zeiten zu jeder Zeit in Anspruch nehmen
kann, hat er die Möglichkeit bei Verfügbarkeit auch höhere Kapazitäten – falls technisch
machbar – zu nutzen. Eine Variation des Modells kann darin bestehen, *bedingte* und *un-
bedingte* Verträge zu schließen.

Bedingte Verträge erlauben dem Anbieter, Leistungskapazitäten zu bestimmten Zeiten
zu reduzieren oder zu erhöhen (entweder statisch in einem festen Zeitfenster oder dynamisch je nach Netzsituation). In den Zeiten mit der Möglichkeit von Leistungsreduktionen
bekommen Kunden reduzierte Preise angeboten (siehe Abb. 4.7).

Auch ein Netznutzungsvertrag mit Netzentgelten für steuerbare Verbrauchseinrichtungen gemäß § 14a EnWG kann als Kapazitätsorientiertes Anreizmodell mit einem
bedingten Vertrag verstanden werden. Danach bekommen Kunden ein reduziertes Netz-
entgelt, wenn sie ihrem Verteilnetzbetreiber erlauben, zur Vermeidung von Netzengpässen
steuerbare Verbraucher bis auf eine garantierte Leistungsgrenze von 4,2 kW zu „dimmen"
(runter zu regeln).

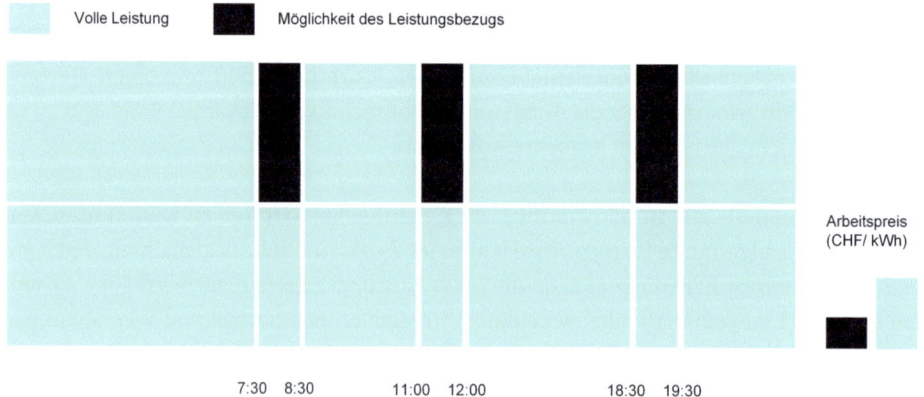

Abb. 4.7 Kapazitätsorientiertes Anreizmodell mit einem bedingten Vertrag [15]

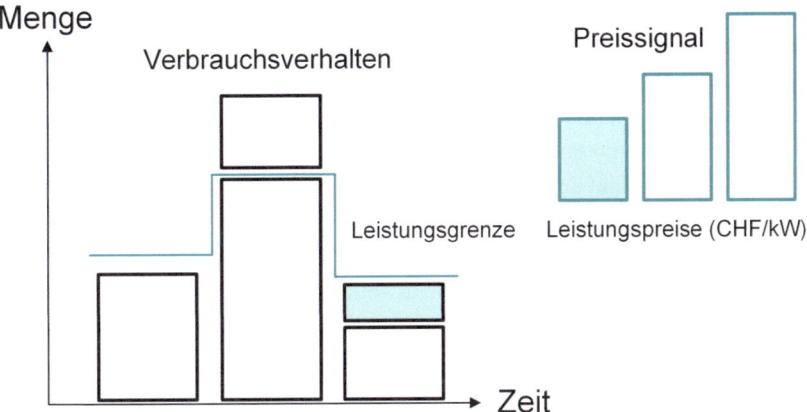

Abb. 4.8   Kapazitätsorientiertes Anreizmodell mit einem unbedingten Vertrag [16]

Bei unbedingten Verträgen kann eine bestimmte Leistung zu jeder Zeit in Anspruch genommen werden. Leistungsüberschreitungen führen zu Preisaufschlägen. Leistungsunterschreitungen führen zu Preisabschlägen.

Im Beispiel (Abb. 4.8) werden den Kunden auf Basis von Lastprognosen *Leistungspakete* vorgegeben. Die Leistungspakete werden dann mit der tatsächlichen Bezugsleistung verglichen. Übersteigt die tatsächliche Bezugsleistung das jeweilige Leistungspaket, werden diejenigen Verbrauchsmengen, die die Leistungspakete überschreiten, mit einem Malus abgerechnet. Werden Leistungspakete unterschritten, werden die überschüssigen Verbrauchsmengen mit einem Bonus verrechnet. Unterstützt wird das Modell durch eine Smart-Metering-Lösung inklusive Applikation zur Visualisierung und Steuerung des Stromverbrauchs [16].

4.2.5   Gamification-Modelle

Gamification-Modelle basieren auf der Grundidee, Stromtarife und deren Abrechnung mit motivatorischen und spielerischen Elementen zu verknüpfen, um Kunden zu gewinnen, sie langfristig zu binden und damit hohe Kundenwerte über lange Vertragslaufzeiten zu erzielen.

▶ **Gamification** = Übertragung von spieltypischen Elementen und Vorgängen in spielfremde Zusammenhänge mit dem Ziel der Verhaltensänderung und Motivationssteigerung bei Anwenderinnen und Anwendern [17].

Kunden des „WVV active Tarifs" der Stadtwerke Würzburg [18] konnten beispielsweise ihre Stromrechnung reduzieren, in dem sie ein bestimmtes Laufpensum pro Tag absolvieren. Ab 5000 Schritten pro Tag gab es eine Gutschrift, die dem Verbrauch einer Kilowattstunde entspricht. Fleißige Läufer konnten so Rabatte im Wert von 365 Kilowattsunden (rund 90 EUR) erhalten. Die Laufdaten wurden dabei durch digitale Schrittzähler – Fitness Tracker – gesammelt und auf eine Plattform übertragen, die der lückenlosen Dokumentation der Laufleistung diente. Die Laufleistung und Rabatte wurden dann den Kunden transparent in einem Kundenportal zur Verfügung gestellt. Eine Applikation sorgte für die Darstellung der Schrittzahl auf dem Smartphone. Die digitalen Stromzähler wurden entweder kostenlos (Basisvariante) oder gegen einen Aufpreis (Premium-Tracker) den Kunden in einem Online-Shop zur Verfügung gestellt.

In der Schweiz konnten Kunden von Stadtwerken online-basiert Portale (Beispiel: Gemeinschaftsprojekt „Luca" der Swisspower Services AG) nutzen, um ihre Zählerstände regelmäßig zu erfassen und die Verbräuche und mit anderen Kunden zu vergleichen. Die Beantwortung von Energiesparfragen sowie erreichte Einsparungen wurden über virtuelle Punkte belohnt. Diese konnten gegen ausgewählte Angebote der Stadtwerke getauscht werden. Aktuell werden die Portale durch gemeinschaftliche Optimierungsportale und Stromspar-Challenges abgelöst (Beispiel: PERLAS). PERLAS steht für **PE**rsonalised **R**esidential **L**oad curve **A**nalyticS [19]. Hier können Kunden mit einem intelligenten Messsystem ihre Smart-Meter-Daten auf eine Plattform hochladen. Automatisierte Verbrauchsanalysen und Vergleiche, Einspartipps sowie Energiesparfragen sorgen dafür, dass sich Kunden spielerisch mit ihrem Verbrauchsverhalten auseinandersetzen. Die Aussicht auf den Gewinn von Gratisstrom soll Kunden zum Mitmachen animieren.

4.2.6 Peer-to-Peer-Modelle

Peer-to-Peer-Modelle ermöglichen im Kern bilaterale Transaktionen zwischen verschiedenen, gleichberechtigten Akteuren – beispielsweise zwischen Stromanbietern und Stromkäufern, ohne dass ein Lieferant oder Verkäufer dazwischen geschaltet ist. Die Transaktionen finden in einem Peer-to-Peer-Netzwerk statt, bei dem die Akteure unter gleichen Bedingungen (technologisch, ökonomisch und rechtlich) Strom anbieten und Strom kaufen können. Die Transaktionen können dabei *zentral* über eine Vermittlungsplattform oder *dezentral* anhand von verschiedenen bilateralen Vereinbarungen stattfinden.

Auf einer Vermittlungsplattform vermittelt ein Plattformbetreiber wie in Abb. 4.9 dargestellt zwischen Stromanbietern und Nachfragern, die miteinander einen Vertrag abschließen, und kassiert für seine Vermittlungtätigkeit eine Vermittlungsgebühr.

Die Vermittlungsgebühr kann dabei pauschal und/oder variabel gemäß erzielter Verkaufsabschlüsse beziehungsweise Verkaufsumsätze erfolgen.

Dies setzt insbesondere Leistungen voraus, die einen organisierten Zugang zur Plattform für Anbieter und Nachfrager ermöglichen. Zudem müssen Anlagenbetreiber und Anlagen anhand von technischen und ökonomischen Kriterien beschrieben werden. Hinzu kommt eine „User-gerechte" Begleitung der Nachfrager von der Erstinformation über Anlagenverfügbarkeiten bis hin zum Vertragsabschluss, die analog des Customer Journeys erfolgt. Die dazu notwendigen Prozesse laufen für den Kunden unsichtbar im Rahmen des

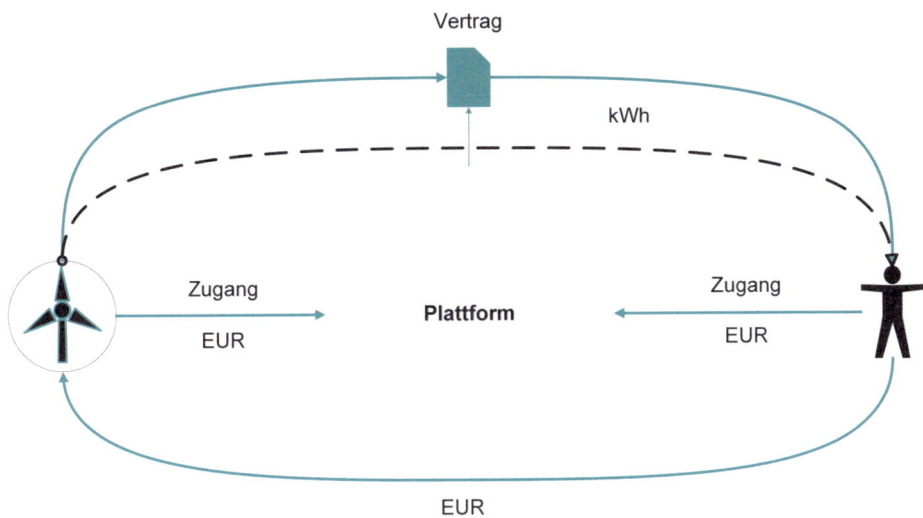

Abb. 4.9 Peer-to-Peer-Vermittlungsplattform

Betriebsmodells ab. Je nach Modell bieten Plattformbetreiber den Stromanbietern Unterstützung an. Unterstützungsleistungen beziehen sich dabei insbesondere auf die Bereiche Prognose, Marktkommunikation und das Bilanzkreismanagement.

Das Angebot eines Peer-to-Peer-Betreibers [20] besteht im Wesentlichen in der Zurverfügungstellung der notwendigen Infrastruktur für Peer-to-Peer-Akteure sowie zum Teil in der Unterstützung bei den notwendigen, energiewirtschaftlichen Transaktionsprozessen.

Über dezentrale Transaktionsdatenbanken können Transaktionen theoretisch ohne Intermediär über *dezentrale* Transaktionsdatenbanken und -register abgewickelt und gespeichert werden. Letztere werden insbesondere durch die Blockchain-Technologie ermöglicht. Diese ist in der Lage ist, auch kleinteilige Transaktionen von nur wenigen kWh abzuwickeln. Voraussetzung für den Einsatz der Blockchain – zumindest beim Einsatz einer öffentlichen Blockchain – ist jedoch die ständige 24/7-Bereitschaft der dezentralen Datenregister, die permanent Transaktionen in der Blockchain bestätigen müssen. Dies wiederum bedingt einen Dauerbetrieb der genutzten Hardware wie PCs oder Laptops.

Da der Dauerbetrieb für jeden einzelnen Akteur oftmals nicht wirtschaftlich ist, wurden im Rahmen von Pilotprojekten wie bei WSW Tal.markt [21] konsortiale Blockchains eingesetzt, bei denen die Zahl der Akteure begrenzt ist und Transaktionen über gebündelte Routinen bestätigt werden konnten.

Der Betrieb eines Peer-to-Peer-Modells besteht ganz wesentlich in der Abwicklung regulierungskonformer Prozesse, die die Voraussetzung für eine Peer-to-Peer-Transaktion zwischen einem Anlagenbetreiber und einem Käufer sind. Im aktuellen Regulierungsrahmen muss der Stromverkäufer sämtliche Vorgaben, die an einen Stromlieferanten gestellt werden, erfüllen. Dies umfasst sämtliche Formalien zur Registrierung bei der

Bundesnetzagentur, den Abschluss von Netzzugangs- und Bilanzkreisverträgen sowie Verpflichtungen im Rahmen von Lieferantenwechselprozessen und der Bilanzkreisbewirtschaftung (siehe Kap. 1). Die damit einhergehenden Geschäftsprozesse, Datenformate und Kommunikationsprotokolle sind im aktuellen Regulierungsrahmen vorgegeben und werden von speziellen IT-Systemen gewährleistet. Insbesondere kleinere Anlagenbetreiber könnten die Vorgaben ohne Unterstützung alleine nicht oder nur mit erheblichen Kosten erfüllen, so dass diese als Vorlieferanten des Peer-to-Peer-Betreibers auftreten. Dieser wiederum tritt als einziger Lieferant gegenüber den Kunden auf und übernimmt in dieser Rolle auch die Reststromlieferung.

Die Leistungsbeiträge der Blockchain-Technologie spielen sich bisher ausschließlich im nichtregulierten, „virtuellen" Bereich ab. Sie bestehen insbesondere darin, jede für den Verkauf erzeugte kWh anhand von Merkmalen wie Quelle, Ort und Zeitraum eindeutig zu kennzeichnen, zu speichern und dem Verbrauch des Kunden 1:1 zuzuordnen [21]. Damit kann sich der Kunde seinen Strommix aus verschiedenen Anlagen selbst zusammenstellen – im theoretische Fall zu jeder einzelnen Viertelstunde, das bedeutet 35.040-mal im Jahr.

Zudem wird auch eine exakte Abrechnung des Kunden nach tatsächlich verbrauchten Mengen möglich, die im Extremfall je verbrauchter kWh automatisiert im Rahmen eines Stromkontos stattfindet. Eine verbrauchte kWh löst hier automatisiert die Zahlung eines entsprechenden Betrages (Cent) aus. Anhand von Visualisierungstools können sämtliche Leistungen des „virtuellen" Stromverkaufs anwendungsfreundlich und transparent gestaltet werden.

Die Haupterlösquelle für Peer-to-Peer-Betreiber ist das Entgelt, das Endkunden für den Kauf von Peer-to-Peer-Strom zahlen. Ein Teil des Entgeltes fließt an die Stromanbieter zurück. Darüber hinaus können Zugangs- und Dienstleistungsentgelte gegenüber Stromanbietern erhoben werden.

Insgesamt ist festzustellen, dass sich Peer-to-Peer-Modelle immer noch in zahlreichen Pilotprojekten befinden, die sich auch im Zusammenhang mit der Organisation von Communities befinden (siehe Abschn. 4.3). Dies gilt auch für den Einsatz der Blockchain-Technologie, deren Leistungsfähigkeit sich anhand von konkreten Praxisanwendungen und im Vergleich mit anderen Technologien bewähren muss.

4.3   Stromeigenerzeugungsmodelle

4.3.1   Grundlagen Stromeigenerzeugung

Mit Stromeigenerzeugung wird im Folgenden vereinfacht die Erzeugung von Strom aus eigenen, dezentralen Erzeugungsanlagen wie PV-Anlagen, Windanlagen oder Biomasseanlagen bezeichnet. Stromeigenerzeugung erfolgt in der Regel durch private oder institutionelle Betreiber, die private oder wirtschaftliche Ziele verfolgen.

Stromerzeuger können sich grundsätzlich zwischen den Eigenerzeugungsmodellen *Volleinspeisung* und *Teileinspeisung* entscheiden. Als „Volleinspeiser" erhält der Stromerzeuger als Betreiber der Anlage eine Vergütung nach EEG oder im Rahmen der Direktvermarktung (siehe Abschn. 4.3.4). Als „Teileinspeiser" verbraucht er einen Teil der produzierten Strommengen selbst und speist ebenfalls einen Teil der produzierten Stroms wieder ins öffentliche Stromnetz zurück. Damit produziert und konsumiert er als Strom und kann auch als „Prosumer" bezeichnet werden.

Prosumer benötigen von Stromanbietern die Unterstützung beim Produzieren von Strom und eine Unterstützung beim Konsum eigenproduzierter Strommengen. Zudem benötigen sie eine Stromlieferung für benötigte Reststrommengen aus dem Netz.

Ein kurzer Blick in die Vergangenheit zeigt die Motivation zum Aufbau dezentraler Produktion:

Im Kern ging es den Anlagenbetreibern neben Autarkie- und Prestigemotiven darum, von einer hohen, garantierten Vergütung für die *Netz-Volleinspeisungen* über einen Zeitraum von 20 Jahren zu profitieren. Diese lagen im Jahr 2008 für PV-Kleinanlagen noch bei 46,75 Cent/kWh und sichern auch heute noch hohe Erlöse - zur großen Freude von privaten und kommerziellen PV-Anlagen-Besitzern, die die gesamte Solarstromerzeugung ins Netz einspeisen können.

Heute liegt die Vergütung für Anlagen bis 10 Kilowatt Peak (kWp) bei nur noch 7,94 Cent/kWh bei Teileinspeisung und bei 12,60 Cent/ kWh bei Volleinspeisung [22]. Daher gewinnt der *Eigenverbrauch* (siehe Abschn. 4.4) des erzeugten Stroms zunehmend an Bedeutung. Diese ersetzt bei drastisch sinkenden Stromgestehungskosten (SGK) den teuren Netzstrom (NST) von zum Teil über 30 Cent/kWh.

Die Stromgestehungskosten (SGK) können sowohl vereinfacht als auch realitätsnah berechnet werden. Vereinfacht lassen sich die SGK unter der Annahme gleichbleibender jährlicher Kosten und Produktionsmenge berechnen. Dabei werden Initialinvestitionen zu Beginn des Betrachtungszeitraums in jährlich gleichbleibende Kapitalkosten (Annuitäten) umgerechnet und mit den jährlichen Betriebskosten addiert.

In Detailstudien wird meist auf den *Levelized Cost od Energy (LCOE) zurückgegriffen* [23]. Dieser berücksichtigt die sich in der Realität jährlich verändernden Kosten über die Lebensdauer einer Anlage (Beispiele: steigende Versicherungsprämien, steigende Wartungs- und Verwaltungskosten, steigende Gebühren für sogenannte Direktvermarkter - siehe Abschn. 4.3.3), in dem diese für unterschiedliche Jahre berücksichtigt und auf den Beginn des Anlagenbetriebs mit dem Kalkulationszinssatz diskontiert werden. Der somit entstehende Barwert der Kosten wird der voraussichtlichen Produktionsmenge gegenübergestellt. Die Kostenannahmen basieren auf Kostenanalysen und auf der Kostenplanung für unterschiedliche Jahre. Fossil betriebene Erzeugungsanlagen müssen zusätzliche Kosten für Brennstoffe (Beispiele: Kosten für Erdgas, Kosten für Kohle, Kosten für Öl) und für CO_2-Emissionen berücksichtigen.

Zur Berechnung der Stromgestehungslosten einer PV-Anlage können folgende Formeln (Abb. 4.10) verwendet werden. Dabei bedeuten:

$$SGK = \frac{(I_0 * A) + K}{X}$$

$$A = \frac{i * (1+i)^n}{(1+i)^n - 1}$$

$$LCOE = \frac{I_0 + \sum_{t=1}^{n} \frac{K_t}{(1+i)^t}}{\sum_{t=1}^{n} \frac{X_t}{(1+i)^t}}$$

Abb. 4.10 Berechnung der Stromgestehungskosten (SGK und LCOE)

I0   Initialauszahlungen für die Planung des Standorts, den Kauf und die Installation der Anlage

n   Lebensdauer der Anlage

i   Kalkulationszins

K   Jährlichen Betriebskosten inklusive Wartung und Versicherungen

X   Produktionsmenge

A   Annuitätsfaktor, der aus einem Investitionsbetrag die jährlichen Kapitalkosten berechnet

t   Jahr

▶ **Ein einfaches Berechnungsbeispiel** Eine Schule möchte in eine PV-Anlage mit 39 kWp investieren. Dazu fragt sie verschiedene Installateure an, die jeweils ein Angebot für den Verkauf der Anlagen inklusive Montage abgeben. Das beste Angebot liegt bei 70.000 EUR (I0). Hinzu kommen jährliche Betriebskosten (K) von 1225 EUR. Der Kalkulationszins „i" liegt bei 3,5 %. Es können 36640 Kilowattstunden (kWh) Solarstrom pro Jahr mit der Anlage produziert werden. Die Lebensdauer der Anlage wird mit 20 Jahren angegeben. Die jährlichen Kapitalkosten betragen somit 4925 EUR (I0*A). Zusammen mit den jährliche Betriebskosten K von 300 EUR ergeben sich somit jährliche Gestehungskosten (SGK) in Höhe von rund 5225 EUR. Je Kilowattstunde entspricht dies einem Betrag von rund 14 Cent. Gegenüber einem Strompreis aus dem Netz (Netzstrom) von aktuell rund 30 Cent je Kilowattstunde ergibt sich somit ein Vorteil von 16 Cent für jede selbst verbrauchte Kilowattstunde Solarstrom.

Liegen pro Jahr unterschiedliche Werte für Kosten und Erzeugungsmengen vor, ist es sinnvoll, diese Werte zunächst anhand einer Zeitreihe abzubilden.

Die SGK liegen nach eigenen Berechnungen je nach Größe bei Anlagen mit einer Nennleistung bis zu 50 kWp in einer Spanne von 12-20 Cent je kWh. Sie liegen damit deutlich unterhalb der aktuellen Stromtarife in Höhe von rund 30 Cent je kWh. Zu Detailberechnungen wird auf Berechnungen des Fraunhofer-Instituts für Solare Energiesysteme

Tab. 4.4 Stromgestehungskosten ausgewählter Technologien [23]

Technologie	Stromgestehungskosten in Cent je kWh
PV-Kleinanlagen (kleiner 30 kWp)	6,3 bis 10,6 (Süddeutschland)
	8,7 bis 14,4 (Norddeutschland)
PV-Freiflächenanlagen (größer 1 MWp)	4,1 bis 5,0 (Süddeutschland)
	5,7 bis 6,9 (Norddeutschland)
Wind-Onshore	4,3 bis 5,5 (küstennahe Standorte)
	7,1 bis 9,1 (Binnen-Standorte)
Wind-Offshore	7,4 bis 10,3

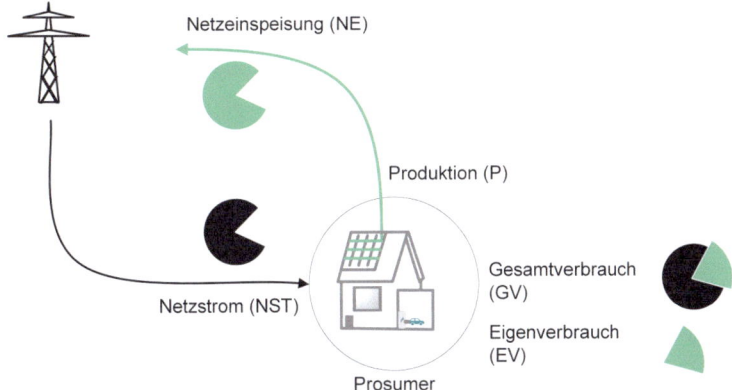

Abb. 4.11 Mengenströme bei der Stromeigenerzeugung

verwiesen [23]. Exemplarische Ergebnisse für PV- und Windenergieanlagen sind in Tab. 4.4 dargestellt. Die dort enthaltene Spannbreiten lassen sich auf mehrere Bedingungen zurückführen: Die Anzahl der Sonnenstunden ist im Süden höher als im Norden – damit werden tendenziell höhere Produktionsmengen von Solarstrom im Süden erreicht. Stromgestehungskosten für Solarstrom sind also hier tendenziell niedriger, da die anfallenden Kosten auf eine höhere Produktionsmenge verteilt werden können. Umgekehrt verhält es sich mit Windstrom – hier sind küstennahe Standorte aufgrund der Windbedingungen ertragsreicher und damit aufgrund geringerer Stromgestehungskosten vorteilhafter als Standorte im Binnenland. Neben den klimatischen Standortbedingungen führen projektspezifische Initialkosten für die Planung und den Aufbau der Anlagen sowie unterschiedliche Betriebskosten – beispielsweise aufgrund unterschiedlicher Lohnniveaus der Installateure vor Ort zu unterschiedlich hohen Stromgestehungskosten.

Die Grundzusammenhänge zwischen Strombezug aus dem Netz (NST), Netz-Einspeisung (NE), Eigenverbrauch (EV) und Gesamtverbrauch (GV) werden in Abb. 4.11 dargestellt.

Eine PV-Anlage produziert im Rahmen der *Produktion* (P) Solarstrommengen.

Der *Eigenverbrauch (EV)* ergibt sich aus den zeitgleich mit der Produktion verbrauchten Solarstrommengen im Objekt. Die *Netzeinspeisung (NE)* ergibt sich aus der Differenz zwischen der Produktion (P) und dem Eigenverbrauch - jeweils in kWh pro Jahr. Der Bezug von *Rest- oder Netzstrom (NST)* ergibt sich aus der Differenz zwischen dem Gesamtverbrauch (GV) und dem Eigenverbrauch (EV).

Eigenverbrauchsmodelle (siehe Abschn. 4.4) dienen immer dazu, den *Autarkiegrad* zu erhöhen, um damit möglichst viel teuren Netzstrom (NST) im Gesamtverbrauch (GV) zu verdrängen.

▶ **Der Autarkiegrad** gibt an, wie viel Prozent des Gesamtverbrauchs über eigene Produktionsmengen Solarstrom gedeckt wird. Der Autarkiegrad lässt sich insbesondere durch eine höhere Dimensionierung der Anlage und den Einsatz von Speichertechnologie erhöhen, da überschüssige Produktionsmengen an Solarstrom für den späteren Verbrauch gespeichert werden können.

▶ **Der Eigenverbrauchsgrad** gibt an, wie viel Prozent der Produktionsmenge ein Prosumer für den Stromverbrauch nutzen kann. Eigenverbrauchsgrade unterscheiden sich täglich, da täglich unterschiedliche Solarstromengen produziert und konsumiert werden.

Mit einem Lastgang-Tagesprofil können die unterschiedlichen Mengenströme eines Prosumers über ein Monitoringsystem im Tagesverlauf sichtbar gemacht werden (Abb. 4.12). Je höher die eigenverbrauchten Mengen in Zeiten der Solarstromproduktion ist, desto höher ist der Eigenverbrauchsgrad. Ein hoher Eigenverbrauchsgrad muss aber nicht zwangsläufig eine hohe Autarkie bedeuten. Gerade bei geringer Solarstromproduktion aufgrund kleiner Anlagen-Dimensionierung kann der Anteil der selbstverbrauchten Strommenge an der Stromproduktion hoch sein, obwohl die selbstverbrauchte Solarstrommenge eher gering ist. Die Solarstrommengen reichen somit nicht aus, den Strombedarf des Prosumers insgesamt zu decken. Der Prosumer muss daher zusätzliche Strommengen von einem Stromlieferanten beziehen.

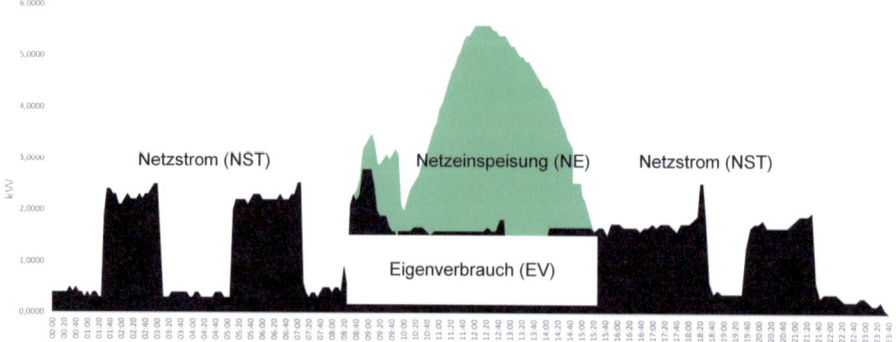

Abb. 4.12 Tagesprofil Prosumer (eigene Daten, sonniger Wintertag ohne Speicher)

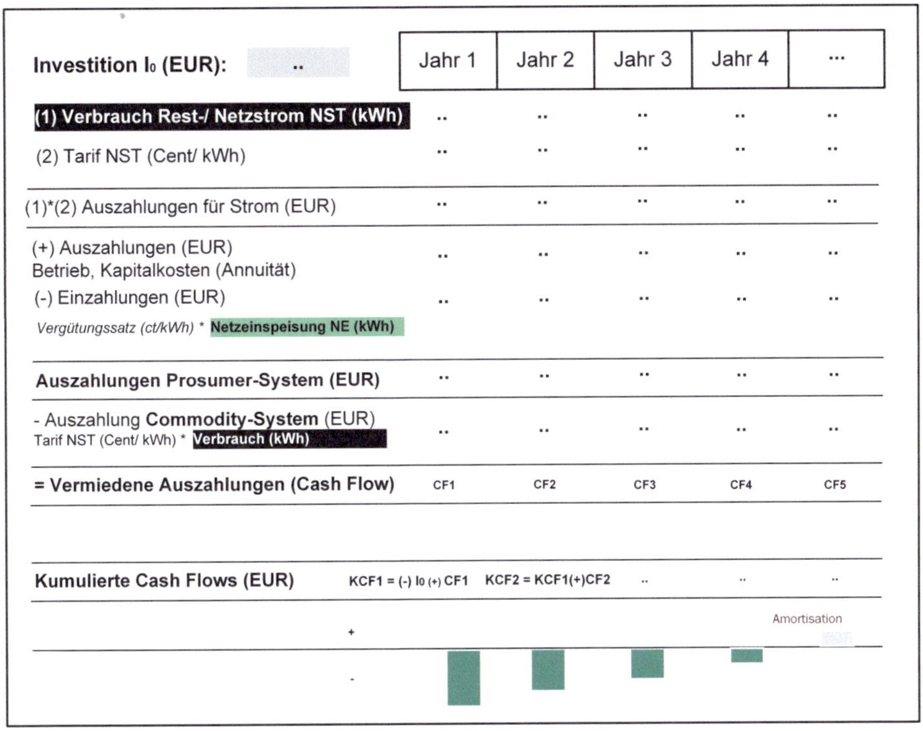

Investition I₀ (EUR): ‥	Jahr 1	Jahr 2	Jahr 3	Jahr 4	‥
(1) Verbrauch Rest-/ Netzstrom NST (kWh)	‥	‥	‥	‥	‥
(2) Tarif NST (Cent/ kWh)	‥	‥	‥	‥	‥
(1)*(2) Auszahlungen für Strom (EUR)	‥	‥	‥	‥	‥
(+) Auszahlungen (EUR) Betrieb, Kapitalkosten (Annuität)	‥	‥	‥	‥	‥
(-) Einzahlungen (EUR) *Vergütungssatz (ct/kWh)* * **Netzeinspeisung NE (kWh)**	‥	‥	‥	‥	‥
Auszahlungen Prosumer-System (EUR)	‥	‥	‥	‥	‥
- Auszahlung **Commodity-System** (EUR) Tarif NST (Cent/ kWh) * **Verbrauch (kWh)**	‥	‥	‥	‥	‥
= **Vermiedene Auszahlungen (Cash Flow)**	CF1	CF2	CF3	CF4	CF5
Kumulierte Cash Flows (EUR)	KCF1 = (-) I0 (+) CF1	KCF2 = KCF1(+)CF2	‥	‥	‥

Abb. 4.13 Wirtschaftlichkeitsanalyse

Die Wirtschaftlichkeit eines Prosumer-Modells kann anhand einer einfachen Vergleichsrechnung (siehe Abb. 4.13) mit einer Commodity-Lösung (100 % Netzstrom) ermittelt werden. Dabei werden sämtliche Auszahlungsströme (Auszahlungen für Netzstrom, Kapitaldienst, Betrieb) und Einzahlungsströme der beiden Systeme gegenübergestellt.

Die Mengenströme beeinflussen die Wirtschaftlichkeit eines Prosumer-Systems. Über Eigenverbrauch (EV) vermiedene Bezugsmengen für Netzstrom (NST) und zusätzliche Vergütungen für Netzeinspeisungen (NE) erhöhen insgesamt die vermiedenen Auszahlungen. Die vermiedenen Auszahlungen können im Zeitablauf als Investitionsrückflüsse (sogenannte Cash Flows – siehe Kap. 5) angesehen werden, die kumuliert dafür sorgen, dass die Anschaffungsauszahlung für die Anlageninvestition (I0) zurückverdient wird.

Preisentwicklungen beeinflussen die Wirtschaftlichkeit eines Prosumer-Modells. Durch im Zeitablauf steigende Tarife (NST) erhöht sich der Wert des verdrängten NST und damit bei gleichbleibenden oder gar sinkendem Bezug von NST die Cash Flows. Höhere Vergütungen für nicht vermeidbare NE erhöhen ebenfalls die Cash Flows, während sämtliche Preiserhöhungen für den Betrieb des Prosumer-Systems und für den Kapitaldienst (in Form steigender Zinsen) die Cash Flows senken.

Aus Sicht eines Stromlieferanten ergibt jede durch Eigenverbrauch verdrängte Kilowattstunde Netzstrom einen geringeren Absatz an Strom und bei Annahme eines gleichbleibenden Strompreises auch einen geringeren Erlös.

Gerade hier stellt sich für Stromanbieter die Frage, in wie weit geringere Erlöse im Kerngeschäft über die aktive Teilnahme an der Prosumer-Wertschöpfung kompensiert oder gar überkompensiert werden können. Denn ungeachtet des gewählten Eigenerzeugungsmodells müssen Kunden dafür sorgen, dass Anlagen beschafft, installiert, betrieben und gewartet werden. Diese Aufgaben wurden in der Vergangenheit insbesondere von Installateuren oder spezialisierten Solarteuren wahrgenommen, die die gesamte Wertschöpfung von der Planung der Anlagen über die Beschaffung, Installation bis hin zur Anmeldung und Inbetriebnahme der Anlage abdeckten.

Stromanbieter spielten in der Vergangenheit in diesem hardwarebasierten Projektgeschäft eine eher geringe Rolle. In wie weit diese künftig Marktanteile in einem weiter wachsenden PV-Markt (Abb. 4.14) gewinnen können, bleibt abzuwarten. Grundsätzlich spricht einiges dafür, da die notwendige Koordination der Beschaffungs-, Vertriebs-, Angebots-, Vertrags-, Planungs- und Installationsprozesse sowie der unterschiedlichen Erfüllungspartner durch den Einsatz von IT-Plattformen weitgehend automatisiert ablaufen kann. Zudem sichern Miet- oder Pachtmodelle (Abschn. 4.3.2) und verschiedene Teilhabemodelle (Abschn. 4.3.4) einen kontinuierlichen Kundenkontakt über mehrere Jahre sowie kontinuierliche Zahlungsrückflüsse für getätigte Anlageninvestitionen. Über den laufenden Kundenkontakt können auch notwendige Reststromlieferungen – z. B. in Form dynamischer Tarife (Abschn. 4.2.4) - gesichert werden.

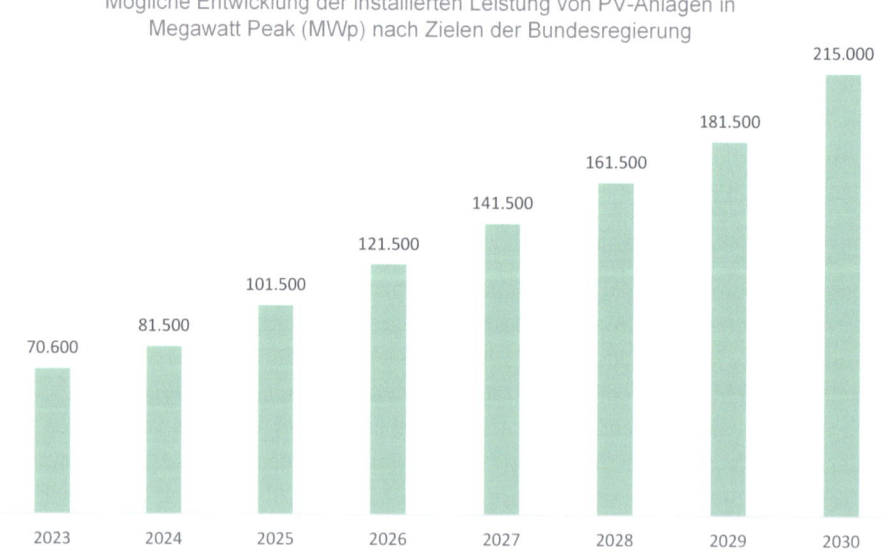

Abb. 4.14 Hochlauf PV in Deutschland mit Ausbauziel 2030 nach § 4 EEG [24]

4.3.2   Pacht- und Verkaufsmodelle

Angebote im Hardware- oder Komponentengeschäft der Stromeigenerzeugung können grundsätzlich nach *Verkaufsmodellen* und *Pachtmodellen* unterschieden werden.

Pachtmodelle lassen sich anhand von Teilmodellen beschreiben: Das *Angebotsmodell* eines Pachtmodells besteht aus der Zurverfügungstellung einer Erzeugungsanlage inklusive sämtlicher Komponenten wie PV-Module, Kabel, Wechselrichter inklusive Sensorik für Fernwartung und Produktionszähler. Das Leistungsmodell umfasst u. a. die Planung der Anlage, die Beschaffung der Komponenten sowie die Installation und Inbetriebnahme der Anlage. Zusätzlich werden häufig Servicemodule für das Monitoring der Anlage und der erzeugten Strommengen sowie zum Erzeugungsmanagement (Wetterprognosen, Abstimmung mit Verbrauch) angeboten. Die dazu notwendigen Investitionen werden auf die Zahl der Nutzer aufgeteilt.

Das *Erlösmodell* eines Pachtangebots basiert auf einer fixen Pachtgebühr, die für die Leistungen regelmäßig, z. B. monatlich, für einen vereinbarten Zeitraum in Rechnung gestellt werden. Zusätzlich werden je nach gewähltem Servicemodul Servicegebühren erhoben.

Die Höhe der Pachtgebühr orientiert sich zunächst an den Kosten, die sich aus dem Investitions- und Kostenmodell ergeben. Das Investitions- und Kostenmodell eines Pachtmodells beinhaltet die Kapitalkosten für die Anschaffung der Anlagenkomponenten sowie sämtliche Kosten, die für die Planung, den Aufbau und den Betrieb der Anlage anfallen – inklusive relevanter Vertriebs-, Versicherungs- und Verwaltungskosten (siehe Abb. 4.15).

Verkaufsmodelle unterscheiden sich von Pachtmodellen im Wesentlichen durch die Übertragung des Eigentums der Anlage gegen einen Verkaufspreis. Der Eigenerzeuger wird somit zum Eigentümer der Anlage und zum Eigentümer des produzierten Stroms, den er selbst verbrauchen oder ins Netz einspeisen kann. Einige Anbieter bieten zur (Kauf-)Finanzierung der Anlage flexible Finanzprodukte in Zusammenarbeit mit Kreditinstituten an.

Neben dem Komponentengeschäft gewinnen heute zunehmend datengetriebene Geschäftsmodelle an Bedeutung, die die sogenannte Direktvermarktung von Strom für private oder institutionelle Anlagenbetreiber abwickeln.

4.3.3   Direktvermarktungsmodelle

Direktvermarktung kann ein wesentlicher Bestandteil von Stromliefermodellen (Beispiel: Community-Strom) sein. Daher wird an dieser Stelle das Grundprinzip der Direktvermarktung kurz behandelt.

Kalkulation Pacht

Investition/Kunde inkl. Montage	15.000,00 €
Nuzungsdauer PV	20
kW	10
Kalkulationszins in Prozent (WACC)	3,0%
Kapitalgebundene Kosten/Jahr	1.007,30 €
Verwaltung/Jahr	78,40 €
Vertrieb/Jahr	19,50 €
Betrieb und Wartung/Jahr	75,00 €
Kostenpreis Pacht/Jahr	1.180,20 €

Zuschlag pauschal in Prozent	10

Zielkundenzahl

Preis Pacht/Jahr	1.298,22 €
Preis Pacht/ Monat	108,19 €
Preis Pacht/ Monat für Kunde	**110,00 €**

1.000

Abb. 4.15 Pacht-Rechner (vereinfacht)

Betreiber von erneuerbaren Erzeugungsanlagen können den eigenerzeugten Strom im Rahmen von verschiedenen Modellen vermarkten. In Anlehnung an das Erneuerbare-Energien-Gesetz – EEG [24] werden folgende Direktvermarktungsmodelle unterschieden (Abb. 4.16).

Die sonstige Direktvermarktung kann im Rahmen der Marktmodelle *Börsenvermarktung* und *bilaterale Vermarktung* betrieben werden.

Bei der *Börsenvermarktung* (Abb. 4.17) werden erzeugte und überschüssige Strommengen an den kommerziellen Strombörsen verkauft. Der Anlagenbetreiber überlässt dabei die Strommengen dem Direktvermarkter im Rahmen vereinbarter Abnahmebedingungen (Vermarktung 1). Der Direktvermarkter versucht nun, den abgenommenen Strom bestmöglich am Großhandel zu vermarkten (Vermarktung 2). Sein Markterlös ist

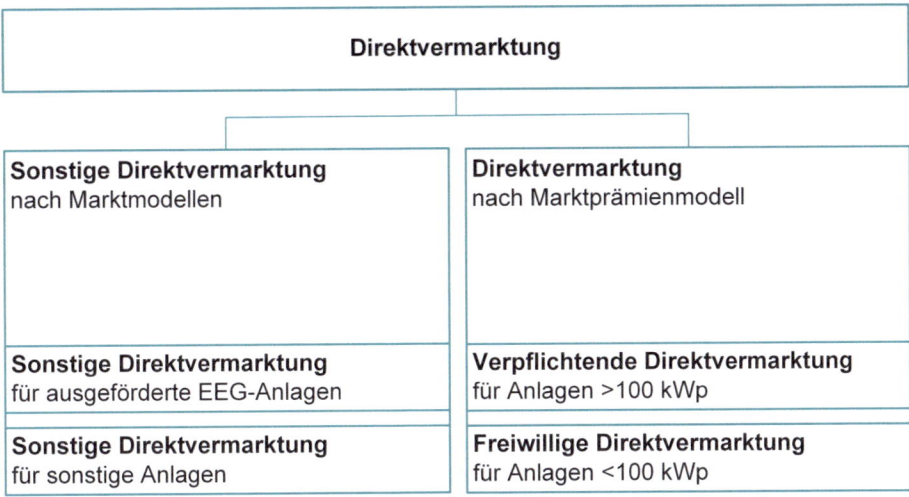

Abb. 4.16 Übersicht Direktvermarktungsmodelle in Anlehnung an EEG [24]

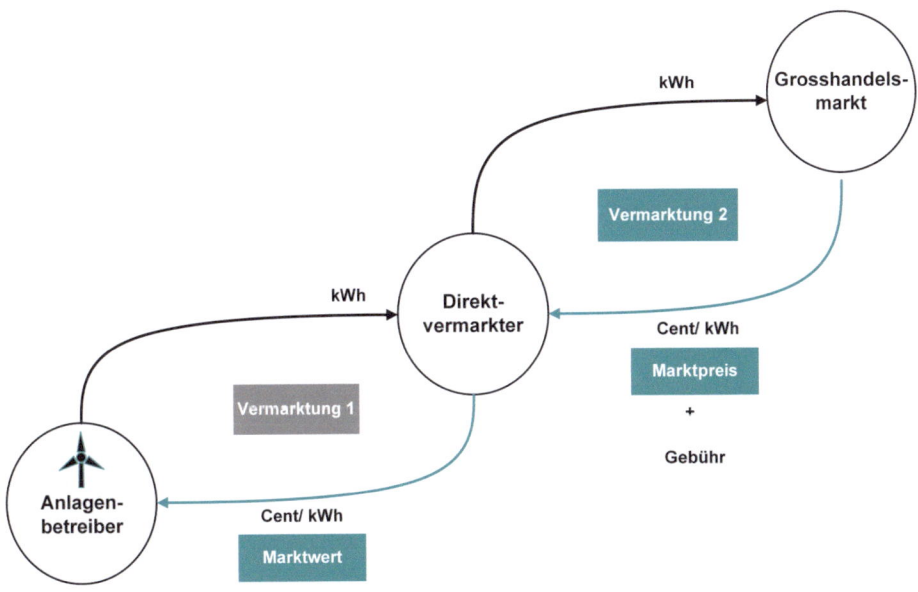

Abb. 4.17 Grundprinzip Sonstige Direktvermarktung (Börsenvermarktung)

abhängig vom erzielten Marktpreis. Die Markterlöse fließen gemäß Vergütungsregelung teilweise an den Anlagenbetreiber zurück (Beispiel: Vergütung nach veröffentlichtem Monatsmarktwert).

Für die vereinbarten Leistungen (Beispiele: Erzeugungsprognose, Bilanzkreisbewirtschaftung, Abwicklung der Handelstransaktionen) kann der Direktvermarkter vom Anlagenbetreiber eine Gebühr verlangen.

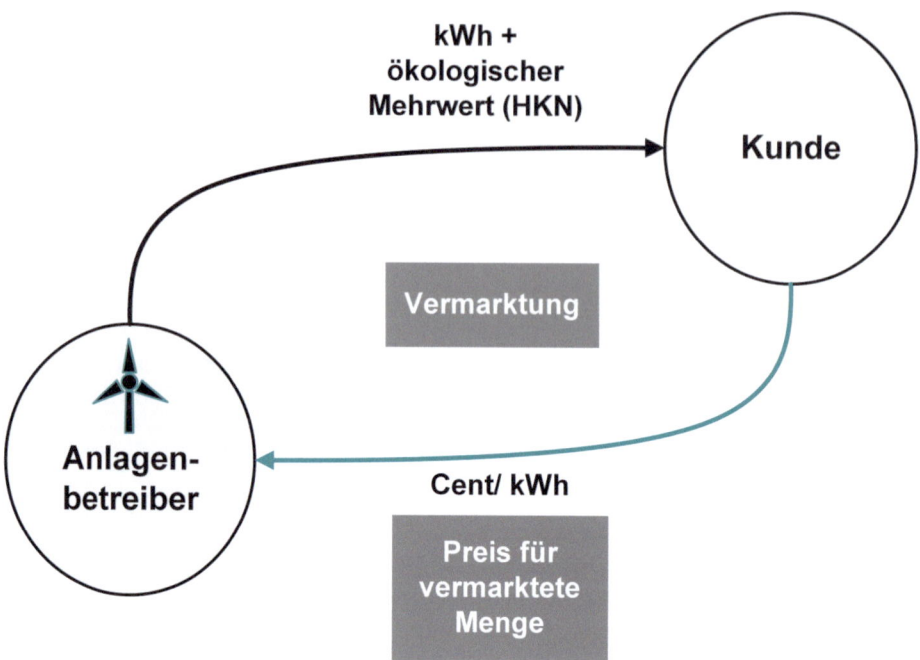

Abb. 4.18 Grundprinzip Sonstige Direktvermarktung (bilaterales Marktgeschäft)

Im Rahmen von *bilateralen Marktgeschäften* (Abb. 4.18) erfolgt die Direktvermarktung an bestimmte Kunden - dies kann direkt oder indirekt unter Einbezug eines Direktvermarkters erfolgen. Bei bilateralen Marktgeschäften wird der Anlagenbetreiber zum Lieferanten, der ein *Power Purchase Agreement* mit dem Kunden abschließt. Besteht ein räumlicher Zusammenhang zwischen Anlage und Kunde und erfolgt die Lieferung über die sogenannte *Direktlieferung* unter Nutzung von Direktleitungen nach § 3 Abs. 12 EnWG [24], können Netzgebühren und netzbezogene Umlagen, die sich bei der Nutzung des öffentlichen Netzes ergeben, entfallen.

Da die Erzeugungsanlage im Rahmen der *sonstigen Direktvermarktung* nicht gefördert wird und der beschaffte Strom auch nicht über die Börse gehandelt wird, bleiben der ökologische Mehrwert und die Herkunft des Stroms erhalten. Dieser Mehrwert wird über Herkunftsnachweise dokumentiert und kann über das Herkunftsnachweisregister im Kaufmodell vom Anlagenbetreiber an den Direktvermarkter übertragen werden.

Bei der Direktvermarktung nach Marktprämie (Abb. 4.19) übernimmt ein Direktvermarkter als Vermittler für einen Kunden sämtliche Aufgaben, die im Zusammenhang mit der Direktvermarktung des eigenerzeugten Stroms aus einer Anlage stehen, und verlangt dafür ein Entgelt.

Der Direktvermarkter erzielt durch die Vermarktung einen Markterlös, der davon abhängt, zu welchem Zeitpunkt er den Strom anbietet und wie die Preissituation auf den Marktplätzen ist – Marktplätze können hier Börsenplätze oder Einkaufsplattformen von Direktabnehmern sein.

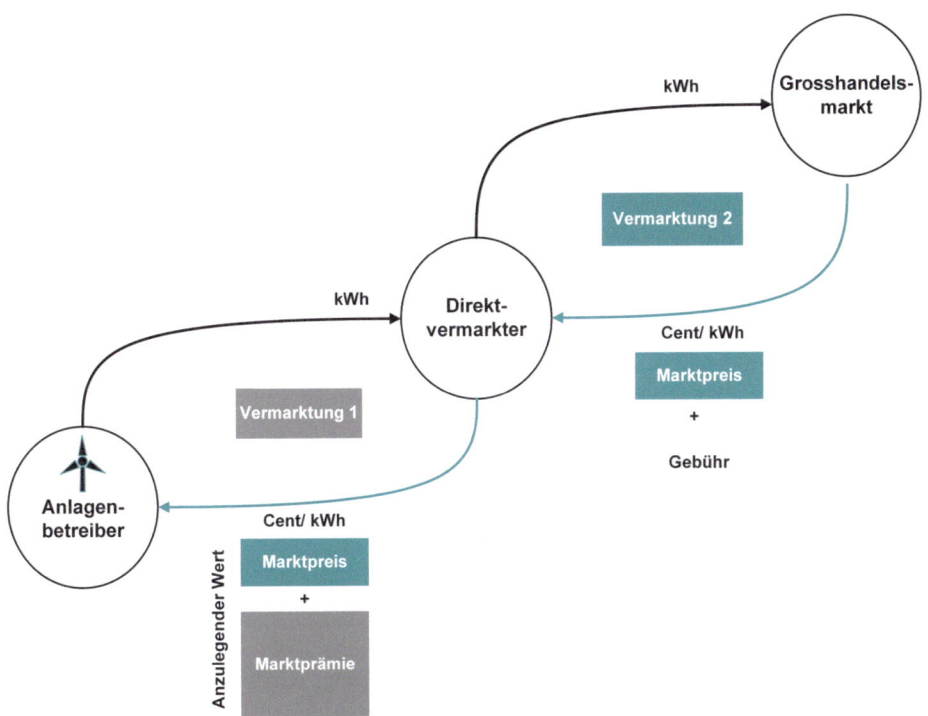

Abb. 4.19 Grundprinzip Direktvermarktung nach Marktprämie

Zu Hochpreiszeiten erzielt der Direktvermarkter hohe Erlöse, in Niedrigpreisphasen erzielt er dagegen niedrige Erlöse. Der Kunde erhält vom Direktvermarkter einen Marktpreis für jede Kilowattstunde. Dieser ergibt ich aus erzielten Monatsmittelpreisen für seine Anlagentechnologie. Die Monatsmittelpreise werden von der Netztransparenzstelle auf der Internetseite www.netztransparenz.de veröffentlicht und basieren auf Strombörsenpreisen. Vom Netzbetreiber bekommt der Kunde zusätzlich eine *Marktprämie* ausgezahlt, die sich je nach Anlagengröße aus der Differenz zwischen einem insgesamt zu fördernden Betrag, dem sogenannten anzulegenden Wert, und dem Marktpreis ergibt.

Das Leistungsmodell beinhaltet Kernleistungen wie die Abwicklung von Anmeldeformalitäten, die Prognose der Erzeugung, das Bilanzkreismanagement sowie den Zugang zu Großhandelsmärkten und die Abwicklung von Handelstransaktionen. Zudem bieten viele Direktvermarkter ebenfalls die Auszahlung der Marktprämie an den Kunden an.

Sämtliche Leistungen werden in einem Direktvermarktungsvertrag festgelegt. Dieser regelt die im Zuge der Direktvermarktung notwendigen Rollen und Verantwortlichkeiten zwischen Direktvermarkter und Kunde sowie die Schnittstellen zu externen Akteuren (Beispiele: Messstellenbetreiber, Bundesnetzagentur).

Aus Sicht eines Direktvermarkters ergibt sich folgende Ertragslogik: Je höher die Differenz zwischen den am Markt erzielten Preisen und den Monatsmittelwerten ist, desto mehr Geld kann er zusätzlich zu vereinbarten Dienstleistungsentgelten einnehmen. Ein wesentlicher Erfolgsfaktor ist somit ein effizienter und lukrativer Eigenhandel, der mit einem gut vorhersehbaren Erzeugungsportfolio und entsprechenden Mengen angestrebt wird. Hierzu gehört insbesondere der Einsatz neuer Technologien, die auf der gesamten **Wertschöpfungskette** Mehrwerte in Form von höheren Prognosequalitäten oder Prozesseffizienzen beitragen. Durch die Skalierung seines Leistungsmodells kann der Direktvermarkter zudem fixe Kosten (Beispiel: Kosten für IT-Systeme) auf eine Vielzahl an Kunden verteilen. Eine Möglichkeit der Skalierung besteht in der Bildung eines *Virtuellen Kraftwerks*, in dem die Erzeugungsmengen mehrerer, auch zum Teil kleinerer Anlagen, gebündelt und vermarktet werden.

4.3.4 Teilhabe-Modelle

Teilhabe-Modelle ermöglichen Kunden die aktive *Teilhabe* an Projekten rund um die Stromerzeugung.

▶ **Teilhabe** = Aktive Einbeziehen von Individuen (z. B. Mieter, Einfamilienhausbesitzer) im Rahmen von bestimmten Vorhaben

Teilhabe-Modelle sind heute mehr denn je notwendig, um privates Kapital für notwendige Investitionen zum Aufbau von Energieinfrastruktur (u. a. Stromerzeugungsanlagen, Stromnetze) aufzubringen. Grundsätzlich kann die Teilhabe an Stromerzeugungsanlagen wie in Abb. 4.20 skizziert über den **Erwerb von Gesellschaftsanteilen**, die **Vergabe von Darlehen**, durch **Pacht oder Kauf** erfolgen. Über den wirtschaftlichen Anlagenbetrieb in den verschiedensten Geschäftsmodellen fließt ein Teil des aufgebrachten Kapitals wieder an die Teilhaber zurück. Die Art der Rückflüsse ist wiederum abhängig von der konkreten Beteiligungsform.

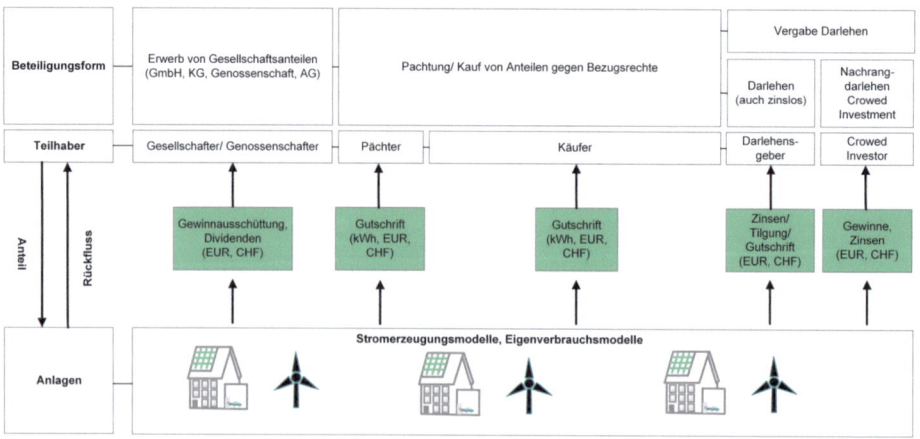

Abb. 4.20 Teilhabe-Modelle (Übersicht)

Im Fall eines Erwerbs von Gesellschaftsanteilen erhält der Teilhaber Gewinnausschüttungen. Teilhaber können sowohl Unternehmen, kommunale Gebietskörperschaften als auch natürliche Personen sein. Dies gilt auch für die sogenannten *Bürgerenergiegesellschaft*, die nach § 3 Abs. 15 EEG [24] als Genossenschaft oder sonstige Gesellschaft geführt werden kann und bei der 51 % der Stimmanteile bei natürlichen Personen liegen muss.

Als Käufer oder Pächter von Anlagenteilen fließen vertraglich vereinbarte Gutschriften an den Teilhaber zurück. Diese können wie im Beispiel von „ewz.solarzueri" [25] aus kWh-Gutschriften bestehen, die im Gegenzug zur einer Beteiligung an einer PV-Anlage gewährt wird. Konkret werden für einen Beteiligungsbetrag von mindestens 250 Schweizer Franken (CHF) eine jährliche kWh-Gutschrift von 80 kWh erstattet. Auch weitere Stadtwerke wie Arbon Energie, CKW, Stadtwerke Zofingen bieten ihren Kunden ähnliche Teilhabemodelle an. Ähnliche Modelle findet man auch in Deutschland. So konnten sich Kunden von enyway [26] am Aufbau neuer PV-Anlagen im Rahmen von Paketen beteiligen und bekamen als Gegenleistung ebenfalls Solarerträge in Form von Gutschriften ausgezahlt. Kunden des Correctly-Strom-Tarifs der Stadtwerke Energie Verbund [26] erhielten die Möglichkeit, *Tokens* (vereinfacht: virtuelle Eigentumsdokumentation) für ihren Stromkonsum zu sammeln. Diese konnten dann je nach Präferenz in regenerative Erzeugungsanlagen gegen entsprechende Freistrommengen, in internationale Umweltprojekte oder in eine handelbare Kryptowährung investiert werden. Das erworbene digitale Eigentum und sämtliche Transfers wurden anhand einer Open-Source-Blockchain lückenlos protokolliert.

Darlehensgeber erhalten als Rückflüsse für ihre Kapitalbereitstellung Zinsen und Tilgungen. Darlehensgeber können ebenfalls Unternehmen, kommunale Gebietskörperschaften als auch natürliche Personen sein. Sogenannte Crowed-Investment-Plattformen sprechen über die Ausgabe von Nachrangdarlehen insbesondere natürliche Personen an, die bereit sind, auch kleinere Beträge in Projekte zu investieren. Der „Nachrang" bezieht sich dabei auf eine mögliche Insolvenz des Anlagenbetreibers und einer nachrangigen Bedienung der Teilhaber. Diese bekommen im Gegenzug meist höhere Zinszahlungen. Investoren können heute userzentrierte, digitale White-Label-Plattformen (Beispiel: Eueco [27]) nutzen, um potenzielle Teilhaber über einen standardisierten Prozess zu akquirieren und Beteiligungen abzuwickeln.

4.4 Stromeigenverbrauchsmodelle

4.4.1 Grundlagen Stromeigenverbrauchsmodelle

Eng verbunden mit der Stromeigenerzeugung ist der Stromeigenverbrauch – und zwar immer dann, wenn ein Teil des selbst erzeugten Stroms selbst verbraucht wird, was angesichts fallender fixer Einspeisevergütungen immer häufiger vorkommt.

Ein Prosumer steht heute vor einem komplexen Optimierungsproblem. Er stellt sich u. a. folgende Fragen: Wie viel Strom kann ich zu welcher Zeit mit meiner Erzeugungsanlage produzieren? Wie viel selbst erzeugten Strom kann ich zu welcher Zeit abnehmen? Wie viel Strom muss ich dann zu oft niedrigen Einspeisevergütungen ins Stromnetz einspeisen? Wie kann ich den produzierten Strom noch besser nutzen respektive konsumieren? Habe ich durch die stärkere Nutzung des selbst produzierten Stroms Nachteile, die z. B. aus Komforteinbußen oder Kosten für die intelligente Anbindung von Stromverbrauchern wie Wärmepumpen resultieren? Zudem stellt sich für Prosumer immer auch die Frage nach der Wirtschaftlichkeit des Eigenverbrauchssystems. Diese hängt, neben den einmaligen Kosten für die Anlagenkomponenten und Inbetriebnahme, von den laufenden Betriebskosten inklusive Versicherungs- und Wartungskosten, dem Anlagenstandort, der nutzbaren Anlagenfläche und meteorlogischen Bedingungen wie Sonnenstunden oder Windgeschwindigkeiten ab.

Stromeigenverbrauch kann sowohl im Rahmen von One-to-One-, One-to-Many- oder Many-to-Many-Modellen stattfinden.

One-to-One-Modelle finden insbesondere im Rahmen der *individuellen PV-Eigenversorgung* statt. Hierbei betreibt beispielsweise ein Hausbesitzer eine PV-Anlage und nutzt den erzeugten Strom für seinen Stromkonsum.

Im One-to-Many-Modell werden aus einer Anlage mehrere Kunden versorgt. Das ist beispielsweise im Rahmen von *Mieterstrommodellen* oder *Zusammenschlüssen zum Energieverbrauch (ZEVs)* der Fall.

Many-to-Many-Modelle, bei denen mehrere Anlagen mehrere Kunden versorgen, findet man häufig in Lokalen Energiegemeinschaften (LEGs), Wohn- oder Gewerbequartieren. Diese *Quartiersmodelle* finden zunehmend auch im Rahmen von sogenannten Microgrid-Projekten statt, in denen über Peer-to-Peer-Transaktionen Stromproduzenten, Prosumer und Konsumenten Strom miteinander austauschen [28].

4.4.2 Individuelle PV-Eigenversorgung

Vor dem Hintergrund des weiteren Hochlaufs strombetriebener Verbraucher wie Wärmepumpen und Wallboxen (Abb. 4.21) erhält die individuelle PV-Eigenversorgung eine zunehmende Bedeutung, da die zunehmenden Stromverbräuche über eigenerzeugten Solarstrom wie in Abschn. 4.3.1 beschrieben wurde, zum Teil kostengünstig über eigenerzeugte Strommengen gedeckt werden können.

Individuelle PV-Eigenversorgung kann zur Deckung *individueller privater Stromverbräuche* in Einfamilienhäusern (EFH), in Mehrfamilienhäuser (MFH) *über Eigentümergemeinschaften* oder zur *Deckung betrieblicher Stromverbräuche* in Gewerbe- und Industriebetrieben genutzt werden.

Unterstützt wird die individuelle PV-Eigenversorgung zunehmend über verschiedene Speichertechnologien.

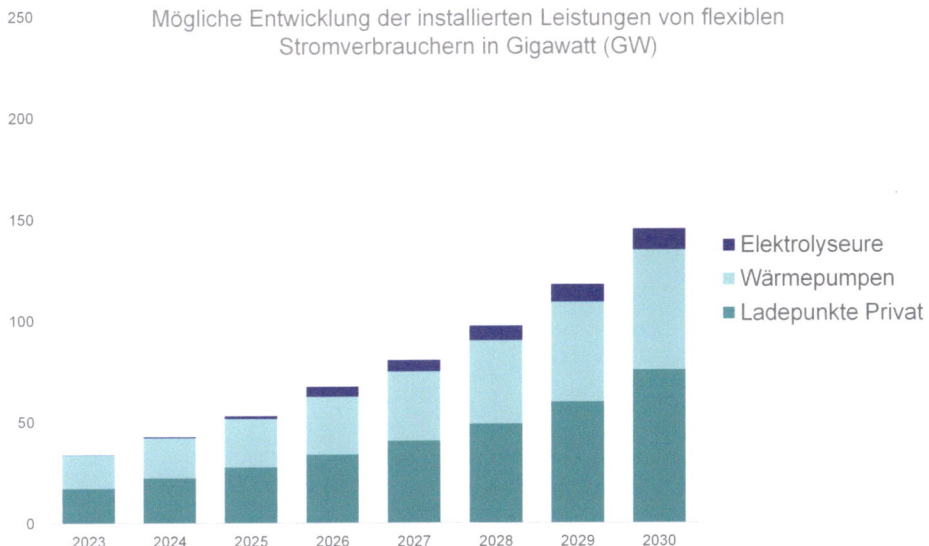

Abb. 4.21 Exemplarischer Hochlauf flexibler Stromverbraucher – eigene Berechnungen nach Zielvorgaben Ladepunkte [29], Elektrolyse-Monitor [30], Agora [31]

Tagesspeicher wie Batteriespeicher sind in der Lage, überschüssigen Strom für eine kurze Zeit zu speichern und diesen dann zur Erhöhung des Eigenverbrauchsgrads (siehe Abschn. 4.3.1) oder zur Absenkung von temporären Lastspitzen zu nutzen. Letzteres kann über die Senkung von leistungsabhängigen Preisbestandteilen (Abschn. 4.2.4) Stromkosten erfolgen.

Langzeit- oder Saisonalspeicher sind in der Lage, überschüssige Stromproduktion in Form von Wasserstoff (H2), der in Elektrolyseuren erzeugt wird, über entsprechende Wasserstofftanks zu speichern. Der Wasserstoff (H2) kann dann im Rahmen von verschiedenen Brennstoffzellentechnologien (Beispiel: Brennstoffzellenheizung oder Brennstoffzellenauto) für Wärme- oder Mobilitätszwecke eingesetzt werden.

Die Optimierung der individuellen PV-Eigenversorgung erfolgt grundsätzlich nach der spezifischen Zielsetzung der jeweiligen Kunden. Stromlieferanten und sonstige Anbieter können über das Angebot von Tarifen (Abschn. 4.2.4), Messeinrichtungen (Abschn. 4.2.2), Pacht- und Verkaufsmodellen (Abschn. 4.3.2) sowie intelligenten Energiemanagementsystemen Kunden dabei unterstützen, ihre spezifischen Ziele zu erreichen.

4.4.3 Mieterstrommodelle, ZEVs und LEGs

Mieterstrommodelle basieren auf dem Grundgedanken, dass die Versorgung von Mietern mit Strom über eine eigene Erzeugungsanlage erfolgt, die im oder auf dem Gebäude installiert und betrieben wird. Die Eigenerzeugung kann dabei auf unterschiedlichen

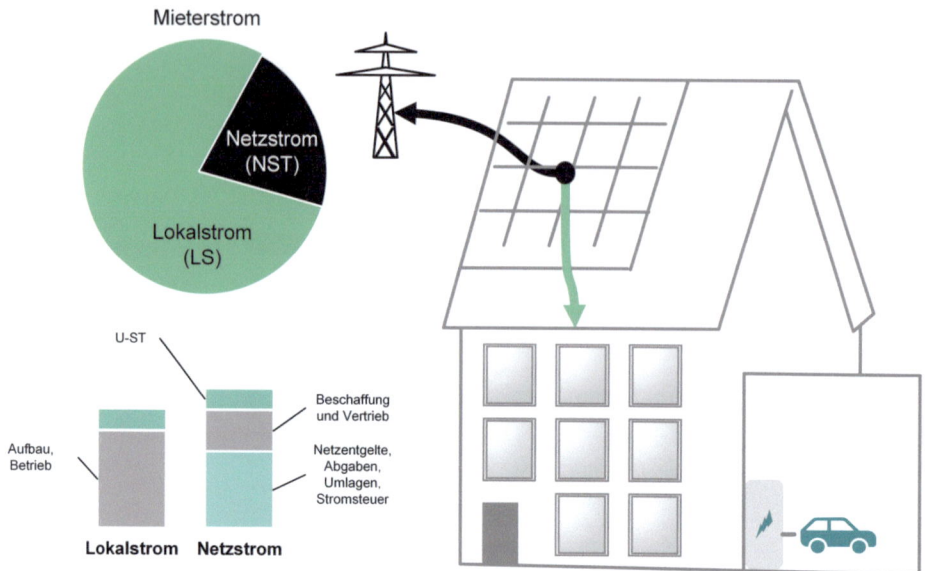

Abb. 4.22 Mieterstrom

Technologien wie PV oder Blockheizkraftwerken (BHKWs) basieren. Eigentümer der Erzeugungsanlagen sind entweder Mieter und/oder Wohnungsverwaltungen beziehungsweise Wohnungs- und Stockwerkseigentümer. Unter bestimmten Bedingungen ist der selbst erzeugte, gelieferte und verbrauchte Lokalstrom für den Mieter günstiger, da – wie in Abb. 4.22 dargestellt – im Gegensatz zum normalen Tarif Umlagen, Netzentgelte, Stromsteuer und Konzessionsabgaben entfallen. Dies gilt jedoch nicht für den Netzstrom (NST), die immer dann bezogen werden, wenn der selbst erzeugte Lokalstrom nicht zur Deckung des Verbrauchs ausreicht.

In der Regel findet das Angebot Mieterstrom im Rahmen einer Stromlieferung statt. Das Kernangebot umfasst dabei die Belieferung der Mieter mit *Lokalstrom* in einer bestimmten Qualität. So könnte der Lokalstrom aus PV-Strom vom Dach und Reststrom aus 100 % Wasserkraft bestehen. Über diverse Zusatzangebote wie Visualisierungsmöglichkeiten des erzeugten oder verbrauchten Stroms in Verbindung mit Smart Metern können zudem Mehrwerte für Mieterstromkunden geschaffen werden.

Das Leistungsmodell des Anlagenbetreibers ist abhängig vom gewählten Betriebsmodell. In der *Lieferantenrolle* (siehe Abb. 4.23) ist er neben dem Aufbau und den Betrieb der Anlagen für die energiewirtschaftliche Abwicklung der gesamten Stromlieferung bestehend aus Eigenversorgung mit lokal produzierten Strom und Reststromlieferung verantwortlich. Zudem verantwortet er die vertragliche Schnittstelle zum Stromnetzbetreiber, erhält Einspeisevergütungen gemäß der vertraglichen Einspeiseregelung (EEG, Marktprämie), einen Mieterstromzuschlag und ist verantwortlich für die Zahlung von Netzentgelten und Umlagen. Im *Lieferkettenmodelle* kann der Anlagenbetreiber die *Lieferantenrolle* an einen externen Stromlieferanten übertragen. Der auf dem Dach produzierte Solar-

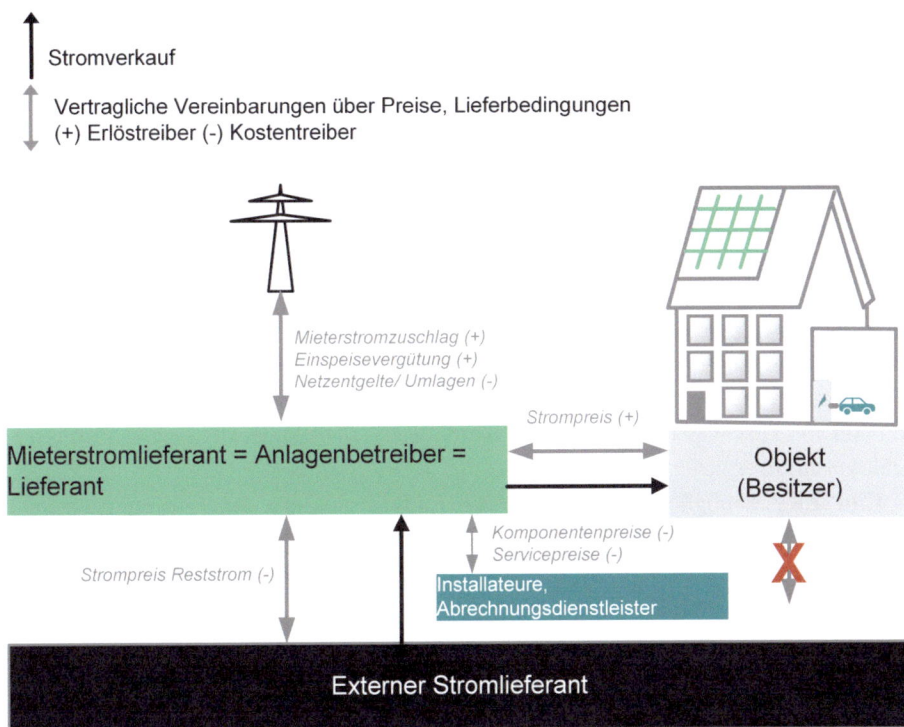

Abb. 4.23 Rollenmodell Mieterstrom, Grundvariante in Anlehnung an Bundesnetzagentur [22]

strom kann dann über einen Vertrag an einen Stromlieferanten zur weiteren Verwendung in der Mieterstromlieferung übergeben werden [22].

Die besondere Herausforderung von Mieterstromprojekten besteht in der mess-technischen Erfassung und Zuordnung von Verbrauchs-, Bezugs- und Produktionsdaten auf die unterschiedlichen Mieter. Hierzu eignen sich intelligente Mess- und Abrechnungs-konzepte, die auch das gängige Verhalten von Mietern wie unterjährige Lieferanten-wechsel, Zu- und Wegzüge berücksichtigen und über automatisierte Prozesse abwi-ckeln können.

Als Gegenleistung für das Angebot an Mieterstrom erzielen Anbieter Erlöse aus den in Rechnung gestellten Mieterstromtarifen. Zusätzlich wird von Anbietern eine langfristige Kundenbindung angestrebt, die über zusätzliche Add-ons oder über vertragliche Mindest-laufzeiten erreicht werden soll.

Da Mieterstrom den zunehmenden Wunsch von Kunden nach gemeinsamer Nutzung und *Sharing* bedient, können Mieterstromlösungen auch die Grundlage für weitere An-gebote in Wohnquartieren wie lokale Carsharing und e-Mobilitätskonzepte legen.

In Deutschland unterscheidet man grundsätzlich zwischen *geförderten* - nach § 42 Abs. 4 EnWG [32] - und *nicht geförderten* Mieterstrom. Beim *geförderten* Mieterstrom er-halten die Betreiber der jeweiligen PV-Anlagen abhängig von der Anlagenleistung einen pauschalen Mieterstromzuschlag in Cent pro kWh wenn Bedingungen (u. a. Strompreis darf 90 % des geltenden Grundversorgungstarifs nicht überschreiten, keine Vertrags-kopplung mit dem Mietvertrag) erfüllt werden. Beim ungeförderten Mieterstrom entfallen Zuschlag und Bedingungen.

Zur Kalkulation eines Mieterstromtarifs wird eine Mischkalkulation verwendet. Sie enthält neben den auf die Mieter verteilten Stromgestehungskosten (Abschn. 4.3.1) auch Kosten für einen externen Stromtarif zur Deckung des Reststrommengen.

Hinzu kommen Kosten für das Messen, die Abrechnung und die Verwaltung. Erlöse aus Einspeisung und Mieterstromzuschlägen können als negative Kosten angerechnet werden.

In der Schweiz gibt es ebenfalls Stromeigenverbrauchsmodelle (Abb. 4.24), die sich im Zuge der Umsetzung des Mantelerlasses [33] im Schweizer Energiemarkt zunehmend eta-blieren. Im Gegensatz zu Deutschland gibt es derzeit in der Schweiz aber keine Förderung in Form von Zuschlägen. Dem Mieterstrommodell ähnlich ist der sogenannte Zusammen-schluss zum Energieverbrauch (ZEV).

Eine ZEV ermöglicht es verschiedenen Endverbrauchern den hausintern erzeugten Solarstrom ohne Netznutzungsgebühren (keine Nutzung des öffentlichen Stromnetzes) gemeinschaftlich zu nutzen. Der notwenige Reststrom wird über einen zentralen Zähler

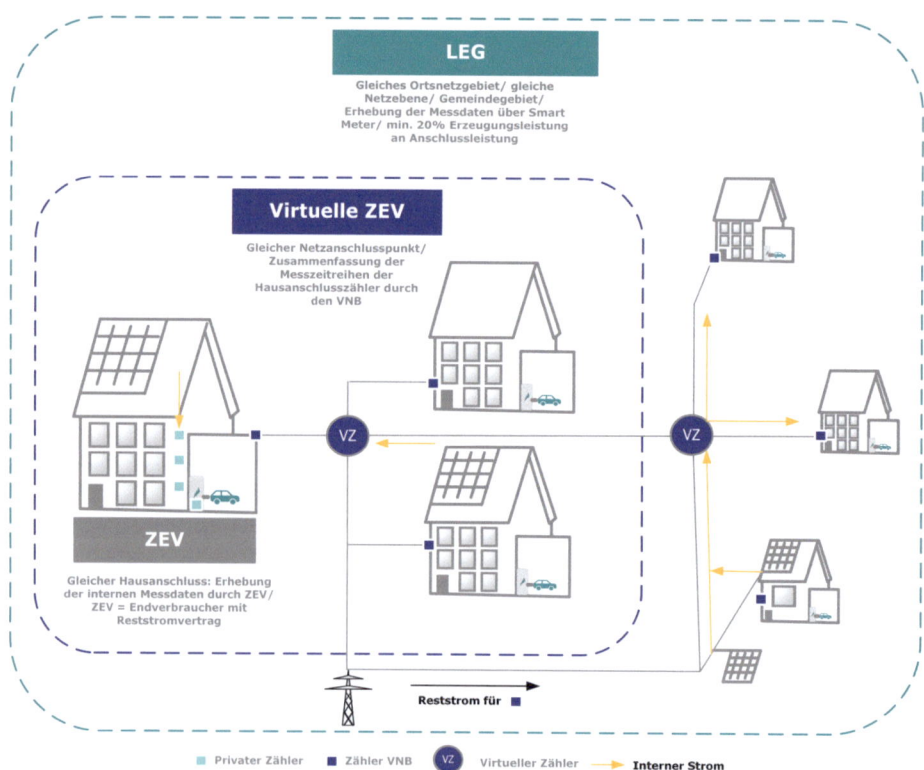

Abb. 4.24 Eigenverbrauchsmodelle in der Schweiz - eigene Grafik in Anlehnung an [34]

(Zähler VNB) gebündelt und zentral von der ZEV-Organisation für sämtliche Endkunden beschafft. Bei einem gebündelten Reststromverbrauch von mehr als 100000 kWh/a ergeben sich Vorteile für alle Endkunden, da der Reststrom nun auf dem freien Markt beschafft und ggfls. zu günstigeren Konditionen werden kann. Verantwortlich für das Messwesen (u. a. Erfassung der Messdaten der Privaten Zähler) und die Abrechnung gegenüber den Endkunden ist die ZEV.

Eine ZEV erzielt Erlöse aus dem Verkauf des ZEV-internen Stroms bestehend aus Solarstrom und Reststrom. Dazu wird ähnlich wie beim Mieterstrommodell ein ZEV-interner Strompreis kalkuliert. Dieser beinhaltet sämtliche Kapitalkosten (CAPEX) zum Aufbau der PV-Anlage sowie die Betriebskosten (OPEX) inklusive der Mess- und Abrechnungskosten sowie Kosten für den Reststrom abzüglich der Einspeisevergütung. Da der ZEV-interne Strompreis nicht höher sein darf als der Grundversorgungstarif des örtlichen Energieversorgers, sind Margen für die ZEV-Organisation limitiert – als Anlagenbesitzer profitiert die ZEV-Organisation jedoch – verglichen mit einer 100 % Solar-Einspeisung – von einem höheren (Verwendungs-)Wert der produzierten Strommengen im Rahmen eines gemeinschaftlichen Eigenverbrauchs und der Verdrängung teurer Strommengen des Stromlieferanten. Damit steigt insgesamt auch die Wirtschaftlichkeit der genutzten PV-Anlagen.

Eine virtuelle ZEV ist die räumliche Erweiterung einer ZEV, die nun auch öffentliche Anschlussleitungen am gleichen Netzanschlusspunkt nutzen darf, um überschüssige, eigenerzeugte Solar- oder Wasserkraftstrommengen zeitgleich an verschiedene Endkunden (z. B. in der Nachbarschaft) zu verkaufen anstatt diese zu geringen Preisen in das Stromnetz einzuspeisen. Zur Erfassung der Reststrommengen können mehrere zentrale Zähler (Zähler VNB) virtuell zusammengefasst werden. Verantwortlich für das Messwesen (u. a. Erfassung der Messdaten am virtuellen Zähler) ist der Stromnetzbetreiber. Verantwortlich für die Abrechnung des Solarstroms gegenüber den Endkunden ist die virtuelle ZEV.

In einem Community-Modell steht der *Community-* oder *Gruppengedanke* im Vordergrund.

▶ **Community** = organisiertes und soziales Netzwerk von miteinander in Interaktion stehenden Individuen, die sich innerhalb eines spezifischen Zeitraums auf affektive sowie auf kognitive Weise wechselseitig beeinflussen und ein Zusammengehörigkeitsgefühl entwickeln. Die soziale Interaktion zwischen den Mitgliedern einer Community unterliegt dabei i. d. R. einem gemeinsamen Ziel, geteilter Identität oder gemeinsamen Interessen [35].

In *Strom-Communities* gibt es Stromgeber, die Strom aus eigenen Anlagen an die Community liefern, und Stromnehmer, die den Strom abnehmen. Die Mitglieder der Community profitieren von *Community-Effekten*. Diese ergeben sich zum einen aus der Bündelung von Erzeugungsanlagen und Erzeugungsmengen, zum anderen durch flexible Verbraucher, die überschüssige Erzeugungsmengen nutzen können. Überschüssiger Community-Strom kann zudem an den Großhandelsmärkten gehandelt werden. Von den dort erzielten Erlösen profitieren dann ebenfalls die Community und deren Mitglieder. Stromgeber bekommen einen Teil der erzielten Markterlöse – zum Beispiel aus Direktvermarktungsverträgen – ausgezahlt. Stromnehmer können von sinkenden Verkaufspreisen profitieren, die durch zusätzliche Markterlöse möglich werden. Communities unterscheiden sich insbesondere nach der *geographischen Ausdehnung*.

Lokale Communities beziehen sich meist auf ein lokales, abgegrenztes Gebiet innerhalb eines Netzgebietes und können somit auch Siedlungen, Areale oder Quartiere beinhalten.

Regionale Communities beziehen sich auf eine abgegrenzte Region (Beispiel: Fichtelgebirge). Neben der geographischen Abgrenzung können sich Communities auch durch unterschiedliche Zugangsbedingungen unterscheiden. Diese betreffen Stromgeber und Stromnehmer gleichermaßen und können technischer Art (Beispiele: Erzeugungsart, Anlagengröße, Besitz eines Speichers) oder durch bestimmte Regelwerke wie Beteiligungen, Mitgliedergebühren und Mitgliedsdauern begründet sein.

Auch die konkreten Angebotsmodelle unterscheiden sich. Sie beinhalten Community-Strom entweder als *Reststrom* (Beispiel: Ergänzung im Rahmen der Eigenversorgung) oder als *Vollversorgungsstrom* (Beispiel: Regional- oder Lokalstrom). Neben Gratisstrom werden Flatrates und gängige Tarifmodelle angeboten. Zudem unterscheiden sich die Information und Kommunikation innerhalb der Community nach Kommunikationsinhalten und eingesetzten Technologien (Beispiel: Einsatz von Dashboards zur Visualisierung von Community-Strommengen).

Das Leistungsmodell eines Community-Anbieters umfasst in der Regel sämtliche Leistungen, die im Rahmen des traditionellen Geschäftsmodells Stromvertrieb erbracht werden müssen. Zudem müssen Mitglieder und eingebrachte Erzeugungsspeicher und Nachfragesysteme im Rahmen eines *Virtuellen Kraftwerks* so miteinander vernetzt werden, dass die beschriebenen Community-Effekte eintreten können.

Community-Effekte können sich auch auf weitere Sektoren wie Wärme oder Mobilität beziehen und somit zusätzliche Flexibilitäten ermöglichen, die zur Stabilisierung von Netzen bei einer zunehmend fluktuierender Einspeisung notwendig sind. Dies stellt besonders hohe Anforderungen an die Übertragungs-, Mess-, Steuer- und Regelungstechnik sowie an Prognose- und Energiedatenmanagementsysteme.

Das Erlösmodell aus Sicht eines Community-Anbieters basiert auf mehreren Erlösquellen. Zum einen werden von den Community-Mitgliedern fixe Community-Gebühren erhoben. Hinzu kommen Erlöse aus dem Vertrieb von Community-Strom sowie aus Handelsaktivitäten auf den Regelenergie- und Großhandelsmärkten. Einige Community-Anbieter profitieren vom Komponentengeschäft, d. h., sie erzielen direkte Erlöse aus dem Verkauf, der Installation und Inbetriebnahme von Hardware wie PV-Anlagen und Speichern inklusive der Steuer- und Regelungstechnik oder erzielen Provisionen für die Vermittlung dieser Tätigkeiten an ausführende Installations-Unternehmen. Zusätzlich werden häufig Servicepakete gegen Gebühren angeboten, die die Datenvisualisierung und Eigenverbrauchsoptimierung ermöglichen.

Anreizmodell	Teilnahme-Bedingung
Erneuerbare-Energie-Gemeinschaft (Ö)* Anreiz zum gemeinschaftlichen Eigenverbrauch über **Reduziertes arbeitsabhängiges Netznutzentgelt** - bis 64% -sowie Entfall Förderbetrag Erneuerbare, Entfall Elektrizitätsabgabe	• Zusammenschluss natürlicher Personen, Unternehmen, Gemeinden zur gemeinsamen Produktion und Verwertung von Energie • im Versorgungsgebiet einer Trafo-Station (Netzebene 6 und 7), Umspannwerk Mittelspannungsschiene (Netzebene 4 und 5) • Smart Meter als „Opt-in-Option" zum Matching zeitgleiche Erzeugung und Verbrauch
Kollektiver Eigenverbrauch (I)** Anreiz zum kollektiven Eigenverbrauch über **Förderprämie** (20 Jahre) 10 ct/kWh	• Zusammenschluss juristischer Personen • im Gebiet des Niederspannungsumspannwerkes
Vorschlag Bürgerenergie Energy Sharing Prämie (D) zum § 50c EnWG*** **Förderprämie** für zeitgleichen Verbrauch mit regionaler Erzeugung	• Bürgerenergiegesellschaft (Lieferant) • Erzeugung und Verbrauch im räumlichen Zusammenhang (gemeinsames PLZ-Gebiet, 50 km Radius)
Bestehende Modelle werden erweitert/ modifiziert, u.a. Integration zeitvariabler Netz- und Energietarife, arbeitspreisunabhängige, gemeinschaftliche Netzentgelte, dynamische Kapazitätsmodelle (dynamische Kapazitätsreduzierung mit Rabatten), CO2-Signale	

* Österreichische Koordinationsstelle für Energiegemeinschaften, 2023,
**Parlamento Italiano, Decreto Milleproroghe, Gesetzesdekret 162/19, Artikel 42ff zum kollektiven Eigenverbrauch, 2019, BBH Entwurf, 2023, Anmerkung: In der Schweiz ist eine Lokale Energiegemeinschaft LEG lt. Mantelerlass nach Vorbild Ö in Planung, u.a. Netznutzungsabschlag von max. 60% (Vertriebsleitertagung 28.11.2023, Zürich)

Abb. 4.25 Strom-Communities (eigene Recherche)

Aktuell erhalten Strom-Communities Rückenwind aus der EU-Gesetzgebung mit der sogenannten Renewable Energy Directive [36]. Die Umsetzung der Direktive über Teilnahmebedingungen und Anreize erfolgt national sehr unterschiedlich (Abb. 4.25). Dabei können deutlich reduzierte Netzentgelte für einen gemeinschaftlichen Eigenverbrauch dazu beitragen, dass sich Energiegemeinschaften im Markt durchsetzen - wie am Beispiel Österreich deutlich wird. Hier gibt es allein im Bundesland Tirol in der Zwischenzeit rund 900 Energiegemeinschaften [37].

Auch lokale Elektrizitätsgemeinschaften (LEG) können somit als Communities betrachtet werden. Eine LEG besteht aus mehreren Objekten mit Endkunden, Stromerzeugern und Speicherbetreibern, die sich im Ort (i. d. R. innerhalb der Gemeindegrenze), im gleichen Netzgebiet und auf der gleichen Netzebene befinden. Innerhalb einer LEG können selbst erzeugte Strommengen von verschiedenen Akteuren gehandelt, gespeichert und verteilt werden. Damit wird es möglich PV-Strom, der auch auf weiter entfernt liegenden Gebäuden produziert wird, als gemeinschaftlichen Eigenverbrauch zu nutzen. Im Gegensatz zur virtuellen ZEV fällt das Messwesen (u. a. Erfassung der Messdaten, Berechnung der Energieflüsse, Zurverfügungstellung von Lastgängen) in den Verantwortungsbereich der LEG. Die LEG ist ebenfalls verantwortlich für Stromabrechnungen gegenüber den teilnehmenden LEG-Akteuren (Objekte, Endkunden und Solarproduzenten) und kann dazu einen Dienstleister beauftragen. Teilnehmende Akteure müssen sich einen intelligenten Zähler einbauen lassen. Im Gegenzug werden Stromnetzentgelte für die örtliche Verteilung des Solarstroms durch den örtlichen Verteilnetzbetreiber reduziert.

Die Gründung und Abwicklung von LEGs können heute über digitale Plattformen unterstützt werden. So bietet die Swisspower AG mit dem *LEGhub* [38] Stadtwerken in der Schweiz die Möglichkeit, notwendige Abwicklungsprozesse zu digitalisieren und zu automatisieren.

▶ **Aus der Praxis** Aufgrund der komplexen Anforderung, die bei einer LEG-Gründung zu beachten sind entschloss sich das Unternehmen LEG-ENABLER eine digitale Organisationsplattform aufzubauen, um gründungswillige Akteure bei der Gründung, beim Aufbau und beim Betrieb einer LEG zu unterstützen. In einem ersten Schritt erstellten Mitarbeiter ein Pflichtenheft, das die zu unterstützenden Prozesse beschreibt. Folgende Prozesse standen dabei im Mittelpunkt:

Schnittstelle LEG – Verteilnetzbetreiber, u. a.

- Automatische Anfrage und Erfassung der Verteilnetzstruktur
- Automatisierte Anmeldung der LEG
- Bereitstellen von Verbrauchsdaten der Endkunden (Reststrom)

Schnittstelle LEG – Endkunden, u. a.

- Information über LEG
- Abschluss der LEG-Verträge
- Registrierung der LEG-Teilnehmer
- Abmeldung der LEG-Teilnehmer
- Bestellung und Registrierung der Intelligenten Zähler
- Zählpunktverwaltung
- Prüfung von Verbrauchsdaten und Abrechnungen des Verteilnetzbetreibers
- Visualisierung LEG-Erzeugung und LEG-Eigenverbrauch (App)
- Visualisierung Solarstromerzeugung und Eigenverbrauch für Objekte (App)
- Abrechnung LEG-Strom und Inkasso

Schnittstelle LEG-Stromerzeuger, u. a.

- Ausstattung der PV-Anlagen mit Produktionszählern
- Anmeldung neuer Anlagen bei Pronovo (Zertifizierungsstelle zur Ausstellung von Herkunftsnachweisen)
- Visualisierung der Solarstromerzeugung
- Messung und Visualisierung der Ist-Erzeugungszeitreihen
- Wartungsanfragen und Wartungsabwicklung

Das Pflichtenheft diente als Grundlage zur Definition der zu erstellenden Leistungsobjekte wie die notwendigen IT-Architektur, Hardware- und Softwarelösungen, die die aufgezeigten Prozesse unterstützen sollen. Derzeit befindet sich die Organisationsplattform im Aufbau.

▶ **Aus der Praxis** Um dem zunehmenden Kundenwunsch nach eigenen PV-Anlagen für Einfamilienhausbesitzer Rechnung zu tragen, entschloss sich ein Unternehmer zum Aufbau eines Unternehmens, das ein PV-Gesamtangebot für die Kundengruppe bereitstellt. Dieses umfasst neben der Lieferung einer schlüsselfertigen Anlage für den Betrieb auf unterschiedlichen Dachtypen sowie die Montage der Komponenten durch lokale Solarpartner auch das Angebot verschiedener Versicherungs- und Finanzierungspakete. Die Versicherungspakete enthalten neben individuellen Versicherungslösungen auch Monitoring-/Betriebsüberwachungsleistungen mittels Monitoring-System sowie die periodische Reinigung der PV-Module. Zudem wird ein komplettes Betriebs- und Unterhaltsmanagement angeboten. Je nach gewähltem Paket können Versicherungsprämien und Versicherungsleistungen individuell gestaltet werden. Die Finanzierungspakete beinhalten unterschiedliche Kredit- und Leasingmodelle.

Zum Management des von Kunden erzeugten und verbrauchten Stroms wird ein Smappee-Paket bestehend aus einem Clip-on-Sensor (dieser wird am Sicherungskasten installiert), einem Daten-Controller und einem Monitor in einem Online-Shop zum Verkauf angeboten. Der Clip-on-Sensor basiert auf der NILM-Technologie (NonIntrusive Load Monitoring). Die Kernidee der NILM-Technologie basiert auf der Annahme, dass jede Anlage oder jedes Gerät ein individuelles Signal, eine Art „Fingerabdruck", im Verteilnetz hinterlässt. Damit kann der Einzelverbrauch von Geräten und durch Summenbildung der Gesamtverbrauch zu jeder gewählten Zeiteinheit (z. B. ¼ Stunde) gemessen werden. Auch die Einbindung der PV-Anlage und deren Produktion sind mit dieser Technologie möglich.

Mit dem beschriebenen Angebotsmodell des Unternehmers ergeben sich zahlreiche Herausforderungen für das Leistungs- und Erlösmodell. Diese betreffen zum einen die Ausgestaltung der notwendigen Kooperationen (Abschluss der Kooperationsverträge inklusive Preis-Leistungsvereinbarungen) mit den involvierten Schlüsselpartnern – den Komponentenlieferanten, Installateuren, Banken und Versicherungen. Zum anderen muss die Gestaltung der kollaborativen Prozesse organisiert werden, um eine möglichst reibungslose Abwicklung des Gesamtpaketes – vom vertrieblichen Erstkontakt über die Planung, Bestellung und Lieferung der Komponenten bis zur Fertigstellung – der Angebote gegenüber der Kundengruppe zu gewährleisten. Dies erfolgt insbesondere mit Unterstützung einer kollaborativen IT-Plattform. Diese sammelt sämtliche relevanten Kundendaten, die in der Akquise-, Beschaffungs-, Aufbau- und Betriebsphase anfallen, und sichert über Zugriffsrechte den Datenzugang der verschiedenen „Fulfillment-Partner", die diese Daten zur Erbringung ihrer Leistungen benötigen. Zudem kann der Unternehmer in der Rolle des Gesamtkoordinators den aktuellen Bearbeitungsstatus eines jeden Kunden einsehen und notfalls eingreifen.

4.5   Ladestromvertrieb

Einordnung des Ladestromvertriebs Die folgenden Ausführungen beziehen sich auf den Vertrieb von Ladestrom an öffentlich zugänglichen Ladesäulen in Deutschland. Die folgenden Texte und Abbildungen sind in enger Anlehnung das Arbeiten der jhc energie UG (haftungsbeschränkt) zum EFRE Forschungsprojekt Smarte Ladesäulen entstanden [10, 39, 48, 49].

Im öffentlichen Ladestromvertrieb findet man wie in Abb. 4.26 skizziert folgende Elektromobilitäts-Akteure mit unterschiedlichen Kerngeschäften.

Der Charge Point Operator (CPO) betreibt die öffentlich zugängliche Ladestation. Gemäß *§3 Nr. 25 EnWG* [32] ist der CPO Letztverbraucher. Der Letztverbrauch des Stroms findet demnach in der Ladestation statt, die von einem Stromlieferanten beliefert wird. Der Verkauf des Stroms an Elektroauto-USER ist somit keine Stromlieferung sondern eine Art Dienstleistung. Der CPO unterliegt daher nicht den Pflichten eines Stromlieferanten gemäß EnWG. Gleichwohl kann er Rechte, die sich aus dem Stromverkauf ergeben - insbesondere Teilnahme am THG-Quotenhandel gemäß *Bundesimmissionsschutzverordnung* § 6 der 38. BImSchV [40] wahrnehmen. Der CPO kann zudem Ladestrom über Ad-Hoc- Verträge (ohne festen Vertrag) an User verkaufen. Zudem kann er Anbietern (EMPs) den Verkauf von Ladestrom an der Ladestation ermöglichen. Dazu werden ent-

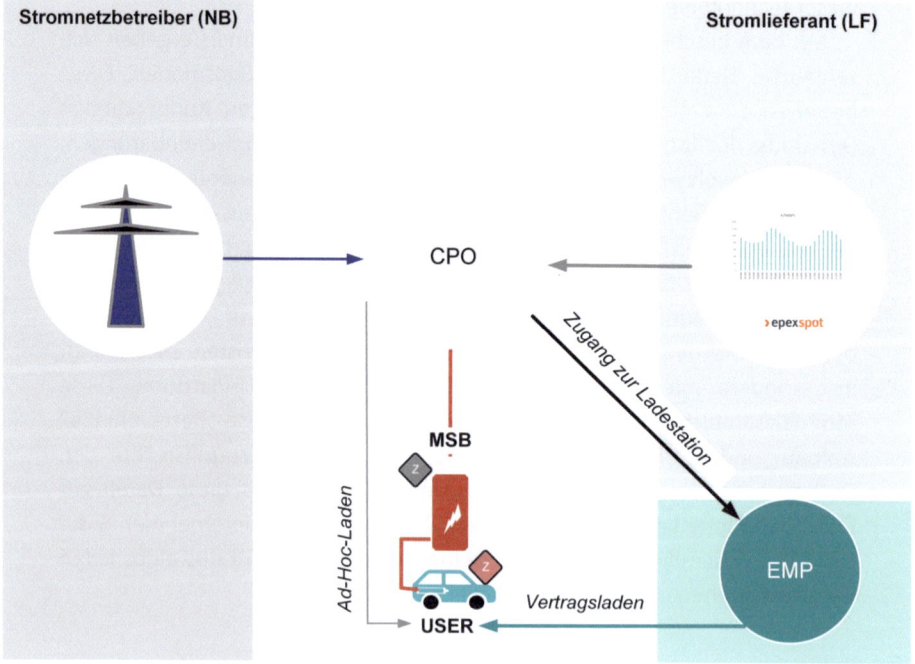

Abb. 4.26 Zusammenspiel der Akteure (eigene Darstellung)

sprechende Verträgen abgeschlossen – entweder bilateral oder über eine Roamingplatt-
form, die hier als eine Art Vermittler zwischen CPOs und EMPs fungiert.

Der Elektromobilitäts-Provider (EMP) ermöglicht seinen Vertragskunden (USER)
Ladevorgänge zum Bezug von Ladestrom an bestimmten Ladestationen über Ladepunkte
(eine Ladestation hat einen oder mehrere Ladepunkte). Dies beinhaltet u. a. die Authenti-
fizierung und den Zugang zu Ladepunkten, die reibungslose Ladeabrechnungen und zusätzliche Serviceleistungen (z. B. Ladenavigation). Dafür zahlt er ein Entgelt, das sich
nach den bereitgestellten Leistungen wie Zugang, Nutzung der Ladestation und Überlas-
sung des eingekauften Stroms richtet. Der EMP kann Verträge mit konzerneigenen bzw.
unternehmenseigenen oder externen CPOs abschließen. Die vertragliche Abwicklung der
Transaktionen erfolgt meist über Roaming-Plattformen.

Der EMP hat zudem die Möglichkeit, seine Stromkunden (z. B. Haushalte, Gewerbe-
betriebe, Industriebetrieb) über bestehende Stromlieferverträge inklusive der dort geltenden Strompreise zu bedienen. Dazu kann er den von seinen Kunden bezogenen Ladestrom
an öffentlichen Ladepunkten über separate Bilanzkreise abbilden und abrechnen. Dies
setzt den bilanziellen Zugang gemäß der *Netzzugangsregeln zur Ermöglichung einer ladevorgangscharfen bilanziellen Energiemengenzuordnung für Elektromobilität* (NZR-
EMob) voraus, den der CPO beim zuständigen Bilanzkreiskoordinator (BIKO) beantragen
kann. Der CPO wäre dann auch verantwortlich für die Bilanzkreisführung.

Der Elektroauto-User (USER) kann an einer öffentlich zugänglichen Ladestation -
als Vertragskunde eines EMPs oder als ad-hoc Kunde des CPOs, der die Ladestation betreibt - Strom für seine Mobilitätsziele beziehen. Dazu nutzt er die vertraglich vorgegebenen Routinen für den Ladevorgang wie die Freischaltung des Ladepunktes, Start und
Beenden des Ladevorgangs sowie Serviceleistungen (z. B. Navigations- und Reservierungs-
systeme per App, Bezahl- und Abrechnungsleistungen).

Der Roaming-Anbieter (RA) stellt eine Plattform bereit, die es den Akteuren ermöglicht, gegenseitige Verträge zur Nutzung der Ladeinfrastruktur abzuschließen und
den Datenaustausch zur Erstellung von Abrechnungen sicherzustellen.

Im Hinblick auf *energiewirtschaftliche Aufgaben* ergeben sich die folgende Rollen:

Ein Stromlieferant (LF) beliefert den CPO als „Letztverbraucher" mit Strom. Damit
findet der Stromverbrauch im energierechtlichen Sinn in der **Ladestation** statt. Der Stromlieferant kann dem CPO einen *all-inclusive* Liefervertrag oder einen *separaten* Vertrag anbieten. Bei einem all-inclusive Liefervertrag ist der Lieferant zusätzlich Vertragspartner
des **Stromnetzbetreibers** und Schuldner der Netznutzungsentgelte inklusive der netz-
bezogenen Abgaben, Strom- und Umsatzsteuer sowie der EEG-Umlage. Beim separaten
Vertrag beschränkt sich die Leistung des Stromlieferanten auf die Lieferung und Abrechnung der Strommengen inklusive des ökologischen Mehrwertes in Form von Herkunftsnachweisen, die über einen Arbeitspreis abgegolten wird.

Stromnetzbetreiber (NB) sorgen für den Netzanschluss und stellen ihre Stromnetze
gegen die Zahlung regulierter Netzentgelte - zur Nutzung zur Verfügung. **Messstellenbetreiber (MSB)** stellen dem CPO Messeinrichtungen (**Zähler**) zur Verfügung, die in der

Lage sind, den Stromverbrauch der Ladestationen anhand von Zählerständen und Messdatensätze zu bestimmen.

Anmerkung: Aus der energierechtlichen Perspektive findet im aktuellen Marktdesign der Stromvertrieb lediglich zwischen dem Stromlieferanten der Ladestation und dem CPO statt. Dies steht im Wiederspruch zur physikalischen Realität, da der CPO (beim Ad-hoc-Laden) und der EMP (beim Vertragsladen) den Ladepunkt nutzen, um Ladestrom zur Aufladung von Autobatterien abzugeben. Der eigentliche Letztverbrauch des Ladestroms erfolgt dann im Elektroauto durch den USER. Der USER nutzt dann sein Elektroauto zur Verfolgung seiner Mobilitätsziele. Damit wären CPOs und EMPs als Ladestromlieferanten anzusehen, die an unterschiedlichen Ladestationen Ad-Hoc- und Vertragsangebote platzieren könnten. USER könnten somit zwischen unterschiedlichen Anbietern und Angeboten wählen. Allerdings müssten Ladestromlieferanten dann zahlreiche energierechtliche Vorgaben (u. a. Stromkennzeichnungspflicht, Bilanzierungsvorgaben, Lieferantenwechselprozesse) erfüllen. Auch ein diskriminierungsfreier Zugang zum Ladepunkt sowie ein „schneller" Lieferantenwechsel müsste gewährleistet sein.

Auf eine vertiefende Diskussion zu unterschiedlichen Marktdesigns wird hier verzichtet und auf eine komprimierte Zusammenfassung [39] verwiesen.

Im Hinblick auf *Ladestrom-Vertriebsmärkte* lässt sich Folgendes feststellen:

Vertriebsmärkte für öffentlichen Ladestrom lassen sich u. a. nach der *Ladedauer* und der zur Verfügung gestellten *Leistung* an den Ladestationen unterscheiden. Langsames Laden findet z. B. an 3,4 kW Laternenstationen statt. Normal geladen wird an AC-Ladestationen mit einer Leistung von 11 kW oder 22 kW. Schnellladen beginnt ab einer Leistung von 50 kW (DC). Ultra-Schnellladen beginnt ab einer Leistung von 350 kW (DC).

Zudem können Vertriebsmärkte für Ladestrom nach *Standorten* und *Mobilitätsbedürfnissen* der USER unterschieden werden. *Langsam* geladen wird bevorzugt in Stadtvierteln mit langen Auto-Standzeiten. *Normalladevorgänge* finden meist innerhalb von Städten auf öffentlich zugänglichen Parkplätzen statt. *Schnelles Laden* wird zunehmend an Tankstellen, auf Parkplätzen von Supermärkten, Baumärkten und an städtischen Lade-Hubs angeboten. Zudem bieten Autobahnraststätten und Autohöfe auf der sogenannten „Langstrecke" Möglichkeiten für *schnelles* und *ultraschnelles Nachladen* an.

Auch der öffentliche Ladestromvertrieb wird wie in Abb. 4.27 aufgezeigt durch Gesetze, Verordnungen und Umsetzungsdokumente mit Bezug zur Elektromobilität geregelt. Dabei fließen analog zum Stromvertrieb (siehe Kap. 1) Europäische Ziele und Regelungen in die nationale Gesetzgebung ein.

Regelungen des Ladestromvertriebs Ladestromangebote an öffentlich zugänglichen Ladepunkten werden u. a. durch folgende Regelungen begleitet:

Die Preisangabenverordnung (PAngV) [41] verpflichtet Betreiber öffentlicher Ladestationen mit einer Leistung ab 50 kW in 14 Abs.2 PAngV Ad Hoc Preise für Ladestrom in ct je kWh anzugeben [40]. Regelungen sind konform mit der Alternative Fuel Infrastructure Regulation (AFIR).

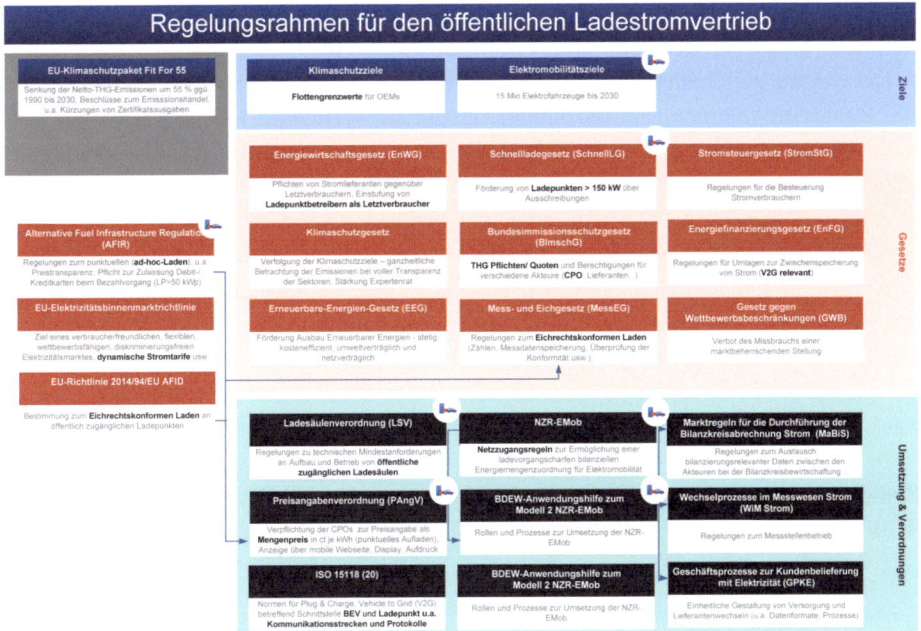

Abb. 4.27 Regelungen zum Ladestromvertrieb (eigene Auswahl)

Nach der Bundesimmissionsschutzverordnung (BImSchV) [40] sind Betreiber öffentlich zugänglicher Ladepunkte berechtigt, die durch die Ladestromabgabe erreichte Treibhausgasminderung direkt oder indirekt über Händler an Unternehmen zu verkaufen, die zur Treibhausgasminderung (Erfüllung THG-Quote) verpflichtet sind.

Das Mess- und Eichgesetz (MessEG) [42] sowie die **Mess- und Eichverordnung (MessV)** [43] verpflichten Betreiber öffentlicher Ladestationen zur Messung und Dokumentation der abgegebenen Strommengen mittels eichrechtlich zugelassenen Messsysteme.

Die Alternative Fuel Infrastructure Regulation (AFIR) [44] verpflichtet Betreiber von öffentlichen Ladstationen mit einer Leistung ab 50 kW zur Installation von Kartenterminals zur Verwendung von Debit- und Kreditkarten, um die Lieferung von Ad Hoc Ladestrom an Kunden abzurechnen.

Der Bilanzielle Netzzugang mit Netzzugangsregeln zur Ermöglichung einer ladevorgangscharfen bilanziellen Energiemengenzuordnung für Elektromobilität (NZR-EMob) [45] ermöglicht den Elektroauto-Usern, ihre bestehende Stromlieferverträge (Gewerbestromverträge, Haushaltsstromverträge) an öffentlich zugängliche Ladestationen zu nutzen. Dabei erfolgt nach jedem Ladevorgang eine virtuelle Zuordnung der bezogenen Strommengen - ähnlichen wie im (klassischen) Stromvertrieb - zu einzelnen Bilanzkreisen, auf die Stromlieferanten zu Abrechnungszwecken zugreifen können. Die Strommengen werden dann mit den Energiepreisen des bestehenden Haushalts- oder Gewerbestromvertrags verrechnet und mit den USERn im Rahmen bestehender Abrechnungsroutinen abgerechnet. Zudem kann durch das Führen von Bilanzkreisen auf Basis von ¼ Stundenwerten das Ladeverhalten einzelner USER im Detail abgebildet und prognostiziert

werden, was die Anwendung zeitvariabler und dynamischer Tarife zur markt- oder netz-
dienlichen Steuerung des Ladeverhaltens begünstigt [39]

Der Zugang zum Ladepunkt steht ähnlich wie der Zugang zum Stromnetz für sämtliche
USER und Stromlieferanten diskriminierungsfrei zur Verfügung. Der Ladepunktbetreiber
erhält für den Aufbau und Betrieb der Ladeinfrastruktur sowie für die Abwicklung der
Bilanzkreise eine Nutzungsgebühr, die aber im heutigen Gesetzesrahmen nicht „reguliert"
ist und somit frei vom CPO bestimmt werden kann.

Kommerzielle Geschäftsmodelle, die den bilanziellen Netzzugang nutzen, sind im Rahmen von Zusammenschlüssen aus Softwareunternehmen, Ladepunktbetreiber und Stromlieferanten bereits in Betrieb [46]. Insbesondere soll der bilanzielle Netzzugang künftig für
die Beladung von E-LKWs genutzt werden [47]. Somit könnten günstig abgeschlossene
Energiepreise von Speditionen auch an öffentlichen Schnellladepunkten genutzt werden,
was im Hinblick auf eine Elektrifizierung des LKW-Verkehrs sicher sinnvoll wäre.

Erlöse und Kosten beim Vertragsbasierten Laden Der **EMP** rechnet seinem Kunden
(USER) i. d. R. einen totalen („gebundelten") Ladepreis ab (Abb. 4.28). Dieser enthält

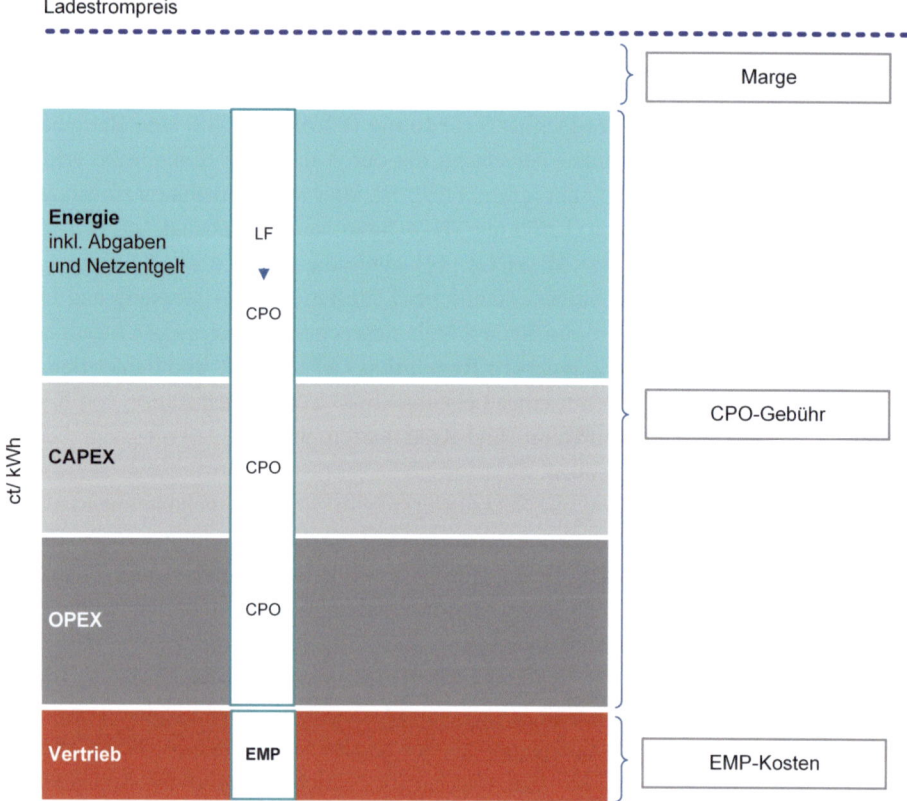

Abb. 4.28 Preisbildung Ladestrom (exemplarisch)

sämtliche Kosten, die dem EMP für die Ermöglichung und Abrechnung der Ladevorgänge seiner Kunden entstehen - inklusive eines Aufschlags zur Gewinnerzielung. Der größte Kostenfaktor des EMPs besteht aus einer Gebühr, die er direkt oder indirekt (über eine Roaming-Plattform) dem CPO für die Nutzung der Ladepunkte inklusive der an den Ladepunkt gelieferten Strommengen und deren energiewirtschaftlichen Abwicklung zahlt. Zusätzlich fallen Kosten für die Anschaffung und Verwaltung der gewählten Authentifizierungssysteme (Ladekarten, Ladechips, QR-Codes) an. Grundsätzlich sind EMPs frei in ihrer Preisgestaltung - sie können daher für ihre Kunden die je nach Ladestandort unterschiedlichen CPO-Gebühren in einem standortspezifischen Pricing berücksichtigen.

Der CPO trägt i. d. R. sämtliche Kapitalkosten (CAPEX) und Operativen Kosten (OPEX), die in Zusammenhang mit der Planung, dem Aufbau inklusive Netzanschluss sowie dem operativen und technischen Betrieb der Ladepunkte an Ladestandorten entstehen. Je nach Betriebsmodell werden hier unterschiedliche Fulfillment-Partner wie Ingenieur- und Planungsbüros sowie verschiedene IT-Dienstleister (Zugangs-, Abrechnungs-, Inkasso-, App-, Monitoring- und Lastmanagement-Dienstleister) involviert. CPOs können grundsätzlich Einzeldienstleistungen, Dienstleistungspakete oder komplette „CPO as Service" Lösungen beziehen. Auch hierfür entstehen Kosten, die über Gebühren mindestens gedeckt werden müssen. Aufgrund einer freien Preisbildung können CPOs mit einer Vielzahl von integrierten Ladepunkten gegenüber „fremden" EMPs Gebühren verlangen, die den Ladepreis des „eigenen" EMPs (EMP im gleichen Unternehmensverbund) übersteigen.

Erlöse und Kosten beim Ad-Hoc-Laden **Beim Ad-Hoc-Laden** liegt im Gegensatz zum vertragsbasierten Laden kein Vertrag zwischen EMP und Kunde zugrunde. Der USER authentifiziert sich am Ladepunkt mit einer gängigen Paymentvariante (z. B. Giro- oder Kreditkarte), lädt seine Batterie mit Ladestrom und bezahlt nach dem Ladevorgang die geladene Strommenge an den CPO. Der CPO bietet ihm dazu einen Tarif an, der mindestens die Operativen Kosten (OPEX) und Kapitalkosten (CAPEX) decken sollte. Ob in der aktuellen Marktumgebung CPOs mit einer Vielzahl von Ladepunkten Ad-hoc-Preise verlangen, die den Ladepreis des „eigenen" EMPs übersteigen, muss abgewartet werden.

USER-Erwartungen In den noch neuen Märkten für Ladestrom gibt es unterschiedliche Erwartungen der Elektroautofahrer (USER) und sonstigen Autofahrer (NICHT-USER) an künftige Ladevorgänge. Diese sollten von den Ladestromanbietern im Rahmen ihrer Geschäftsmodelle bedient werden, um sich langfristig in den Märkten erfolgreich zu etablieren.

Die Erwartungen betreffen die

- Ladeart (Ad-hoc-Laden, Vertragsladen)
- die Preisgestaltung und Preisinformation
- den Zugang zum Ladepunkt

- den Ladevorgang und
- die Abrechnung der Ladevorgänge.

Im Rahmen einer Online-Befragung [48] wurde festgestellt: Die Mehrheit der NICHT-USER bevorzugt Ad-Hoc-Ladevorgänge, das direkte Bezahlen des Ladestroms mit Debit- oder Kreditkarten, transparent-sichtbare Preise am Ladepunkt sowie eine breite Auswahl unterschiedlicher Ladestromangebote, die auch im Tagesverlauf zeitvariabel ausgestaltet werden können. Um Ladevorgänge zu planen, sollten die Preise bereits am Vortag über eine Applikation angekündigt werden. Damit fließen Erfahrungen aus dem Tankverhalten teilweise auch in Erwartungen an die künftige „Lade-Performance" ein.

Neben zeitvariablen Preissignalen erwartet die Mehrheit der Befragten zeitvariable CO2-Signale, mit denen der CO2-Fussabdruck des Ladevorgangs gemäß aktuellem Strommix im Netzgebiet berechnet werden kann. Diese sollten dann mit den jeweiligen Preisen gekoppelt und ebenfalls transparent (z. B. über eine Applikation, die mit einer Markttransparenzplattform gekoppelt ist) kommuniziert werden.

USER akzeptieren im Gegensatz zu NICHT-USERN die aktuellen EMP-Angebote für das Vertragsladen, sehen aber hinsichtlich transparenter Preisinformationen für das Ad-Hoc-Laden genauso wie NICHT-USER Handlungsbedarf.

Mögliche Wirkung zeitvariabler Anreize Ob Verbrauchsflexibilitäten zur Senkung von Lastspitzen und Aufnahme von PV-Erzeugungsüberschüssen genutzt werden können, ist auch im Bereich der Elektromobilität abhängig davon, auf welche Signale und ab welcher Signalstärke USER ihr Verhalten auf unterschiedliche Signale ausrichten wollen und können [49].

Im Rahmen einer Befragung von USERN, die auf das öffentliche AC-Laden angewiesen sind (keine eigene Wallbox) wurden USER-Sensitivitäten ermittelt.

▶ **USER-Sensitivität** = kumulierte Bereitschaft der USER, aufgrund von unterschiedlichen Signal-Stärken (Preisniveau, CO2-Niveau), ihre Ladevorgänge zeitlich zu verlagern.

In einer stark vereinfachten Testumgebung ohne spezifische Situationsfaktoren (Beispiele: Termine, Ladefüllstände) wurde festgestellt [49]:

- In Bezug auf Verlagerungsbereitschaften zwischen 4 exemplarischen Ladezeitfenstern (Morgens, Mittags, Nachmittags, Abends) gibt es grundsätzlich „flexible" und „unflexible" USER.
- Flexible USER verlagern ihre Ladevorgänge und damit den Strombezug mehrheitlich ab einem Preis, der mindestens 26 % unterhalb des angenommen Normalpreises liegt (siehe Abb. 4.29/Price). Damit ist ein starkes Preissignal notwendig, um entsprechende Lade- und Lasteffekte über die Bereitschaft zum Laden (Willingness to Charge - WTC) zu erzielen.

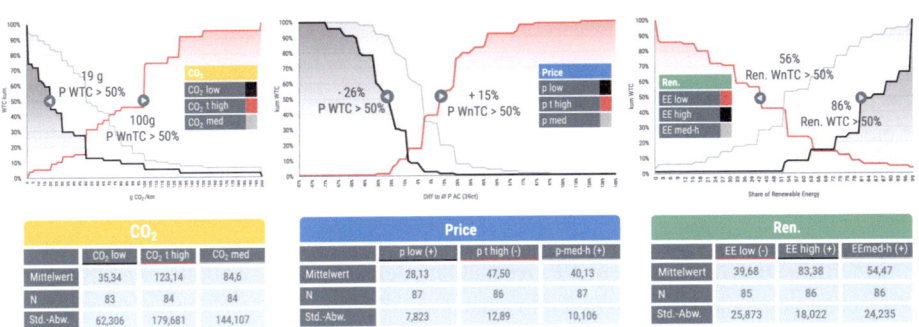

Abb. 4.29   USER-Sensitivitäten in Bezug auf Preis-, CO2- und Erneuerbare (Ren.) -Signale [49]

- Da Preissignale mit Umweltsignalen wie CO2-Emissionen und Anteil Erneuerbare Energien im Stromnetz stark miteinander korrelieren, benötigen USER neben einem starken Preissignal auch starke Umweltsignale (siehe Abb. 4.28-CO2-Ren.), um Ladevorgänge zu verlagern.
- An einem sonnigen Tag konnten über ein starkes Preissignal rund 15 % der Ladevorgänge von der „Peak-Zeit" Abend in die „Offpeak-Zeit" Mittag verlagert werden.

In wie weit Flexibilitäten der USER künftig gezielt im Rahmen von Anreizmodellen genutzt werden, ist abhängig davon, welchen Mehrwert Anreizmodelle für den Ladestromanbieter erzielen können. Im Bereich der Kundenakquise können beispielsweise preis- und umweltsensitive USER zur Auslastungsoptimierung gewonnen werden - ggfls. gibt es künftig zusätzliche Anreize aus dem Stromnetz, die netzdienliches Verhalten der CPOs beispielsweise über reduzierte Netzentgelte belohnt. Dies würde auch Spielräume für neue Geschäftsmodelle ermöglichen, die unter Einbindung von lokaler Solarstromproduktion kommerzielle Time-of-Use Angebote wie beispielsweise in Norwegen [50] ermöglichen.

Time of-Use-Tarife könnten ebenfalls auf die Netzeinspeisung im Rahmen von „*Vehicle to Grid" (VCG)* angewendet werden und USER sowie CPOs dazu animieren, in Zeiten von Stromengpässen den gespeicherten Batteriestrom dem öffentlichen Stromnetz gegen eine Vergütung wieder zur Verfügung zu stellen. Dies erfordert neben der technischen Fähigkeit eines bidirektionalen Ladens auch einen entsprechenden Gesetzesrahmen. Während heute technische Fähigkeiten wie bidirektionale Fahrzeuge (u. a. BYD, Honda-e, KIA-EV9, CUPRA-Born) und Ladestationen bereits vorhanden sind, gibt es im Hinblick auf die Gesetzgebung noch Handlungsbedarf. Dieser bezieht sich nach VDE [51] u. a. auf die Definition von mobilen Energiespeichern, Qualifikationskriterien für das Gesamtsystem (umfasst Fahrzeug und Ladepunkt), die Standardisierung der Ladekommunikation und steuerliche Fragen – etwa der steuerlichen Behandlung von Strom, der günstig zu einen Zeitpunkt X über einen dynamischen Tarif oder eine eigene PV-Anlage bezogen und gespeichert wurde und dann zum Zeitpunkt Y in ein öffentliches Stromnetz gegen eine hohe Vergütung eingespeist wird.

4.6   Erfolgsfaktoren

Die im Buch beschriebenen Geschäftsmodelle können entweder isoliert oder kombiniert in einem Unternehmen stattfinden. Im Zentrum steht dabei die Frage, ob sich Geschäftsmodelle langfristig erfolgreich im Markt etablieren lassen und welche Erfolgsfaktoren dabei eine Rolle spielen.

▶ **Erfolgsfaktoren** = Faktoren, die Geschäftsmodelle im Markt erfolgreich im Sinne der Erreichung von Unternehmenszielen machen.

Wie in Kap. 1 beschrieben, werden aus Sicht von Unternehmen in erster Linie möglichst hohe Kundenwerte angestrebt, die sich über eine Skalierung des Geschäftsmodells in konkreten finanzwirtschaftlichen Ergebnissen (Beispiele: EBIT, EBITDA, EVA) und in hohen Unternehmenswerten – beispielsweise in Form von Discounted-Cash-Flows (siehe Abschn. 5.3) niederschlagen. Nur dann sind notwendige Kapitalgeber wie Anteilseigner, Banken oder private Investoren bereit, Kapital für oft notwendige Anfangsinvestitionen und eine spätere Wachstumsfinanzierung zur Verfügung zu stellen.

Erfolgsfaktoren können anhand von Erfolgsfaktorenanalysen ermitteln werden. Bei der sogenannten *EFA-Methode* werden verschiedene Erfolgsfaktoren identifiziert, die in einer Matrix im Hinblick auf ihre Bedeutung zur Erreichung der Unternehmensziele gewichtet und anhand ihrer Erfüllbarkeit im Unternehmen bewertet werden. Die Anwendung der EFA-Methode vollzieht sich meist im Rahmen von strategischen Entscheidungsprozessen, die dazu dienen, Erfolgsfaktoren mit internen Kompetenzen abzugleichen, um zu entscheiden, welche Erfolgsfaktoren aufgebaut werden müssen [52]. Bei der sogenannten *PIMS-Methode* (Profit Impacts On Market Strategies) werden auf Basis von Unternehmensdaten Korrelationen ermittelt, die den wirtschaftlichen Erfolg von Unternehmen beziehungsweise Geschäftseinheiten erklären. Neben *Marktanteilen* werden hier die *Innovationskraft* eines Unternehmens oder die *Produktqualität* genannt. Sind Geschäftsmodelle bereits seit Jahren im Markt etabliert, kann eine solche Ex-post-Betrachtung sicher Hinweise auf relevante Erfolgsfaktoren für das eigene Geschäftsmodell geben. Bei neuartigen Geschäftsmodellen, die sich noch am Beginn ihres Lebenszyklus befinden, gibt es jedoch nur wenig valide Daten, mit denen sich Rückschlüsse auf Erfolgsfaktoren ziehen lassen, da wirtschaftliche Erfolge zum Teil noch nicht absehbar sind.

Gleichwohl können grundsätzlich auch für neuartige Geschäftsmodelle im Stromvertrieb Erfolgsfaktoren identifiziert werden. Dabei kann man allgemeine und spezifische Erfolgsfaktoren unterscheiden.

Allgemeine Erfolgsfaktoren betreffen das Unternehmen insgesamt. Im Bereich von Start-up-Unternehmen liegen diese beispielsweise in *engagierten Mitarbeitern*, in einer *Geschäftsidee* mit *Wachstumspotenzial*, in der Existenz einer *klaren Vision* oder einfach im *Unternehmergeist* der Mitarbeiter [53]. Erfolgsfaktoren in etablierten Unternehmen betreffen oftmals die *Unternehmenskultur* und das *Zusammenarbeitsmodell* bei der

Entwicklung, dem Aufbau und Betrieb neuer Geschäftsmodelle. Dieses muss das Verhalten und die Bedürfnisse interner und externer Akteure berücksichtigen.

Spezifische Erfolgsfaktoren betreffen hingegen das Geschäftsmodell an sich und können sich auf bestimmte Angebote (Beispiel: Erfahrbarkeit der Stromeigenerzeugung) oder Funktionen (Beispiel: kundenzentrierte Interaktion im Rahmen des Leistungsmodells) beziehen. Spezifische Erfolgsfaktoren können auch als kritische Erfolgsfaktoren bezeichnet werden. Kritisch heißt in diesem Zusammenhang, das Erfolgsfaktoren eine sehr hohe Bedeutung und damit eine hohe Gewichtung für die Erreichung der Unternehmensziele haben. Kritische Erfolgsfaktoren können sich je Geschäftsmodell unterscheiden.

Plattformbasierte Geschäftsmodelle haben das Ziel, eine möglichst hohe Anzahl von Usern zu generieren, diese miteinander zu vernetzten, um so möglichst alle an der Plattform beteiligten Usern Mehrwerte zu bieten. Falls User bereit sind, für diese Mehrwerte Geld auszugeben, entstehen für den Plattformbetreiber vielfältige Erlösmöglichkeiten (Beispiele: Umsatzerlöse aus dem Verkauf von Hardware wie PV-Anlagen, Wärmepumpen oder Wallboxen, Umsatzerlöse aus dem Betrieb eines dynamischen Tarifs, Umsatzerlöse aus der Bündelung und Vermarktung von Einspeise- und Verbrauchs-Flexibilitäten).

Kritische Erfolgsfaktoren zur Erreichung hoher Userzahlen können hier in einer hohen *Usability*, einer *intelligenten USER-Vernetzung* oder in der *Datenqualität* liegen, die als Rohstoff für Verbrauchs- und Einspeiseprognosen genutzt werden.

Communities benötigen neben einer hohen Anzahl von Kunden eine hohe Kundenbindung, um beispielsweise Strom langfristig an Community-Mitglieder zu verkaufen. Erfolgsfaktoren beziehen sich hier also insbesondere auf die *Gestaltung der Angebote* und der *Kommunikation*, die eine Identifikation für den Kunden schaffen. Hinzu kommen *effiziente Abwicklungsprozesse* sowie der Einsatz *skalierbarer Prozesse* und *Technologien*, damit das Geschäftsmodell auch auf andere Gebiete ausgerollt werden kann.

Erfolgreiche Geschäftsmodelle im Bereich Multi Utility Metering und Submetering basieren ganz wesentlich auf dem Einsatz aufeinander abgestimmter *Prozesse* und *Technologien* in den verschiedenen Wertschöpfungsbereichen des Messens, der Datensammlung und Datenanalyse sowie der Datenaufbereitung für die verschiedenen Anwendungsbereiche.

Eine detaillierte Betrachtung von Erfolgsfaktoren lässt sich anhand konkret vorliegender Geschäftsmodelle im Abgleich mit den jeweiligen Unternehmenszielen betrachten.

▶   **Beispiel** Im Beispiel des Unternehmens 1KOMMA5 Grad besteht das Unternehmensziel in der Erreichung eines Umsatzerlöses im zweistelligen Milliardenbereich in den nächsten 5 Jahren [54]. Dazu sollen rund 1,5 Mio. Gebäude in Europa mit Hardware (u. a. PV-Anlagen, Batteriespeicher, Wärmepumpen, Wallboxen) und Software (u. a. Home-Energie-Management-System) ausgestattet und vernetzt werden, um die Stromversorgung der Kunden möglichst CO_2-neutral zu gestalten [55].

Die Erreichung des Ziels benötigt die Aktivierung *allgemeiner* Erfolgsfaktoren - diese liegen im Unternehmensbeispiel 1KOMMA5 Grad in der *klaren Vision* einer neuen, erneuerbaren Energiewelt („to live on wind and sunlight forever for free") und der *Mission*, sämtliche Kunden dabei zu unterstützen, ein Teil einer neuen Energiewelt zu sein [56]. Vision und Mission können dann als kommunikative Klammer dienen, die sämtliche Akteure im Unternehmen verbindet und Orientierung bei der Verfolgung der Wachstumsstrategie geben. Als weitere allgemeine Erfolgsfaktoren können die *Kompetenz* und *Branchenerfahrung* des Gründerteams genannt werden. Die *Zusammensetzung der aktuellen Kapitalgeber* sowie der angestrebte *Börsengang* bilden als weitere Erfolgsfaktoren die Basis für die notwendige Wachstumsfinanzierung.

Spezifische Erfolgsfaktoren betreffen insbesondere die Organisation, die Prozesse und IT-Systeme. Diese liegen u. a.

- in einem innovativen Beteiligungsmodell [57] zur Zusammenführung von Meisterbetrieben, das notwendige Installationskapazitäten sicherstellt
- in effizienten Prozessen und unterstützenden Tools zur Abwicklung von Verkauf, Installation, Inbetriebnahmen und Services
- in einem intelligenten Energiemanagementsystem [57], das unterschiedliche Verbrauchs- und Erzeugungsanlagen miteinander vernetzt und Kunden über selbstlernende Algorithmen die kosten- und CO_2-seitige Optimierung des Stromverbrauchs (inklusive Anwendung eines dynamischen Tarifs) ermöglicht.

Neben den beschriebenen Erfolgsfaktoren gibt es eine Reihe von **Misserfolgsfaktoren**, die dazu beigetragen, dass Geschäftsmodelle nicht funktionieren und schließlich scheitern. Diese können beispielsweise in einer *Fehleinschätzung* des *Vertriebsmarktes*, der *rechtlichen Rahmenbedingungen* oder *eigener Kompetenzen* und *Ressourcen* liegen, die für den Aufbau und den erfolgreichen Betrieb eines Geschäftsmodells notwendig sind.

Innovative Start-up-Unternehmen, die neue Geschäftsmodelle lancieren, scheitern nach einer CB-Insight-Studie [58] meist an *fehlender Marktnachfrage* gefolgt von zu *geringer Liquidität* und einer falschen *Teamzusammensetzung*. Auch etablierte Unternehmen der Energiewirtschaft, die neue Geschäftsideen und Geschäftsmodelle im Rahmen von Innovationslaboren – sogenannten *Innovation Labs* – entwickeln, bringen nicht jedes Geschäftsmodell zum Erfolg. Auch wenn das Thema Liquidität hier eine eher geringere Rolle spielt, liegen Misserfolgsfaktoren ebenfalls in einer Fehleinschätzung der Kundenbedürfnisse und deren Zahlungsbereitschaft (diese Aussage kann aufgrund zahlreicher Workshops mit Energieunternehmen zum Thema digitale Transformation getroffen werden). Daher werden Kunden heute frühzeitig bei der Architektur von Geschäftsmodellen miteinbezogen.

Selbstcheck Kap. 4

Was versteht man unter Community-Modellen und wie unterscheiden sich diese?

Welche unterschiedlichen Eigenerzeugungs- und Eigenverbrauchsmodelle gibt es?

Wie kann man die Stromgestehungskosten einer PV-Anlage berechnen? Warum sollten aus Sicht von PV-Eigenversorgern die Stromgestehungskosten aus Sicht von Eigenverbrauchern geringer sein als der Strompreis für Reststrom? Welche Vorteile hat der LCOE-Ansatz gegenüber dem SGK-Ansatz?

Wie können Sie als Anbieter Eigenverbraucher dabei unterstützen, ihren Autarkiegrad zu erhöhen?

Welche unterschiedlichen Akteure gibt es im Ladestrommarkt? Welche Rollen nehmen diese Akteure wahr?

Nach welchen Kriterien lassen sich Ladestrommärkte unterscheiden?

Welche unterschiedlichen Strompreismodelle gibt es? Wie können diese unterschieden werden?

Welche Preiskomponenten beinhaltet der Ladestrompreis? Unter welchen Bedingungen kann ein EMP eine Marge erzielen?

Was sind Erfolgsfaktoren und welche Erfolgsfaktoren gibt es?

Literatur

1. BUNDESGESETZBLATT Nr. 133, Gesetz zum Neustart der Digitalisierung der Energiewende, Bonn, 22.Mai 2023
2. BUNDESNETZAGENTUR, Roll-out intelligente Messsysteme, quartalsweise Erhebung, https://www.bundesnetzagentur.de (2025)
3. BUNDESNETZAGENTUR, Moderne Messeinrichtungen und intelligente Messsysteme (2018)
4. BUNDESMINISTERIUM DER JUSTIZ, Gesetz über den Messstellenbetrieb und die Datenkommunikation in intelligenten Energienetzen zuletzt geändert am 21.02.2025.
5. SCHWEIZERISCHE EIDGENOSSENSCHAFT, Stromversorgungsverordnung (StromVV), Art. 8a, Stand 1. Januar 2025
6. VERBAND SCHWEIZERISCHE ELEKTRIZITÄTSUNTERNEHMEN (VSE), Smart Meter: Was bringen intelligente Stromzähler?, 12.11.2024
7. FRESH ENERGY - heute EWE BEENIC GmbH (2024)
8. UNIVERITY OF STRATHYCLDE GLASGOW, Chat-bot project to help energy consumers (2017), www.strath.ac.uk
9. EURPEAN COMMISSION, Behaviour change for energy efficiency through ICT, EE-07-2016-2017
10. jhc-energie, EFRE Forschungsbericht Smarte Ladesäulen (2022)
11. PACIFIC GAS AND ELECTRIC COMPANY (PG&E), www.pge.com (2018)
12. BORENSTEIN Severin, University of California Berkely, Time-Varying Retail Electricity Prices: Theory and Practice (2011)
13. PV MAGAZIN, Next Kraftwerke macht Deiche smart, 09. April 2015

14. EDSO, Smart charging: integrating a large widespread of electric cars in electricity distribution grids, (2018)
15. PRIMEO, Zeitvariabler Tarif (2022)
16. BEER, Andreas, Repower, Vortrag Energiestrategie 2050, Herausforderungen für die Netzbetreiber, Vertriebsleitertagung Schweiz, Zürich, 05.September 2017
17. BENDEL Oliver, Fachhochschule Nordwestschweiz FHNW, Institut für Wirtschaftsinformatik, in: Gabler Wirtschaftslexikon, www.wirtschaftslexikon.gabler.de, (2019)
18. WÜRZBURGER VERSORGUNGS- UND VERKEHRS-GMBH https://www.wvv.de/energie--b2c/active (2020)
19. PERLAS, https://perlas.ch/de (2025)
20. HÖGEL Sören, Zukunftsmodell Peer-to-Peer, in: e/m/w Heft 04 (2018)
21. WUPPERTALER STADTWERKE, WSW-Online, 2025
22. BUNDESNETZAGENTUR, Mieterstromzuschlag und Einspeisevergütungen, Fördersätze – Einspeisevergütung bei Inbetriebnahme ab 1. Februar 2025 bis 31. Juli 2025
23. FRAUNHOFER-INSTITUT FÜR SOLARE ENERGIESYSTEME, Stromgestehungskosten Erneuerbare Energien, Juli 2024
24. BUNDESMINISTERIUM DER JUSTIZ UND FÜR VERBRAUCHERSCHUTZ, Erneuerbare-Energien-Gesetz (EEG), Stand 23.Oktober 2024
25. ELEKTRIZITÄTSWERK DER STADT ZÜRICH, www.ewz.ch (2024)
26. ENYWAY, www.enyway.com (2019)
27. EUECO, https://www.eueco.de/buergerbeteiligung/software/regiocap (2025)
28. STADTWERKE ENERGIE VERBUND, STROM DAO, www.corrently.de (2018)
29. BUNDESMINISTERIUM VÜR DIGITALES UND VERKEHR, Expertenbeirat für Klimaschutz in der Mobilität (EKM), Den Hochlauf der Elektromobilität stärken, November 2023
30. WASSERSTOFFKOMPASS, https://www.wasserstoff-kompass.de/elektrolyse-monitor (2025)
31. AGORA ENERGIEWENDE, Studie haushaltsnahe Flexibilitäten nutzen (2023)
32. BUNDESMINISTERIUM FÜR JUSTIZ UND VERBRAUCHERSCHUTZ, Gesetz über die Elektrizitäts- und Gasversorgung (2005), Stand 23.Dezember 2024
33. UVEK, Bundesgesetz für eine sichere Stromversorgung mit erneuerbaren Energien (2024)
34. SPRY CONSULTING, www.spry-consulting.ch (2024)
35. ESCH Franz-Rudolf, Universität Gießen, Fachbereich Wirtschaftswissenschaften, in: Gabler Wirtschaftslexikon, www.wirtschaftslexikon.gabler.de (2019)
36. EUROPÄISCHE UNION, Richtlinie (EU) 2018/2001 des Europäischen Parlamentes und des Rates zur Förderung der Nutzung von Energie aus erneuerbaren Quellen, 11.12.2018
37. MEIN BEZIRK, Starker Anstieg von Energiegemeinschaften in Tirol, https://www.meinbezirk.at/tirol/c-lokales/starker-anstieg-bei-energiegemeinschaften-in-tirol_a7129281, 30.01.2025
38. SWISSPOWER, https://www.leghub.ch/ (2025)
39. GEORG Jörg Heiner, STOLLENWERK Dominik, REINKENSMEIER Sebastian, JUNGBLUTH Christian, „Smartes" Laden an öffentlich zugänglichen Ladesäulen – Teil 1: Quo vadis, Marktdesign? in: ENERGIEWIRTSCHAFTLICHE TAGESFRAGEN, Heft 01-02, 71. Jg. (2021)
40. BUNDESMINISTERIUM DER JUSTIZ, Achtunddreißigste Verordnung zur Durchführung des Bundes-Immissionsschutzgesetzes 1, 2 (Verordnung zur Festlegung weiterer Bestimmungen zur Treibhausgasminderung bei Kraftstoffen - 38. BImSchV), § 6 Energetische Menge des elektrischen Stroms aus öffentlich zugänglichen Ladepunkten (2025).
41. BUNDESMINISTERIUM DER JUSTIZ, Preisangabenverordnung PAngV, § 14 Satz 2 zum Punktuellen Aufladen am öffentlich zugänglichen Ladepunkt (2024).
42. BUNDESMINISTERIUM DER JUSTIZ, Gesetz über das Inverkehrbringen und die Bereitstellung von Messgeräten auf dem Markt, ihre Verwendung und Eichung sowie über Fertigpackungen, Mess- und Eichgesetz – MessEG (2024)

43. BUNDESMINISTERIUM DER JUSTIZ, Verordnung über das Inverkehrbringen und die Bereitstellung von Messgeräten auf dem Markt sowie über ihre Verwendung und Eichung (2024)
44. EURPEAN COMMISSION, Alternative Fuel Infrastructure Regulation (2024)
45. BUNDESNETAGENTUR, Beschluss BK6-20-16, Anlage 6, Netzzugangsregeln zur Ermöglichung einer ladevorgangscharfen bilanziellen Energiemengenzuordnung für Elektromobilität (2021)
46. LICHTBLICK, E-Autos: Durchleitungsmodell für Ladesäulen erstmals im Regelbetrieb, 25.11.2024
47. ELECTRIVE, Lkw laden und Stromvertrag mitbringen – Bund geht bei Ausschreibung neue Wege, 16.07.2024
48. GEORG Jörg Heiner, STOLLENWERK Dominik, REINKENSMEIER Sebastian, JUNGBLUTH Christian, „Smartes" Laden an öffentlich zugänglichen Ladesäulen – Teil 2: User-Verhalten und -Erwartungen in: ENERGIEWIRTSCHAFTLICHE TAGESFRAGEN, Heft 03, 71. Jg. (2021)
49. GEORG Jörg Heiner, FRANKEN Kim Oliver ,REINKENSMEIER Sebastian, JUNGBLUTH Christian, „Anreizsystem für markt- und netzdienliches Laden in: ENERGIEWIRTSCHAFTLICHE TAGESFRAGEN, Heft 07-08, 72. Jg. (2022)
50. PV EURPE, Norway: Incentives for grid-friendly charging, 08. Mai 2024
51. VDE, Bidirektionales Laden und Rückspeisen von Elektrofahrzeugen aus Sicht des Stromnetzes, 01.02. 2024
52. HERBERT Paul, WOLLNY Volrad, Instrumente des Strategischen Managements (2014), De Gruyter Oldenburg, S. 88 ff., 370 S.
53. PWC, PwC-Befragung von Start-up-Unternehmen (2015)
54. NDR, Energie-Start-up 1Komma5grad: So wollen die Hamburger an die Spitze, in: www.ndr.de/nachrichten/hamburg, Stand 29.Mai. 2024
55. 1KOMMA5 GRAD, Sustainability Report, 2023
56. STARTUP-INSIDER, 1Komma5grad plant Börsengang für 2025, in: www.startup-insider.com/article/1komma5-plant-boersengang-fuer-2025, 06. September 2023
57. 1KOMMA5 GRAD, Homepage (2025)
58. CB INSIGHT, The Top 20 Reasons Startups Fail, in: www.cbinsights.com/research/startup-failure-reasons-top, 02. Februar 2018

Architektur neuartiger Geschäftsmodelle im Stromvertrieb

5

„Wenn man mit bloßem Geschrei ein Haus bauen könnte, so hätte ein einziger Esel längst eine ganze Stadt errichtet."

(Isländisches Sprichwort)

Das Kap. 5 beschreibt anhand eines Entwicklungsmodells, wie neuartige Geschäftsmodelle im Stromvertrieb – beginnend mit der ersten Idee – systematisch konzipiert, aufgebaut und bewertet werden können.

5.1 Die Ideen-Skizze

Jeder, der schon einmal ein Haus gebaut hat, kennt sie – die ultimativ erste Skizze. Diese ist meist auf einem einfachen weißen Blatt mit Bleistift festgehalten, einer Idee folgend, die sich bereits seit einiger Zeit im Kopf festgesetzt hat. Die Skizze ist Grundlage für ein gemeinsames Bild und ein gemeinsames Verständnis zwischen Bauherr, Architekt und den bauausführenden Unternehmen. Die Skizze ist Grundlage für den Entwurf. Der Entwurf gewährt einen Einblick auf unterschiedliche Gewerke, die im Rahmen von verschiedenen Ausführungsplanungen erstellt werden.

Wie ein Haus sollte auch ein Geschäftsmodell auf einer anschaulichen Skizze basieren. Diese Skizze kann ebenfalls auf einem Blatt Papier oder auf einem Flipchart erfolgen. Oft reichen wenige Symbole aus, die miteinander in eine Beziehung gebracht werden, um ein Gesamtbild zu zeichnen.

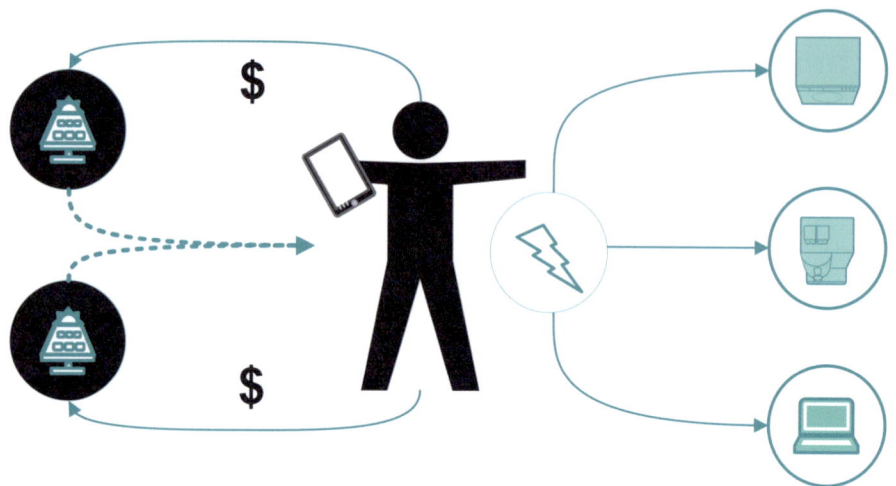

Abb. 5.1 Ideen-Skizze

Die in Abb. 5.1 skizzierte Idee beschreibt aus Sicht eines Kunden die Möglichkeit, aus verschiedenen PV-Anlagen Strom zu beziehen und diesen Strom für unterschiedliche Geräte so zu verwenden, dass möglichst eine hohe Übereinstimmung zwischen erzeugtem und konsumiertem Strom gegeben ist. Die Transparenz über den gerade erzeugten PV-Strom und PV-Prognosen sowie über seine aktuelle Stromnachfrage erhält er über eine Applikation auf seinem Smartphone.

Insbesondere Entwickler datenbasierter Geschäftsmodelle greifen bei der Skizzierung von Ideen zunehmend auf plattformbasierte Raster wie das Canvas-Plattform-Schema zurück [1]. Hier werden in einem mehrstufigen Design-Thinking-Prozess [2] ausgehend von einer Grundidee die verschiedenen Wertschöpfungsprozesse auf der Plattform skizziert.

▶ **Definition Design Thinking** = eine spezielle Herangehensweise zur Bearbeitung komplexer Problemstellungen.

Das zugrundeliegende Vorgehen orientiert sich an der Arbeit von Designern und Architekten, die sich am Nutzer orientieren und dessen Bedürfnisse befriedigen [2].

Im Zentrum des Canvas-Plattform-Ansatzes stehen unterschiedliche Akteure, die auf der Plattform im Zusammenspiel miteinander Werte schaffen (vergleiche Abb. 5.2). Dies erfolgt durch die Wahrnehmung verschiedener Rollen, die die Motivation der Akteure ausdrücken. *Stakeholder* sind aufgrund von Gesetzen, Regularien oder speziellen Informationsbedürfnissen am Betrieb der Plattform interessiert. *Owner* sind die Ideeneigentümer und Gründer der Plattform. Sie tragen die Gesamtverantwortung für deren Aufbau und Entwicklung und sorgen mit Hilfe von Technologiepartnern und Lieferanten für die Plattform-Grundfunktionalitäten. *Partner* sind professionelle Akteure, die langfristiges Interesse am Aufbau von zusätzlichen Mehrwerten haben und mit den Ownern langfristig enge Beziehungen pflegen. *Producer* sind die eigentlichen Wertelieferanten und tragen über

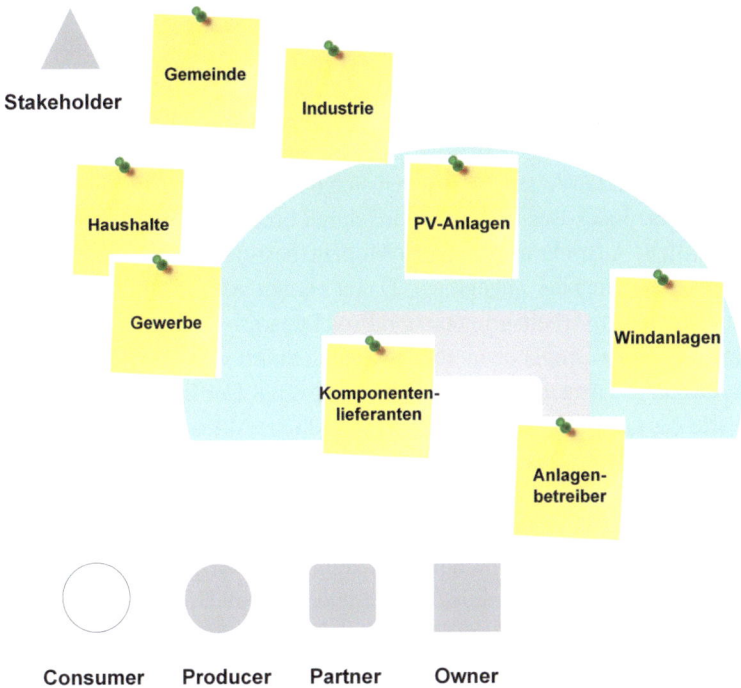

Abb. 5.2 Akteure (in Anlehnung an Plattform Canvas [1])

entsprechende Angebote zur Attraktivität der Plattform bei. Sie können ebenfalls Consumer sein, die von Angeboten profitieren. Consumer konsumieren in erster Linie Angebote
der Plattform und haben Zugang zu Mehrwerten, die durch die Plattform geschaffen werden.

Aufbauend auf dem Rollenverständnis ergibt sich durch eine wechselseitige Gegenüberstellung der einzelnen Akteure im Rahmen einer Wertematrix ein Überblick darüber,
welcher Akteur welche Werte für welchen Akteur schafft.

Damit ist die Grundidee des Geschäftsmodells inklusive der Wertschöpfungslogik skizziert. Im beschriebenen Beispiel-Case liefern Komponentenlieferanten Systeme zur
Datensammlung, Datenauswertung und Visualisierung an Kunden. Kunden und Anlagenbetreiber profitieren vom gegenseitigen Austausch von Erzeugungs- und Verbrauchsdaten
über die Plattform, die es ermöglichen, ihre Erzeugung beziehungsweise ihren Verbrauch
aufeinander abzustimmen.

5.2   Der Ideen-Entwurf

Eine detailliertere Beschreibung der Idee erfolgt erfahrungsgemäß anhand eines Entwurfs,
welcher grob die tragenden Wände (Träger) und unterschiedlichen Eckpfeiler des Geschäftsmodells beschreibt. Die Träger und Eckpfeiler sind vergleichbar mit der Statik
eines Hauses und somit wesentlich für deren Tragfähigkeit.

Das in Abb. 5.4 aufgezeigte Eckpfeiler-Modell hat sich in seiner Grundlogik in der betrieblichen Praxis und im Rahmen von Lehrveranstaltungen bewährt. Es soll im Folgenden als Grundlage für die Entwicklung eines neuartigen Geschäftsmodells im Stromvertrieb herangezogen werden. Die Eckpfeiler bilden dabei die vier Träger des Geschäftsmodells.

Im Inneren des hier skizzierten Ansatzes befinden sich drei Basis-Modelle, die es dann konkret zu entwickeln gilt. Jedes Basis-Modell wird durch einen oder mehrere Rahmen umrahmt, der die inhaltliche Ausrichtung der Basis-Modelle bestimmt. Die Basis-Modelle sind inhaltlich eindeutig voneinander abgegrenzt. Daher eignen sie sich für die Bearbeitung in einzelnen, abgegrenzten Arbeitsgruppen und Projektteams.

Der grüne Träger rahmt das Angebotsmodell ein und definiert wesentliche Schlüsselelemente, die zum Aufbau des Angebotsmodells notwendig sind: Der Eckpfeiler Wert beschreibt, welche Werte das Geschäftsmodell für unterschiedliche Akteure bereitstellt, oder einfacher ausgedrückt, welcher konkrete Nutzen oder Zweck mit ihm verbunden ist. In anderen Entwurf-Modellen ist auch von der sogenannten Value Proposition die Rede [3]. Im Mittelpunkt des Eckpfeilers Wert steht somit der Kunde oder Consumer, der Angebote oder Produkte aus bestimmten Motiven heraus nutzt. Für die dabei entstehenden Werte und Mehrwerte ist der Kunde entweder bereit zu zahlen oder andere Gegenleistungen wie die Akzeptanz von Werbung zu erbringen. Wie in Abb. 5.3 aufgezeigt, gibt es neben dem Kunden weitere Akteure, die im Rahmen des Geschäftsmodells Werte empfangen und Werte schaffen.

Der Eckpfeiler Angebot beschreibt, durch welche konkreten Angebote und Produkte Werte geschaffen werden. Die sogenannte Jobs-to-be-done-Methode [4] unterstützt dabei, die Kundensicht einzunehmen und Produkte in Analogie zur Personaleinstellung für einen bestimmten Job einzustellen. Die Angebots- beziehungsweise Produktbeschreibung gleicht hierbei einer Stellenbeschreibung. Im vorliegenden Beispiel-Case könnte eine Produktbeschreibung aus Sicht des Kunden wie folgt aussehen:

Schaffen Wert für ⟶	Anlagenbetreiber	Komponenten-Lieferanten	Haushalte & Gewerbe	Industrie
Anlagenbetreiber		$	Erzeugungs-daten + Strom	Erzeugungs-daten +Strom
Komponenten-Lieferanten	Systeme		Systeme	Systeme
Haushalte & Gewerbe	Verbrauchs-daten	$	Verbrauchs-daten	
Industrie	$			

Abb. 5.3 Wertbeiträge (in Anlehnung an Plattform Canvas [1])

Ich bin ein Bürger der Gemeinde X und möchte künftig Strom aus den PV-Großanlagen A und B beziehen und bin bereit, meinen Verbrauch bestmöglich auf die Erzeugung der PV-Anlagen abzustimmen.

Daher suche ich zum nächstmöglichen Zeitpunkt ein Produkt mit folgenden Fähigkeiten:

- *übersichtliche Information über erzeugte und prognostizierte Strommengen der PV-Anlagen,*
- *übersichtliche Information über meinen Stromverbrauch,*
- *automatisierte Ansteuerung meiner Stromverbraucher immer dann, wenn Strom aus den PV-Anlagen produziert wird.*

Je nach Geschäftsmodell können weitere Werte – wie in Kap. 4 ausführlich aufgezeigt wurde – im Bezug eines zeitvariablen Tarifs oder in der Optimierung des Eigenverbrauchs liegen.

Eng verbunden mit dem Eckpfeiler Angebot ist der Eckpfeiler Akteure. Er definiert die potenziellen Akteure und Segmente, zeigt deren Motive auf und schätzt deren Bereitschaft ein, am Geschäftsmodell zu partizipieren. An dieser Stelle werden erste Potenzialabschätzungen hinsichtlich deren Anzahl getroffen.

Der Eckpfeiler Markt beschreibt ausgehend vom Angebot das relevante Marktumfeld, zeigt die wesentlichen Treiber und Hemmnisse für das Geschäftsmodell auf und analysiert wesentliche Wettbewerbsprodukte und Wettbewerber.

Der rote Träger zeigt wesentliche Erlösquellen und Erlösmechaniken auf, die sich aus dem Geschäftsmodell ergeben. Erlösquellen beziehen sich dabei im Wesentlichen auf die Akteure, die bereit sind, für Angebote zu zahlen. Erlösmechanismen beschreiben – wie in Kap. 1 und Kap. 4 aufgezeigt – die Art der Erlösgenerierung (direkt über Sales, indirekt über Vermittlungstätigkeit usw.).

Der blaue Träger ist ebenfalls eng verbunden mit der grünen Wand. Sie beschreibt ausgehend von definierten Angeboten wesentliche Aktivitäten, die für den Aufbau und für den Betrieb des Geschäftsmodells notwendig sind, und nennt wesentliche Lieferanten, die dabei unterstützen können. Im vorliegenden Praxis-Case werden insbesondere Datenbanken, Server, ein Rechenzentrum sowie Softwareprogrammierer benötigt. Die blaue Wand bildet den Rahmen für das sogenannte Betriebsmodell, das anhand des Stromvertriebs in Kap. 2 aufgezeigt wurde.

Der graue Träger zeigt auf, welche Schlüsselressourcen beansprucht werden und welche Kosten in Form von verschiedenen Kostenarten anfallen. In einer ersten groben Schätzung können hier auch erste Kosten genannt werden, die für Investitionen und die Beschaffung von Betriebsmitteln anfallen. Der graue Träger steht in enger Verbindung zum blauen Träger, da Aktivitäten immer einen direkten Bezug zu Ressourcen haben, die entweder mit eigenen Bordmitteln gedeckt oder von externen Dritten bereitgestellt werden (Abb. 5.4).

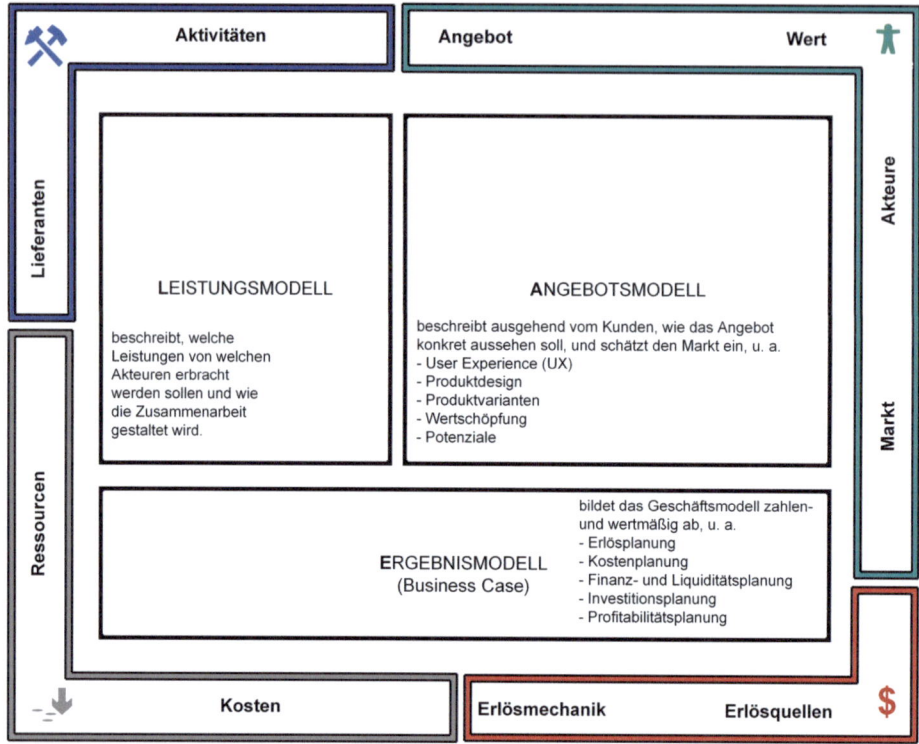

Abb. 5.4 Eckpfeiler-Modell

5.3   Die Geschäftsmodell-Konzeption

Die eigentliche Konzeption des Geschäftsmodells erfolgt innerhalb des entwickelten Rahmens. Sie umfasst den konzeptionellen Aufbau des Angebotsmodells, des Leistungsmodells und des Business Cases inklusive der relevanten Teilmodelle.

Das Angebotsmodell beschreibt ausgehend vom Kunden, wie das Angebot konkret aussehen soll, und gibt eine Einschätzung hinsichtlich der Erfolgsaussichten im Markt. Zudem beschreibt das Angebotsmodell die Wertschöpfung der verschiedenen Akteure. Im Rahmen der Angebotsmodellentwicklung können im Rahmen eines agilen Projektmanagements bereits erste Prototypen entwickelt und getestet werden. An dieser Stelle soll daher auf einige typische Merkmale agiler Projektmanagementmethoden hingewiesen werden. Um eine direkte Anbindung an Kundenbedürfnisse zu ermöglichen, vertritt ein sogenannter Product Owner wie im SCRUM-Verfahren die Kundenseite und definiert Jobs, die das Produkt oder das Angebot aus Sicht der Kunden erfüllen sollte. Dazu bedient er sich seiner Kenntnisse über Customer Journeys und User Experiences. Im vorliegenden Modell wurden dazu ja bereits beim Entwurf erste Ansätze gelegt, die nun näher spezifiziert werden. Die Spezifizierung dient in erster Linie dazu, das *Projektteam* in die Lage zu versetzen, das Produkt oder das Angebot im Rahmen eines Prototypen arbeitsteilig aufzubauen. Dazu sollten die Anforderungen vom Product Owner anschaulich dargestellt und gegliedert werden. Hierzu dienen Steckbriefe oder sogenannte *Product-Backlogs*, die einzelne Produkt- oder Angebotsbausteine aus Sicht des Kunden definieren.

Im vorliegenden Beispiel-Case ergibt sich für den Baustein Applikation die Anforderung, dass der Kunde nach Eingabe seiner Nutzerdaten die lokalen PV-Anlagen inklusive aktueller Produktionsdaten sieht. Ist diese Funktion entwickelt, wird sie als bearbeitet gekennzeichnet. Sie kann dann im Projektteam oder dem Product Owner vorgestellt werden. Erfüllt die Funktion die Anforderungen nicht, wird sie in einem nächsten Schritt, einem sogenannten *Sprint*, möglichst zügig verbessert. Der hier skizzierte „Trial-and-error"-Prozess beschreibt das grundsätzliche Verständnis agiler Methoden. Das Prinzip „Better done than perfect" schlägt das Prinzip „Hauptsache perfekt". Letzteres führt dazu, dass neue Ideen zu spät auf den Markt kommen und Konkurrenten bereits mit ihren Produkten Marktanteile erschließen konnten. Fehlende Kundenzentriertheit führt dazu, dass Produkte zwar in den Markt eingeführt werden, häufig dann aber an der Nichtakzeptanz von Kunden scheitern.

Das Leistungsmodell beschreibt, welche wesentlichen Leistungen (Aktivitäten) im Rahmen des Geschäftsmodells anfallen und welche Leistungen (Aktivitäten) von unterschiedlichen Partnern erbracht werden sollen. Leistungsmodelle können anhand von *Leistungssäulen* und *Leistungsschichten* skizziert werden.

Skizzen mit Leistungssäulen (Abb. 5.5) werden für jeden Wertschöpfungsbereich die wesentlichen Leistungen (Aktivitäten) als Säulen dargestellt. Farbliche Unterscheidungen

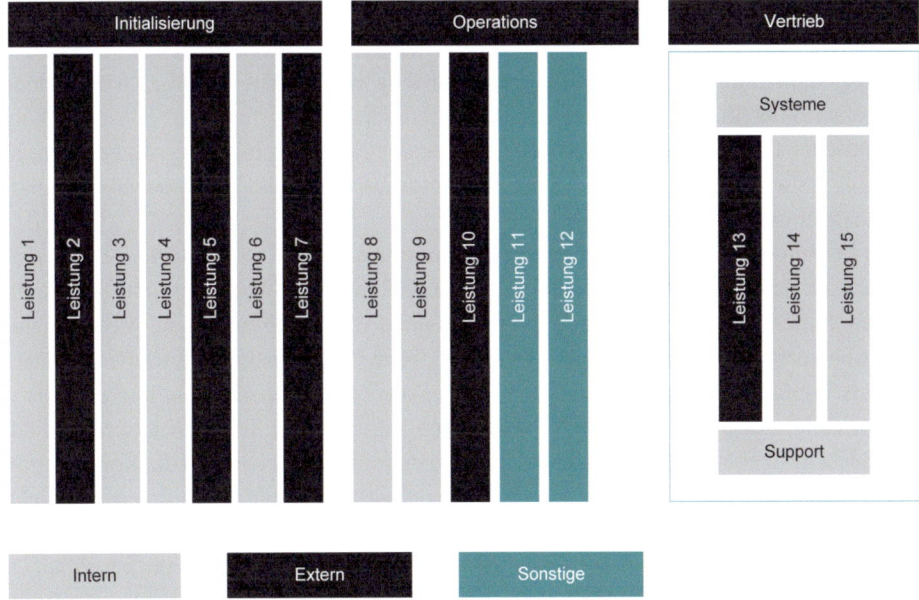

Abb. 5.5 Leistungsmodell mit Leistungssäulen

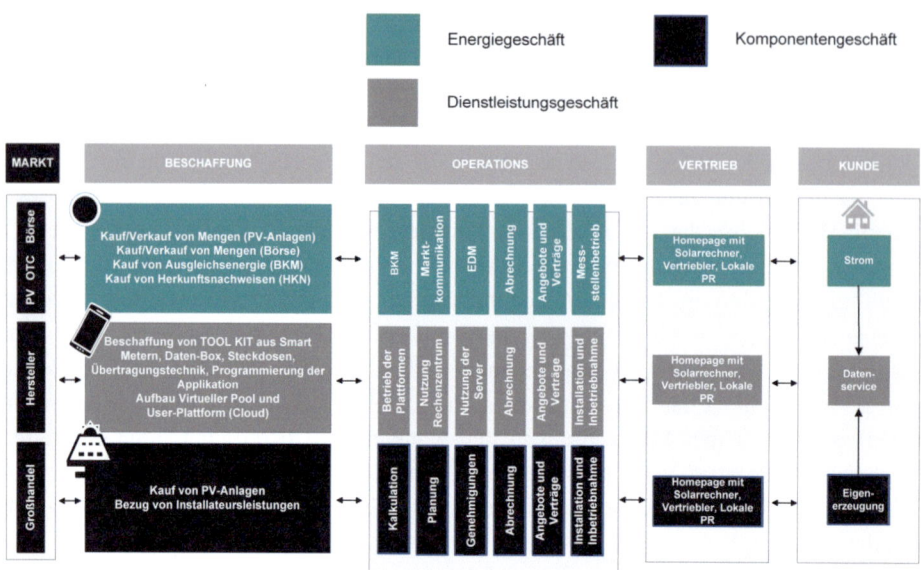

Abb. 5.6 Leistungsmodell mit Leistungsschichten

kennzeichnen die Verantwortlichkeiten für die Leistungserstellung. Verantwortlichkeiten können beispielsweise auf interne Akteure, externe Partner oder Sonstige Akteure wie Kunden übertragen werden.

Skizzen mit Leistungsschichten (Abb. 5.6) eignen sich zur Beschreibung vielschichtiger Geschäftsmodelle mit mehreren Kerngeschäften. Je Schicht wird ein Teilgeschäft des Geschäftsmodells anhand der wesentlichen Leistungen beschrieben. Dabei können Leistungen ebenfalls anhand von Säulen dargestellt werden. Die in Abb. 5.6 enthaltene Skizzenstruktur diente Studierenden exemplarisch als Vorlage zur Beschreibung wesentlicher Leistungen zum Betrieb einer lokalen Strom-Community. Dabei wurden die Geschäfte Energiegeschäft, Dienstleistungsgeschäft und Komponentengeschäft voneinander unterschieden.

Im Leistungsmodell können ebenfalls die Zusammenarbeit beziehungsweise Kollaborationen zwischen den beteiligten Akteuren im Rahmen der Wertschöpfung dargestellt werden. In den Kap. 1 und 2 wurde die traditionelle Wertschöpfungskette (Value Chain) des Stromvertriebs aufgezeigt. Neue, datengetriebene Geschäftsmodelle werden dagegen in Wertschöpfungsnetzwerken und neuen Formen der Zusammenarbeit umgesetzt. Hierbei ist es wichtig, zu verstehen, welche Transaktionen zwischen den Akteuren notwendig sind, auf welchen Kanälen diese Transaktionen stattfinden sollen und wie sich die Koordination und Kollaboration zwischen den Akteuren vollziehen. Dabei kann man unterschiedliche Kooperationsformen [6] unterscheiden:

Operative Netzwerke beziehen sich auf die Zurverfügungstellung von kurzfristigen Kapazitäten und Ressourcen. Sie können auch als Kapazitätsbörsen bezeichnet werden. Gerade in Engpasssituationen können operative Netzwerke dazu beitragen, dass Projekte finalisiert werden können. Operative Netzwerke sind durch eine Vielfalt von Transaktionen und eine geringe Formalisierung gekennzeichnet. Zudem gibt es geringe Ein- und Austrittsbarrieren.

Strategische Netzwerke sind dagegen langfristig angelegt. Oft gibt es ein Unternehmen, das die strategische Führung übernimmt. Alle Aktivitäten, die außerhalb der Kernkompetenzen liegen, werden durch Netzwerkpartner übernommen. Es gibt explizite Zielformulierungen und eine formale Struktur.

Dynamische Netzwerke sind durch eine hohe Transaktionsanzahl und die Offenheit des Netzwerks gekennzeichnet. Um Vertrauen zwischen den Akteuren herzustellen, können Dynamische Netzwerke durch dezentrale Technologien wie Blockchain und Smart Contracts gesteuert werden. Diese autorisieren jeden Akteur, prüfen Transaktionen im Hinblick auf ihre Rechtmäßigkeit, automatisieren und dokumentieren Transaktionen in dezentralen Registern und sorgen dafür, dass diese nachträglich nicht mehr verändert und manipuliert werden können [7].

Virtuelle Unternehmen sind temporäre Netzwerke, bei denen die Akteure über Informations- und Kommunikationstechnologien für einen definierten Projektzeitraum miteinander vernetzt sind [6]. Bei Virtuellen Unternehmen stehen das Teilen von Wissen, Kosten und der Zugang zu Märkten im Vordergrund.

Joint Ventures sind rechtlich eigenständige Gesellschaften von mindestens zwei Partnerunternehmen. Sie sind auf Dauer angelegt und haben in der Regel einen eigenen Marktauftritt.

Das Ergebnismodell (Business Case) bildet das Geschäftsmodell wertmäßig ab, indem es qualitative und quantitative Vorgaben der aufgezeigten Teilmodelle im Rahmen von Erlösen und Kosten monetarisiert und anhand von Kennzahlen abbildet. Der Business Case ist dabei zum einen die Basis für Verhandlungen mit potenziellen Investoren, Anteilseignern und Geldgebern, da er eine Einschätzung über die Entwicklung des wirtschaftlichen Erfolg des Geschäftsmodells gibt. Zum anderen dient der Business Case als internes Steuerungsinstrument für das Management, indem Einschätzungen mit tatsächlichen Entwicklungen verglichen werden. Zudem werden anhand eines Business Cases wirtschaftliche Auswirkungen von Veränderungen im Rahmen der übrigen Teilmodelle simuliert und bewertet.

▶ **Business Case** = a decision support and planning tool that projects the likely financial results and other business consequences of an action [8].

Ein Business Case besteht aus mehreren Planungsrechnungen, die miteinander in einer Beziehung stehen (Abb. 5.7).

Basis eines jeden Business Cases sind Annahmen, die aus dem Angebots- und Leistungsmodell resultieren. Diese Annahmen umfassen grundsätzliche Erwartungen hinsichtlich der Verkaufszahlen, durchsetzbarer Preise sowie der Ressourcen und Kostenentwicklung. Hinzu kommen Annahmen, die die Finanzierung des Geschäftsmodells betreffen und sich somit auf die Beschaffung von Kapital auf den Kapitalmärkten und den

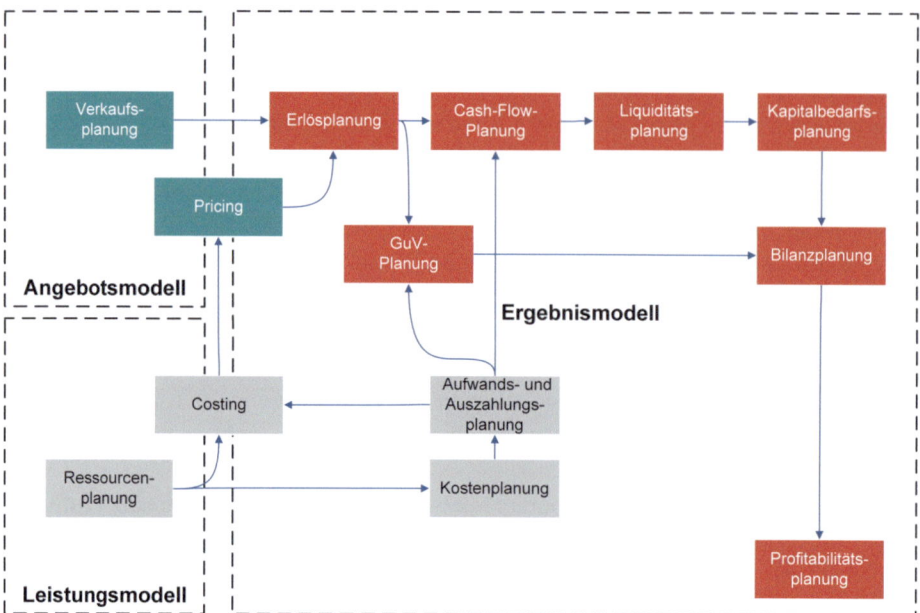

Abb. 5.7 Elemente eines Business Cases

Tab. 5.1 Szenario-Design (exemplarisch)

Ergebnis-Influencer	Szenarios	Ergebnis-Outputs
Verwendete Technologien	A: Blockchain-Technologie B: Plattform-Technologie	Free Cash Flow über Anschaffungsauszahlungen, laufende Betriebsauszahlungen
Markt	A: 1000 Kunden/a B: 2000 Kunden/a C: 3000 Kunden/a	Free Cash Flow über Erlöse
Finanzierung	A: eigenkapitallastig B: fremdkapitallastig	Discounted Cash Flow über Höhe der Kapitalkosten (WACC)

zugehörigen Kapitalkosten beziehen. Darüber hinaus wird am Anfang eines Business Cases beschrieben, auf welche finanziellen Ergebnis-Outputs (Beispiele: Cash Flow, Discounted Cash Flow, Eigenkapitalrendite) der Business Case fokussiert und welche Influencer (Beispiele: Anzahl Kunden, Technologie) für die Outputs bestimmend sind. Daraus abgeleitet können im Rahmen des Szenario-Designs (Tab. 5.1) verschiedene Szenarien abgebildet werden. Diese beschreiben die Variation verschiedener Erfolgsfaktoren und deren Auswirkungen auf die Ergebnis-Outputs.

Die im Angebotsmodell festgelegten Preise aus dem Pricing und Verkaufsmengen aus der Verkaufsplanung fließen in die Erlösplanung ein. Die im Leistungsmodell erarbeitete Ressourcenplanung fließt über das Costing in das Pricing und über die Kostenplanung in eine Aufwands- und Auszahlungsplanung ein. Erlöse sowie Aufwendungen sind die Basis für die Gewinn- und Verlustrechnung (GuV). Die Gegenüberstellung von Einzahlungen aus generierten Erlösen und Auszahlungen im Zeitablauf ergeben die Cash-Flow-Planung. Aus negativen operativen Cash Flows, die meist in den ersten Jahren der Etablierung eines Geschäftsmodells auftreten, ergibt sich ein Liquiditätsbedarf, der kontinuierlich durch eine Liquiditätsplanung sichergestellt werden muss. Wichtige Profitabilitätskennzahlen wie Rentabilitäten setzen Gewinngrößen ins Verhältnis zu Kapitalgrößen und greifen daher auf Positionen der GuV für die Gewinngrößen und der Bilanz für die Kapitalgrößen zu. So viel zur grundsätzlichen Logik eines Business Cases. Im Folgenden werden die Business-Case-Instrumente näher beschrieben.

Im Rahmen der Erlösplanung (Umsatzplanung) werden erwartete Erlöse auf der Basis von künftigen Preisen und Verkaufsmengen festgehalten. Diese sind abhängig von Mehrwerten, die das Angebot gegenüber anderen Angeboten liefert, und den sich daraus ergebenden maximalen Zahlungsbereitschaften der Kunden, die eine Art Preisobergrenze darstellen. Die Erlösplanung von Geschäftsmodellen kann in verschiedenen zeitlichen Intervallen erfolgen. Meist erfolgt eine quartalsweise oder monatliche Betrachtung. Veränderungen von Preis- und Mengenerwartungen, die sich aus dem Angebotsmodell ergeben, werden angepasst. Während des Geschäftsjahres werden zudem Planzahlen auf der Basis von Ist-Werten korrigiert.

Die Ressourcenplanung legt fest, welche Ressourcen zum Aufbau und zum Betrieb des Geschäftsmodells benötigt werden. Je nach Geschäftsmodell können die Ressourcen in verschiedene Ressourcen-Blöcke eingeteilt werden, die die wesentlichen Wertschöpfungsbereiche des Geschäftsmodells wie Akquise oder Operations abbilden. Wesentlich für den Aufbau eines Geschäftsmodells sind oft einmalige Investitionen in Infrastrukturen, Hardware oder Softwarekomponenten.

Die Kostenplanung basiert zunächst auf einem Kostengrundmodell (Abb. 5.8), das beschreibt, welche Kosten zum Aufbau und zum Betrieb des Geschäftsmodells benötigt werden. Das Kostengrundmodell beinhaltet Kostenarten und Kostenstellen. *Kostenarten* beantworten die Frage, wofür Kosten anfallen, und beziehen sich auf die beanspruchten Ressourcen. So unterscheidet man zwischen Kapitalkosten, Materialkosten, IT-Kosten, Versicherungs- oder Personalkosten. Diese können grundsätzlich unabhängig (fix) oder

Für was fallen Kosten an?	Wo fallen Kosten an?			
	Initialer Aufbau	Akquise	Operations	Verwaltung
Komponenten	Smart Meter KIT, Steuerungsbox ···			
Hardware & Infrastruktur	Server, Rechenzentrum ···			
Software	Handelsplattform, Prognosesystem, Abrechnungssystem ···			
Personal		Vertriebsmitarbeiter, Back-Office-Mitarbeiter ···	Trader, Energiedatenmanager ···	Controller, Einkäufer ···

Abb. 5.8 Kostengrundmodell (exemplarisch)

abhängig (variabel) von erstellten Angeboten sein. *Kostenstellen* beantworten die Frage, wo in der betrieblichen Wertschöpfung Ressourcen benötigt werden. So können Beschaffungs-, Vertriebs-, Produktions-, Operations- bzw. Verwaltungskosten unterschieden werden.

Ist das *Kostengrundmodell* entwickelt, werden sämtliche Kostenpositionen anhand von Analysen oder Einschätzungen monetarisiert und im Zeitablauf dargestellt. In der Regel umfassen Kostenplanungen einen Zeithorizont von 5 bis 10 Jahren. Die angenommen Kostenverläufe werden anhand von Annahmen begründet.

Die Auszahlungsplanung (Abb. 5.9) basiert auf der Kostenplanung und zeigt die in jeder betrachteten Periode zu erwartenden Auszahlungen als negative Veränderung der Zahlungsmittel an. Diese gehen zusammen mit Einzahlungen unmittelbar in die Berechnung des Cash Flows ein.

Die Cash-Flow-Planung (Abb. 5.10) stellt den geplanten Einzahlungen aus der Erlösplanung die aus der Kostenplanung ermittelten Auszahlungen gegenüber und ermittelt den Liquiditätsbedarf.

AUSZAHLUNGEN (Cash Inflows, Tsd €)	Jahr 1	Jahr 2	Jahr 3	Jahr 4	Jahr 5	Total
Komponenten	100	200	300	400	500	**1.500**
Hardware	45	45	45	45	45	**225**
Software	80	80	80	80	80	**400**
Personal	80	80	80	80	80	**400**
Totale Auszahlungen	**305**	**405**	**505**	**605**	**705**	**2.525**

Abb. 5.9 Auszahlungsplanung (exemplarisch)

CASH FLOW (Tsd €)	Jahr 1	Jahr 2	Jahr 3	Jahr 4	Jahr 5	Total
Einzahlungen	0	500	700	800	1000	**3.000**
Auszahlungen	305	405	505	605	705	**2.525**
Free Cash Flow	**- 305**	**95**	**195**	**195**	**295**	**475**

Abb. 5.10 Cash-Flow-Planung (exemplarisch)

Discounted Cash Flow (WACC = 3 %)	Jahr 1	Jahr 2	Jahr 3	Jahr 4	Jahr 5	Total
Free Cash Flow	- 305	95	195	195	295	**475**
Barwertfaktor	0,97	0,94	0,91	0,89	0,86	
Barwerte der FCF	**- 296**	**90**	**178**	**173**	**254**	**400**
DCF **400**						

Abb. 5.11 Discounted-Cash-Flow-Planung (exemplarisch)

Der *Free Cash Flow* beinhaltet Auszahlungen und Einzahlungen, die sich aus dem operativen Betrieb inklusive Investitionstätigkeit ergeben. Er zeigt als Erfolgsgröße die aus dem betrieblichen Umsatzprozess generierten Zahlungsmittel an. In Abb. 5.11 ergibt sich im gesamten Jahr 1 ein negativer Free Cash Flow, der durch den Bestand oder die Bereitstellung liquider Mittel gedeckt werden muss.

Um den Wert zukünftiger Cash Flows zu einem (heutigen) Entscheidungszeitpunkt zu bestimmen, werden sämtliche Cash Flows mit einem Kalkulationszinssatz auf den Entscheidungszeitpunkt abgezinst. Dieser Discounted Cash Flow eignet sich insbesondere zum Vergleich mit anderen Geschäftsmodellen oder Geschäftsmodell-Varianten, deren voraussichtliche Zahlungsströme ebenfalls auf einen Entscheidungszeitpunkt abgezinst werden. Der Kalkulationszinssatz reflektiert dabei die aus Sicht der Entscheidungsträger anfallenden Opportunitätskosten. Diese entstehen dadurch, dass heute zur Verfügung stehende Mittel eine Rendite erwirtschaften. Eigen- und Fremdkapitalgeber verlangen daher eine Kapitalrendite, die angibt, in welcher Höhe sich bereitgestelltes Kapital für ein Geschäftsmodell mindestens verzinsen soll. Die Höhe der Rendite bestimmt sich dabei nach alternativen Anlagemöglichkeiten.

Beim sogenannten *Weighted-Average-Cost-of-Capital*-Verfahren werden Renditeforderungen von Eigenkapitalgebern und Fremdkapitalgebern abzüglich Steuervorteilen aus der Aufnahmen von Fremdkapital gewichtet und zu einem Kalkulationszins (WACC) summiert.

$$WACC = \left(EKZins\right) \cdot \frac{EK}{GK} + \left(FKZins\right) \cdot \frac{FK}{GK} \cdot \left(1 - Steuersatz\right); \; EK = Eigenkapital, \; FK =$$

Fremdkapital, GK = Gesamtkapital

Der WACC wird dann in der Discounted-Cash-Flow-Planung (Abb. 5.11) als Kalkulationszinsfuß genutzt.

Im Gegensatz zur Cash-Flow-Planung werden bei der **Liquiditätsplanung** sämtliche Einzahlungen und Auszahlungen unterjährig gegenübergestellt, um stets den Liquiditätsbedarf zu ermitteln, der eben nicht über den operativen Cash Flow gedeckt werden kann.

Stehen zur Deckung des Liquiditätsbedarfs nicht genügend Eigenmittel zur Verfügung, besteht ein Bedarf an zusätzlichen finanziellen Mitteln, der durch die Aufnahme von Eigen- oder Fremdkapital im Rahmen der **Kapitalbedarfsplanung** gedeckt werden kann.

Die Kapitalbedarfsplanung legt fest, in welcher Höhe, zu welcher Unternehmensphase und über welche Zeiträume Kapital zur Verfügung stehen muss, um sämtliche Zahlungsverpflichtungen sicherzustellen. Die Finanzplanung sorgt dann dafür, dass der Kapitalbedarf über Eigen- oder Fremdkapital gedeckt wird. Unternehmen haben eine Vielzahl von Möglichkeiten, Kapital aufzunehmen. In der Frühphase von Unternehmensgründungen wird gemäß Start-up-Monitor [9] meist auf Eigenmittel und privatem Kapital von Business Angels (vermögende Geldgeber aus dem Umfeld der Gründer) sowie auf staatliche Fördermittel wie zinsgünstige Kredite und Zuschüsse zurückgriffen. Dieses Kapital dient dann in erster Linie dem Aufbau des Unternehmens. Je nach Unternehmensnetzwerk und Unternehmensphase finden Gründer zusätzliche institutionelle Unterstützer wie Venture Capital Geber, die bereit sind, dem Unternehmen langfristiges Eigenkapital gegen Geschäftsanteile und damit eine Beteiligung am Gewinn bzw. an einem „Exiterlös" bei Verkauf des Unternehmens zur Verfügung zu stellen.

Im Rahmen der **Gewinn- und Verlustrechnung (GuV)** in Abb. 5.12 werden sämtliche Erfolgs- und Aufwandskonten einer Rechnungsperiode abgeschlossen und deren Salden gegenübergestellt. Der durch die GuV ermittelte Jahresüberschuss oder Jahresfehlbetrag

GuV	Jahr 1	Jahr 2	Jahr 3	Jahr 4	…
Umsatzerlöse					
- Materialaufwand					
Rohergebnis	..	..	..	..	..
- Personalaufwendungen					
- Sonstige betr. Aufwendungen *Mieten, Umlagen* ⋯					
EBITDA	..	..	..	..	..
- Abschreibungen					
EBIT (Betriebsergebnis)	..	..	..	..	..
- Finanzergebnis					
EBT	..	..	..	..	..
- Steuern/+ außerordentliches Ergebnis					
Ergebnis nach Steuern	..	..	..	..	..

Abb. 5.12 Gewinn-und-Verlust-Planung (exemplarisch)

Bilanz	Jahr 1	Jahr 2	Jahr 3	...
A. Anlagevermögen	..	..	..	..
I. Immaterielle Vermögensgegenstände				
II. Sachanlagen				
B. Umlaufvermögen	..	..	..	..
I. Vorräte				
II. Forderungen				
III. Wertpapiere				
IV. Kassenbestand und Guthaben				
SUMME AKTIVA	..	..	..	..
A. Eigenkapital	..	..	..	..
I. Gezeichnetes Kapital				
II. Rücklagen				
III. Jahresüberschuss				
B. Rückstellungen	..	..	..	..
C. Verbindlichkeiten	..	..	..	..
I. langfristige Verbindlichkeiten gegenüber Kreditinstituten				
II. kurzfristige Verbindlichkeiten				
SUMME PASSIVA	..	..	..	..

Abb. 5.13 Bilanzplanung (exemplarisch)

bildet eine Position des Eigenkapitals in der Bilanz. Er ist zudem Grundlage für die Ermittlung von Ertragsteuern. Auch die GuV kann als Planungsinstrument genutzt werden, um zukünftige zu versteuernde Jahresüberschüsse zu prognostizieren.

Die Bilanzplanung (Abb. 5.13) bildet durch die Gegenüberstellung von Mittelverwendung (Aktiva) und Mittelherkunft (Passiva) die Grundlage für die Ermittlung von Kennzahlen, die im Rahmen der Bewertung von Unternehmen und ihrer Geschäftsmodelle herangezogen werden können. In der klassischen Bilanzanalyse unterscheidet man Kennzahlen, die die Vermögens-, Finanz- und Erfolgslage analysieren [10].

Rendite-Kennzahlen wie die Eigenkapitalrendite oder Gesamtkapitalrendite eignen sich zur Beurteilung der Profitabilität. Sie setzen eine Gewinngröße aus der GuV ins Verhältnis zu einer Kapitalgröße aus der Bilanz und können als Maßstab für die Ertragskraft des Geschäftsmodells dienen. Die darauf aufbauende **Profitabilitätsplanung** (Abb. 5.14) erfolgt vorausschauend für mehrere Jahre und basiert im Wesentlichen auf den vorgenannten Planungsinstrumenten.

Insbesondere neuartige Geschäftsmodelle erfordern möglichst plausible Annahmen, Planungsrechnungen und realistische Meilensteine, um Markt- und Finanzrisiken frühzeitig zu erkennen und damit frühzeitig durch das Neujustieren von Elementen des Angebots- und Leistungsmodells gegensteuern zu können.

Abb. 5.14 Profitabilitätsplanung (exemplarisch)

▶ **Aus der Praxis (abgeändertes Fallbeispiel)** Ein Start-up-Unternehmen (30 Mitarbeiter) hatte die Geschäftsidee, dezentrale Stromspeicher an die Zielgruppe Einfamilienhausbesitzer mit Solaranlagen zu verkaufen, diese virtuell miteinander in einem Schwarm zu vernetzen und so am Markt für Primärregelleistung (PRL) teilnehmen zu können (siehe Kap. 1). Bestandteil des Angebotsmodells war zudem eine Applikation für Verbraucher, die aktuelle Produktionsmengen, Ladezustände, Einspeisungen ins Netz, Netzbezug und Stromverbräuche transparent darstellt. Ein zusätzlicher Anreiz für die Zielkunden bestand darin, an den erzielten Erlösen am Primärregelleistungsmarkt teilzuhaben und dafür Gratis-Reststrom für die nächsten 20 Jahren zu beziehen.

Gemäß Business Case wurde davon ausgegangen, dass das Unternehmen bereits nach fünf Jahren einen positiven Free Cash Flow erwirtschaftet. Im ersten Jahr betrug der Free Cash Flow (-) 20 Mio. EUR. Nach drei Jahren wurde entgegen des gesetzten Meilensteins von (-) 5 Mio. EUR ein negativer Cash Flow von (-) 15 Mio. EUR erzielt. Ursachen für das negative Ergebnis lagen insbesondereinderFehleinschätzungderErlöseaufdemPrimärregelleistungsmarkt. Diese lagen gegenüber den im Business Case angenommen Zielwerten deutlich niedriger. Dies wurde im Wesentlichen auf eine bis dato niedrige akquirierte Bruttoleistung von 5 MW (entspricht 250 verkauften 20-kW-Speicheranlagen) im angestrebten Zielmarkt und sinkende PRL-Preise zurückgeführt. So konnten mit 2000–5000 EUR pro MW und Woche nur relativ niedrige PRL-Preis-Zuschläge erzielt werden. Hinzu kamen unerwartet hohe Kosten für den Aufbau und den Betrieb des Virtuellen Speichers in der Leitzentrale. Aufgrund der Erwartung eines künftig rasant wachsenden Speichermarktes entschloss sich das Start-up-Management zu einer Kooperation mit einem Konzern, der, neben frischem Kapital, Software-Know-how und zukünftig weitere Kleinspeicher, Wärmepumpen und Großspeicher in den Virtuellen Speicher einbringt und so jährliche Zuwächse von 20 Megawatt (MW) an PRL ermöglicht.

Selbstcheck Kap. 5

Was unterscheidet eine Ideenskizze von einem Geschäftsmodell-Entwurf?

Wozu benötigt man Angebotsmodell, Leistungsmodell und Business Case bei der Entwicklung eines Geschäftsmodells?

Wozu benötigt man ein Szenario-Design?

Welche möglichen Auswirkungen hat eine Marktanteilserhöhung auf die verschiedenen Planungsgrößen im Business Case?

Wie beeinflusst eine Erhöhung der Renditeforderung von Eigenkapitalgebern den Discounted Cash Flow aus dem Betrieb des Geschäftsmodells?

Literatur

1. PDT – PLATFORM DESIGN TOOLKIT, www.platformdesigntoolkit.de (2018)
2. GABLER WIRTSCHAFTSLEXIKON (2018)
3. OSTERWALDER Alexander, PIGNEUR Yves, Business Model Generation. A Handbook for Visionaries, Game Changers and Challengers (2011)
4. CHRISTENSEN Clayton, Vortrag Understanding the Job, Phoenix Lectures, University of Phoenix (2018)
5. KILLICH Stefan, Formen der Unternehmenskooperationen, in: Netzwerkmanagement, 3. Auflage (2011), Springer Verlag
6. BOXLER Oliver Rudolf, Value Chain versus Value Constellation, ETH Zürich Research Collection (2010)
7. RÜCKGAUER Oliver, ICG Bern, Vortrag auf den Energiewirtschaftstagen FH Aachen, Jülich, 05.09.2018
8. SCHMIDT Marty J., Business Case Guide, Second Edition, Solution Matrix Ltd. (2012)
9. DEUTSCHER STARTUP VERBAND, https://deutscherstartupmonitor.de (2024)
10. BAETGE Jörg, KIRSCH Hans-Jürgen, THIELE Stefan, Bilanzanalyse (2004), IDW Verlag, 729 S.

Fallbeispiel „Sun Charge"   6

„Es gibt nichts Gutes, außer man tut es."

(Erich Kästner)

Die hier im Kap. 6 skizzierte abgeänderte und gekürzte Fallstudie „Sun Charge" beruht auf einer Aufgabenstellung, die von Studierenden im Sommersemester 2024 an der Fachhochschule Aachen im Masterstudiengang Energiewirtschaft & Informatik bearbeitet wurde.

Die Aufgabenstellung bestand darin, aus Sicht eines Anbieters ein Geschäftsmodell für Ladestationen zu entwickeln, die es Unternehmen mit Parkflächen ermöglicht, eigenerzeugten Solarstrom als (Schnell-)Ladestrom an Elektroauto-User zu verkaufen.

Jobs to be done Ausgangspunkt für die Entwicklung und Darstellung des Angebots waren die Motive der Zielgruppe Einzelhandelsketten, Supermärkte und Einkaufszentren (im Folgenden als Unternehmen bezeichnet), die im Zuge des erwarteten Hochlaufs der Elektromobilität ihren umweltbewussten Kunden das Schnellladen von „grünem" Ladestrom an eigenen Standorten anbieten möchten.

Die sich daraus ergebende Job-Description ergab folgendes Stellenprofil.

Wir sehen uns als Unternehmen zu einem ressourcenschonenden und ökologischen Betrieb unserer Verkaufsfilialen verpflichtet. Unsere Standorte möchten wir daher zu Solar- und Ladestandorten ausbauen, um unsere Kunden mit „grünem" Ladestrom aus eigenen PV-Anlagen über Schnellladestationen zu versorgen. Damit leisten wir auch einen wichtigen Beitrag zum Hochlauf der Elektromobilität in Deutschland. Zudem möchten wir die Ladestationen nutzen, um Unternehmen in der Region Werbemöglichkeiten anzubieten.

J. H. Georg, *Stromvertrieb im (digitalen) Wandel*, https://doi.org/10.1007/978-3-658-48054-7_6

Dazu suchen wir ein Angebot mit folgenden Eigenschaften:

- *Schneller, kostengünstiger Aufbau und Inbetriebnahme von Schnellladestationen und PV-Anlagen an unseren Standorten,*
- *Erstellung eines integrierten Betriebsmodells zur optimalen Nutzung der Energieflüsse,*
- *Unterstützung beim Betrieb der Ladestationen (u. a. Pricing, USER-Kommunikation per Applikation, Abrechnung),*
- *Unterstützung bei der Optimierung des Eigenverbrauchs und bei der Senkung von Spitzenlasten zur Senkung von Leistungspreisen (Spitzenkappung).*

Skizze Um die grundlegenden Beziehungen zwischen den Anlagen und den Energieflüsse abzubilden, wurde von den Studierenden zunächst eine Konzept-Skizze (Abb. 6.1) erstellt.

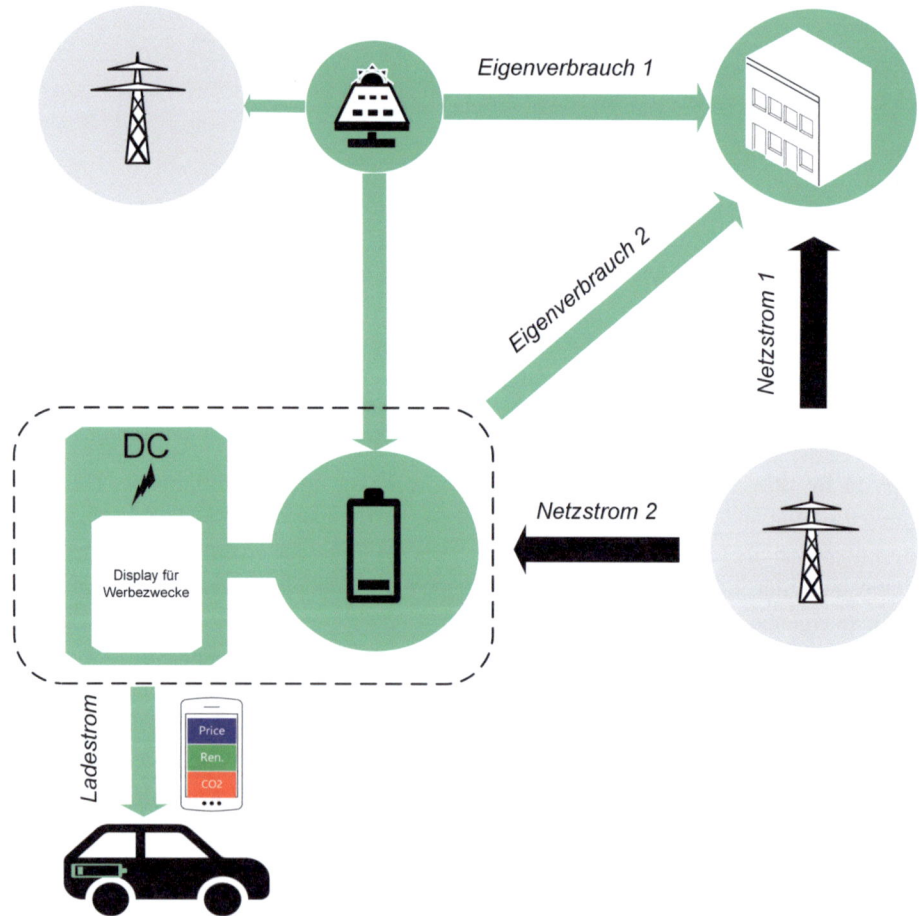

Abb. 6.1 Skizze Sun Charge

Im Zentrum des Geschäftsmodells steht ein Gesamtpaket bestehend aus einer PV-Anlage, die auf dem Dach der Unternehmensfilialen montiert wird und eine 300 kW DC-Ladesäule mit 2 Ladepunkten, einem großen Werbedisplay und einem 200 kWh großen integrierten Multi-Use-Batteriespeicher. Der Batteriespeicher wird über den Netzstrom 1 und über Solarstrom aus PV-Anlagen geladen, um USER mit „grünem" Ladestrom zu versorgen. In Zeiten hoher Solarerträge kann der Solarstrom zudem im Rahmen des Eigenverbrauchs 1 im Unternehmen genutzt werden. Zudem besteht die Möglichkeit, Lastspitzen im Unternehmen über den Eigenverbrauch 2 zu kappen und Netzstrom zur Versorgung des Unternehmens (Netzstrom 1) zu reduzieren.

In Bezug auf die Akteurs-Rollen wurde festgestellt: Die Unternehmen sind Eigentümer und Betreiber der Anlagen und betreiben diese grundsätzlich in Eigenverantwortung. Ihr bestehendes Geschäftsmodell wird durch den Verkauf von Ladestrom erweitert. Sun Charge ist Verkäufer und Dienstleister und verfolgt mit seinem Geschäftsmodell den Verkauf und die Vernetzung der Anlagen sowie die Optimierung der Stromverbräuche.

Regelungen Folgende Regelungen sind beim Betrieb des Geschäftsmodells zu beachten. Sie betreffen die Unternehmen als Betreiber des Geschäftsmodells und Sun Charge als wesentlichen Umsetzungspartner.

Nach der *Ladesäulenverordnung sind* die Ladestandorte öffentlich zugänglich. Sie unterliegen der *Preisangabenverordnung* und müssen nach der *AFIR (Alternative Fuel Infrastructure Regulation)* Ad-Hoc-Ladevorgänge sowie Kredit- oder Debit-Kartenzahlungen mittels entsprechender Kartenterminals ermöglichen. Diese sind beim Aufbau und beim Betrieb der Ladeinfrastruktur zu berücksichtigen.

Nach der *Bundesimmissionsschutzverordnung (BISchV)* sind die Unternehmen als Betreiber öffentlich zugänglicher Ladepunkte THG-Quoten-berechtigt. Die direkte physische Verbindung zwischen der PV-Anlage und dem öffentlich zugänglichen Ladepunkt ermöglicht im skizzierten Beispiel zudem eine höhere Anrechnung von THG-Einsparungen auf die THG-Quotc. Quotenberechtigte Strommengen müssen jährlich an des Umweltbundesamt berichtet werden – entsprechende Prozesse sind im Betriebsmodell der Unternehmen zu berücksichtigen.

Nach dem *Energiewirtschaftsgesetz* sind die Unternehmen als Betreiber der Ladestationen auch Eigenerzeuger und damit grundsätzliche für die eigenerzeugten und am Ladepunkt entnommenen Solarstrommengen nach *Stromsteuergesetz (StromStG)* Steuerschuldner. Eine Steuerbefreiung gilt nach §9 *StromStG* aber für diejenigen Erzeuger, deren Erzeugung im unmittelbaren räumlichen Zusammenhang zum Selbstverbrauch entnommen wird. Somit kann im vorliegenden Geschäftsmodell von einer Stromsteuerbefreiung des solaren Ladestromanteils ausgegangen werden. Stromsteuerpflichtig sind nach§ 5 *StromStG* dagegen sämtlichen Netzstrommengen, die zum Zwecke des Selbstverbrauchs direkt genutzt oder gespeichert werden. Zusätzlicher Aufwand entsteht hier durch eine entsprechende Trennung der Energieflüsse im Messkonzept. Auch die Sicherstellung

von „Grünem Ladestrom" über den Zukauf von Herkunftsnachweisen, der auch die Solarstrommengen abdeckt, erfordert einen zusätzlichen Aufwand im Rahmen des Strom-
einkaufs.

Die folgenden Ausführungen betreffen zunächst das Geschäftsmodell der Unternehmen
(Sun Charge Kunden).

Annahmen und Restriktionen Ladestromverkauf

Die Anzahl der Ladevorgänge pro Tag, die geladenen Mengen und der intern kal-
kulierte Ladestrompreis bestimmen maßgeblich die zusätzlichen Umsatzerlöse der
Unternehmen. Der Stromspeicher ermöglicht maximal 4 Ladevorgänge a 50 kWh, die bei
einer maximalen Leistung von 150 kW in 20 min abgegeben werden können. Je nach
Netzanschluss und Gestaltung des Ladezyklus dauert es mehrere Stunden, um den Stromspeicher wieder voll zu beladen. Die verfügbare Ladezeit ist somit limitiert.

Stehen insgesamt 5 h Ladezeit pro Tag zur Verfügung, könnten damit 1500 kWh Ladestrom pro Tag verkauft werden. Das entspricht einer maximalen Verkaufsmenge pro Jahr
von 54.7500 kWh. Zu einem durchschnittlichen Ladestrompreis von 55 Cent je kWh
könnten rund 300.000 EUR an reinen Ladestromerlösen (ohne Berücksichtigung zusätzlicher THG-Quotenerlöse) erzielt werden.

Insgesamt ist jedoch in den ersten 2 Jahren mit maximal 8 Ladevorgängen pro Tag und
einer verkauften Tagesmenge von 400 kWh zu rechnen. Hochgerechnet auf die Anzahl der
Werktage ergeben sich dann im Jahr verkaufte Ladestrommengen in Höhe von
100.000 kWh.

Solarstromerzeugung und Eigenverbrauch

Unternehmen können insbesondere in den sonnreichen Monaten April bis September
einen Großteil des Stromverbrauchs über eigenerzeugten Solarstrom decken. Tägliche
Solarerträge betragen in den Sommermonaten je nach PV-Leistung bis zu 1000 kWh.
Davon wird ein Großteil als *Eigenverbrauch 1* im Unternehmen genutzt.

Der Rest der Solarstroms fließt in den Batteriespeicher zur Bedienung der Ladestrom-
kunden mit solarem Ladestrom. Die intelligente Speicherbewirtschaftung wird über einen
Ladealgorithmus gewährleistet. Um Netzeinspeisungen zu vermeiden, sollen in Zeiten
hoher Solarproduktion günstige Preise angeboten werden, um USER anzureizen, möglichst viel Solarstrom zu nutzen.

Die Ladestrompreise passen sich über eine Kalkulationssoftware dynamisch an die jeweiligen Solarstrommengen im Speicher an und werden für den gesamten Ladevorgang
garantiert. Die Preisinformationen werden auf dem Display der Ladestation und auf einer
USER-Applikation angezeigt. Punktuelle Lastspitzen im Unternehmen sollen ebenfalls
über den Bezug gespeicherter Solarstrommengen gesenkt werden. Insgesamt werden hier
aber angesichts eines ausgeglichenen Lastprofils geringe Einsparmöglichkeiten gesehen.

In Abb. 6.2 sind die wesentlichen Strommengen dargestellt.

Kosten und Erlöse

Kosten ergeben sich durch das „Aufgleisen" (Aufbau, Netzanschluss, Inbetriebnahme,
Einbindung der Anlagen in die Softwaresysteme) des Komplettpakets der Sun Charge.

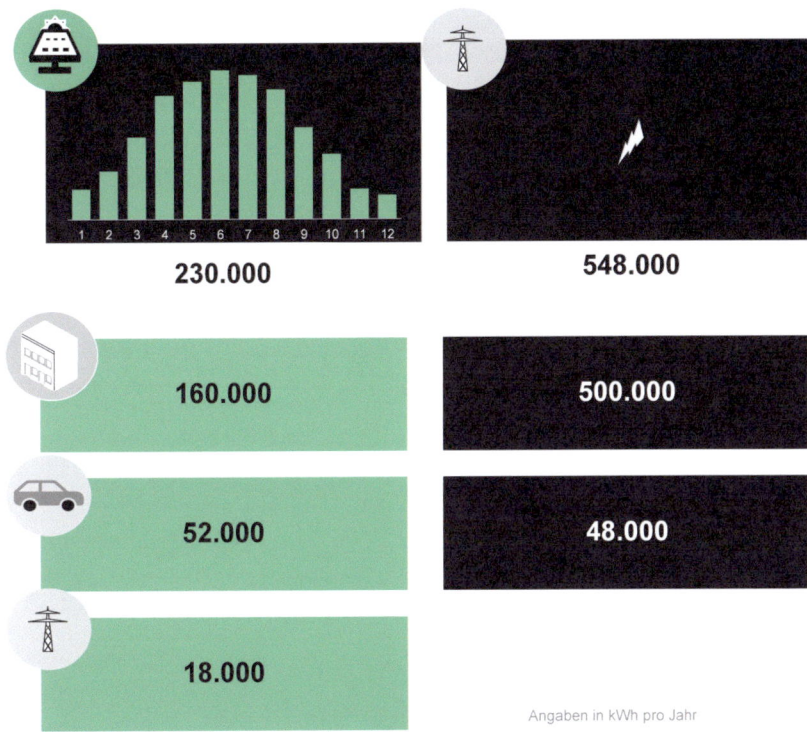

230.000

548.000

160.000

500.000

52.000

48.000

18.000

Angaben in kWh pro Jahr

Abb. 6.2 Verwendung der Jahresstrommengen (200 kWp PV-Anlage)

Investitionen inklusive Förderzuschüsse werden auf 400.000 EUR geschätzt – davon entfallen 180.000 EUR auf die PV-Anlage und 220.000 auf die Ladestation inklusive des Batteriespeichers. Die jährlichen Kapital- und Betriebskosten für das Gesamtpaket inklusive Einspeise-Direktvermarktung, Ladestationsbetrieb und Nutzung der Ladealgorithmen betragen rund 65.000 EUR. Hinzu kommen jährlich steigende Kosten für Netzstrom für die Befüllung des Batteriespeichers zur Ermöglichung der Ladevorgänge.

Wesentliche Erlöse ergeben aus dem Ladestromverkauf. Anfänglich wird der Ladestrom wie in Abb. 6.3 dargestellt zu einem Preis von 49 Cent je kWh angeboten. Damit könnten Umsatzerlöse in Höhe von 49.000 EUR erzielt werden. Eine ab dem 3. Jahr angenommene Erhöhung der Ladevorgänge lässt dann auch die Planumsätze signifikant steigen. Zusätzliche Erlöse werden aus der Vermietung der Display-Werbefläche in Höhe von 900 EUR und über Einspeisungen in Höhe von rund 1200 EUR erzielt.

Wirtschaftlichkeit Die direkten wirtschaftlichen Vorteilen des Komplettpaketes ergeben sich im Vergleich zur Beibehaltung des Status-Quos. Im Einzelnen bestehen diese Vorteile aus den genannten Erlösen (51.000) zuzüglich vermiedener Kosten durch den Eigenverbrauch (53.000 EUR) und einer Kostensenkung aufgrund einer Lastspitzenkappung (10.000 EUR).

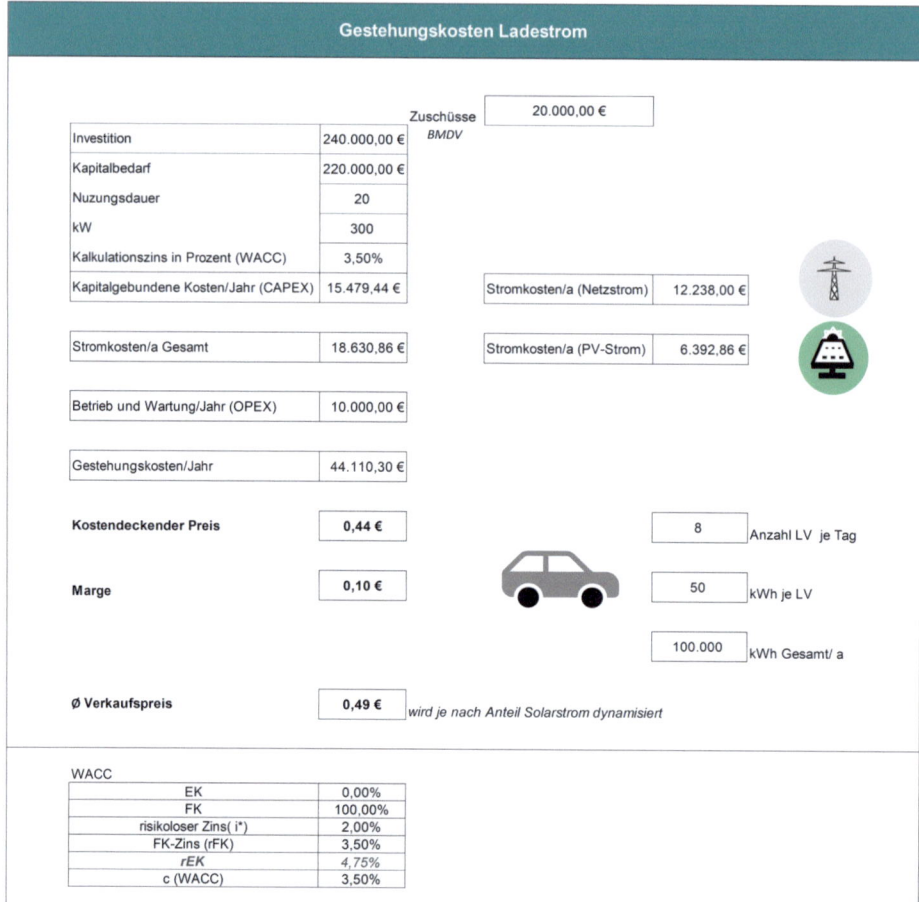

Abb. 6.3 Kalkulation Ladestrompreis

Zusätzliche indirekte Vorteile ergeben sich aus der hohen Attraktivität für Endkunden, die nun während des Einkaufs ihre Fahrzeuge aufladen können. Somit ist perspektivisch sicher von einer steigenden Kundenzahl auszugehen. Ob sich die Kunden aufgrund des Schnellladens nun schneller durch die Verkaufsfilialen bewegen, um zum Zeitpunkt der Beendigung des Ladevorgangs wieder am Fahrzeug zu sein – auch um ungeduldig wartende Fahrzeughalter an den Ladepunkt zu lassen – und welche Umsatzeffekte dies für die Filialstandorte hat, wird die Realität zeigen und soll an dieser Stelle nicht weiter diskutiert werden.

Die genannten wirtschaftlichen Vorteile werden mit den zusätzlichen jährlichen Kapital- und Betriebskosten sowie den Reststrommengen aus dem Netz verrechnet und den bisherigen Gesamtkosten – ohne Komplettpaket – gegenübergestellt. Die Differenz ergibt die kumulierten Free Cash Flow Werte, die in Abb. 6.4 dargestellt sind. Somit kann angenommen werden, dass sich die Investition bereits nach 5 Jahren amortisiert hat. Sun

CASH FLOW (Tsd €)	Jahr 1	Jahr 2	Jahr 3	Jahr 4	Jahr 5	...
Brutto Cash Flow	78	72	81	91	101	113
Investitionen	- 400	0	0	0	0	0
Free Cash Flow Cum.	- 322	- 250	- 169	- 78	23	136

Amortisation
5 Jahre

Abb. 6.4 Entwicklung des kumulierten Free Cash Flows bei Anschaffung Komplettpaket

Charge kann somit grundsätzlich davon ausgehen, dass auf Seiten ihrer potenziellen Kunden ein wirtschaftliches Interesse am Kauf ihres Komplettpaketes besteht. Allerdings müssen auch Risiken berücksichtigt werden.

Risiken Technische Risiken ergeben sich aus der Verwendung der batteriegestützten Ladetechnik. Sollte das Stromnetz und die PV-Anlage ausfallen, kann auch der Pufferspeicher nicht mehr geladen werden. Sonstige Technische Risiken betreffen die Zuverlässigkeit und Lebensdauer der Anlagen und Komponenten und unerwartete Reparatur- und Wartungsarbeiten.

Kommerzielle Risiken ergeben sich aus der Fehleinschätzung des Hochlaufs der Elektromobilität, der USER-Bedürfnisse an Schnellladevorgänge an den ausgewählten Standorten und aus dem USER-Verhalten, das auf die Anzahl von Ladevorgängen am Standort und die jeweils geladenen Ladestrommengen wirkt.

Ökonomische Risiken ergeben sich insbesondere aus dem Ausfall von Anlagen, Komponenten und Softwarelösungen sowie unerwarteten Verzögerungen und Mehrkosten bei notwendigen Planungs- und Umsetzungsarbeiten (u. a. Erhöhung Netzanschlusskosten). Weitere Ökonomische Risiken ergeben sich aus dem wetterbedingten Verfehlen von Solarstrommengen, der Fehleinschätzung erreichbarer Eigenverbrauchsmengen und erzielbarer Spitzenkappungseffekte.

Die folgenden Ausführungen betreffen nun das Geschäftsmodell von Sun Charge.

Vision Sun Charge möchte über die intelligente Vernetzung von PV-Anlagen und Ladepunkten an Standorten von Einzelhandelsketten, Supermärkten und Einkaufszentren die Energie- und Mobilitätswende aktiv mitgestalten. Dazu bietet Sun Charge ein Komplettpaket

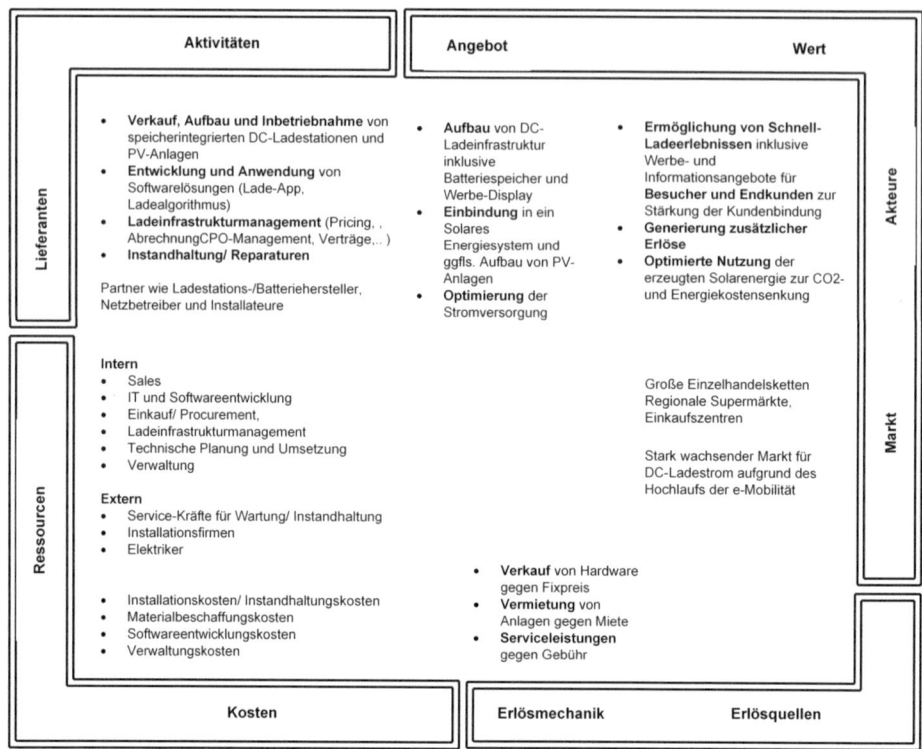

Abb. 6.5 Geschäftsmodellentwurf Sun Charge

aus AFIR-konformer Ladestation mit integriertem Speicher inklusive eines Optimierungs-
systems mit einem Ladealgorithmus zur kostenoptimierten Bewirtschaftung des Speichers
(Bedienung von Ladevorgängen und Eigenverbrauch) an. Damit können Kunden ihre
Energiekosten senken und ihre Nachhaltigkeitsziele erreichen.

Entwurf Der Geschäftsmodell-Entwurf wurde anhand eines Schemas entwickelt. Dieses umfasst die wesentlichen Elemente der Geschäftsidee (Abb. 6.5). Das Optimierungssystem inklusive Ladealgorithmus, Preiskalkulator und USER-Applikation wurde bereits in einem Forschungsprojekt entwickelt und in einem Demonstrator getestet. In
einem weiteren Schritt soll der Demonstrator zur kommerziellen Nutzung fertig-
gestellt werden.

Leistungsmodell Die konkrete Umsetzung des Gesamtangebotes gegenüber den Ziel-
gruppen erfolgt über vielfältige Aktivitäten und Leistungsbeziehungen.
    Die wesentlichen Kernaktivitäten umfassen die Initialisierung der Projekte zum Aufbau
der Komplettpakete, die Begleitung beim Betrieb/Operations und der Vertrieb. Während
der Vertrieb über eigene Mitarbeiter und Systeme erfolgt, werden für anstehende Installa-

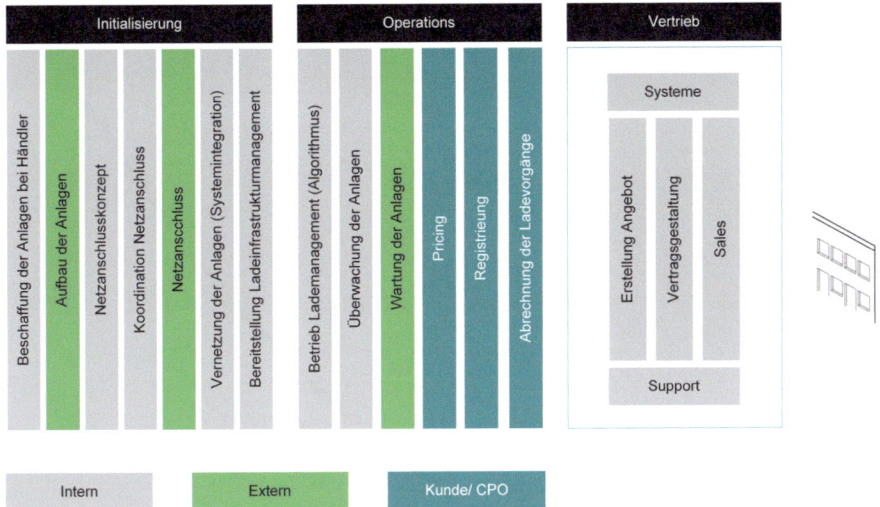

Abb. 6.6 Leistungsmodell der Sun Charge

tions- und Netzanschlussarbeiten externe Installateure benötigt. Installateur-Engpässe sollen über flexible Rahmenverträge und den Zugriff auf Installateur-Plattformen vermieden werden.

Zur Umsetzung des Leistungsmodells (Abb. 6.6) wird die Sun Charge als GmbH mit Hauptsitz in Aachen gegründet. Um ausreichend Kapital bei Investoren und Kreditgebern zu sammeln, beschließen die beiden Gründer der Sun Charge einen realistischen Business Plan inklusive eines Finanzplans zu erstellen.

Verkaufsplanung Die Verkaufsplanung ergibt sich aus der Einschätzung des relevanten Marktes und der aktuellen Wettbewerbssituation von unterschiedlichen Anbietern und Ladekonzepten um die Ausstattung attraktiver Schnellladestandorte in Deutschland.

In einem realistischen Middle Case kann die Sun Charge verschiedene Filialstandorte von mehreren Supermarktketten und einer regionalen Spezialhandelskette gewinnen. Insgesamt sollen 649 Filialen in den nächsten 10 Jahren mit dem Komplettpaket ausgestattet werden.

In einem Best Case kann zusätzlich zur Spezialhandelskette ein bekanntes Einzelhandelsunternehmen mit über 3000 Standorten in Deutschland gewonnen werden, das bereit ist, seine 649 größeren Filialstandorte in den nächsten 10 Jahren mit dem Sun Charge Komplettpaket auszustatten.

In einem Worst Case bleiben die Verkaufserwartungen mit 260 Komplettpaketen in 10 Jahren deutlich hinter den Annahmen der übrigen Cases zurück.

Erlösplanung Das Hardwarepaket inklusive Vernetzung im Rahmen des Optimierungssystems wird zu einem Preis von 400.000 EUR verkauft. Hinzu kommen monatliche Servicegebühren in Höhe von rund 3100 EUR – u. a. für die Bereitstellung des

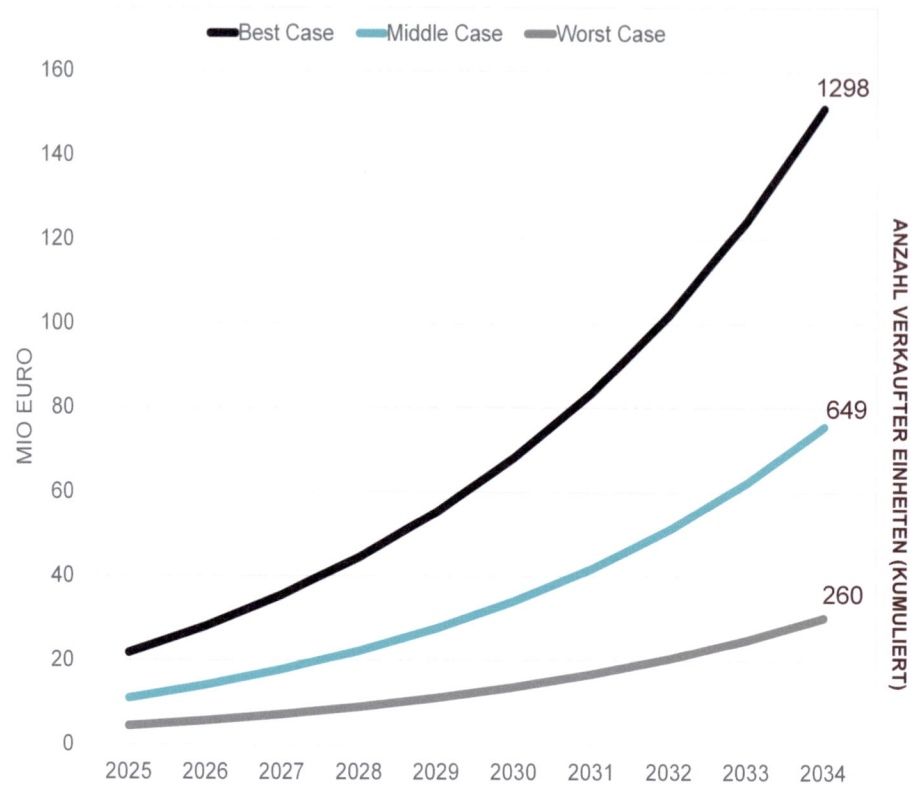

Abb. 6.7 Verkaufs- und Erlösplanung der Sun Charge

Optimierungssystems, Pricing-Tool und USER-Applikation sowie für das PV- und Lade-infrastrukturmanagement (u. a. Monitoring und Wartung).

Damit ergibt sich die im Abb. 6.7 dargestellte Verkaufs- und Erlösentwicklung.

Die folgende Annahmen beziehen sich auf den Middle Case. Die aufbauenden Planungs-rechnungen sind in detaillierter Form in Abb. 6.9 enthalten.

Ressourcen- und Kostenplanung Um die ehrgeizigen Verkaufsziele in den nächsten 10 Jahren zu realisieren, wird eine betriebsfähige Organisation mit 10 Teams (u. a. Sales und Marketing, Beschaffung und Logistik, Standort-Planung, IT, Ladeinfrastruktur-management und Produktentwicklung) und anfänglich 42 Mitarbeiterinnen und Mitarbei-ter aufgebaut. Neben den jährlichen Personalkosten fallen einmalige Investitionen für IT-Systeme – u. a. für ein ERP- und ein Bestell- und Logistik-System an. Hinzu kommen In-vestitionen für die Entwicklung der eigenen Softwaresysteme (Optimierungssystem, Preiskalkulator und USER-Applikation). Zur Ausstattung der angemieteten Büroetage werden u. a. Schreibtische, Bürostühle, Laptops, Flipcharts und Drucker angeschafft. Ein Aufenthaltsraum mit Sesseln und Tischtennisplatte soll den Arbeitsalltag erleichtern und den Mitarbeitern eine Möglichkeiten zum kommunikativen Austausch bieten.

Kapitalbedarfsplanung Um insbesondere die hohen Anfangsinvestitionen und Anfangs-kosten zu decken, benötigen die Sun Charge Gründer in den ersten 4 Jahren ausreichend Kapital in Höhe von rund 13,7 Mio. EUR. Davon sollen 12,7 Mio. EUR durch Venture Ca-pital Geber und 1 Mio. EUR über ein zinsgünstiges Darlehen aufgebracht werden.

Cash-Flow-Planung Gerade in den ersten 4 Geschäftsjahren müssen negative Free Cash Flows über Einzahlungen aus der Kapitalaufnahme gedeckt werden (Abb. 6.8). Ab dem 5. Jahr erwartet Sun Charge mit seinen Geschäftsmodell durchweg positive Free Cash-Flows. Diese sollen insbesondere zur Erweiterung des Optimierungssystems (u. a. Einbindung von dynamischen Strom- und Netztarifen) und zum Aufbau weiterer Personalressourcen eingesetzt werden.

GuV-Planung Nach anfänglichen Verlusten können bereits ab dem 5. Geschäftsjahr Gewinne vor Steuern (EBT) erwirtschaftet werden (siehe Abb. 6.9). Diese werden im Wesentlichen zur Stärkung der Eigenkapitalbasis verwendet, um künftigen Geschäfts-risiken der Sun Charge zu begegnen und weiteres Kapital zur Finanzierung des wach-senden Geschäftes aufnehmen zu können.

Risiken Die folgenden Risiken können die aufgezeigten Planungen ganz wesentlich be-einträchtigen.

Marktrisiken

Wesentliche Risiken des Geschäftsmodells aus Sicht der Sun Charge liegen im Hoch-lauf der Elektromobilität in Deutschland und in der Anzahl erwarteter Ladevorgänge, die

Abb. 6.8 Entwicklung der diskontierten Free Cash Flows (10 Jahre)

Executive Summary
Jahresübersichten

Operative Zusammenfassung		2025	2026	2027	2028	2029	2030
Verkauf							
Gesamtpaket (Ladestation, PV-Anlage, Optimierungssystem)	323	25	30	36	43	52	62
Services (Ladeinfrastrukturmanagement, Monitoring, Optimierung)	1.062	25	55	91	134	186	248
Umsatzerlöse		10.925.000,0	14.035.000,0	17.767.000,0	22.245.400,0	27.619.480,0	34.068.376,0
aus Verkauf		10.000.000,0	12.000.000,0	14.400.000,0	17.280.000,0	20.736.000,0	24.883.200,0
aus Services		925.000,0	2.035.000,0	3.367.000,0	4.965.400,0	6.883.480,0	9.185.176,0

Cashflow		2025	2026	2027	2028	2029	2030
Umsatzerlöse							
Umsatzerlöse Gesamt	168.467.307	10.925.000	14.035.000	17.767.000	22.245.400	27.619.480	34.068.376
Operating							
Initialkosten für Aufträge (Komponenten, Installationen, Vertrieb)	(130.450.630)	(10.100.000)	(12.120.000)	(14.544.000)	(17.452.800)	(20.943.360)	(25.132.032)
Betriebskosten							
Personal		(5.280.000)	(5.280.000)	(5.808.000)	(5.808.000)	(5.913.600)	(5.913.600)
IT		(17.000)	(17.000)	(17.000)	(20.400)	(20.400)	(20.400)
Verwaltung		(43.600)	(44.630)	(45.630)	(45.630)	(45.630)	(47.912)
Mittelabfluss aus laufender Geschästätigkeit	(171.418.108)	(15.440.600)	(17.461.630)	(20.414.630)	(23.326.830)	(26.922.990)	(31.113.944)
Steuern							
Steuerzahlungen		-					
Financing							
Investitionen							
Mittelabfluss aus Investition (Anschaffungsauszahlung)	1.445.000	(1.445.000)					
Finanzierungskosten							
Finanzierungsgebühren Darlehen	-	-	-	-	-	-	-
Finanzierung							
EK 1. Finanzierungsrunde	10.370.940						
Kreditaufnahme	1.000.000						
EK Zusätzlich	2.329.060						
Zuschüsse	-						
Mittelzufluss aus Finanzierungstätigkeit	13.700.000	6.000.000	3.500.000	2.900.000	1.300.000		
Kapitaldienst							
Zinsen		35.000	35.000	46.292	58.767	54.392	50.017
Tilgung		-	-	125.000	125.000	125.000	125.000
Gesamt		35.000	35.000	171.292	183.767	179.392	175.017
Ausschüttungen							
Dividenden	-	-	-	-	-	-	-
Brutto-Cash-Flow (operating Cash-Flow)	(2.950.801)	(4.515.600)	(3.426.630)	(2.647.630)	(1.081.430)	696.490	2.954.433
Cashflow nach Investitionstätigkeit (Free Cash Flow)	(4.395.801)	(5.960.600)	(3.426.630)	(2.647.630)	(1.081.430)	696.490	2.954.433
Cashflow nach Kapitalaufnahme		39.400	73.370	252.370	218.570	696.490	2.954.433
Barwerte der Free Cash Flows		(5.759.034)	(3.198.796)	(2.388.011)	(942.404)	586.426	2.403.433

Gewinn und Verlustrechnung		2025	2026	2027	2028	2029	2030
Umsatz	168.467.307	10.925.000	14.035.000	17.767.000	22.245.400	27.619.480	34.068.376
Sonstige betriebliche Erträge							
(-) Materialaufwand gesamt	(130.450.630)	(10.100.000)	(12.120.000)	(14.544.000)	(17.452.800)	(20.943.360)	(25.132.032)
(=) Rohergebnis	38.016.677	825.000	1.915.000	3.223.000	4.792.600	6.676.120	8.936.344
(-) Personalaufwendungen	(40.508.160)	(5.280.000)	(5.280.000)	(5.808.000)	(5.808.000)	(5.913.600)	(5.913.600)
(-) Sonstige betrieblichen Aufwendungen	(459.318)	(60.600)	(61.630)	(62.630)	(66.030)	(66.030)	(68.312)
	-	-	-	-	-	-	-
	-	-	-	-	-	-	-
(=) **EBITDA**	(2.950.801)	(4.515.600)	(3.426.630)	(2.647.630)	(1.081.430)	696.490	2.954.433
(-) Abschreibungen		138.500	145.425	152.696	160.331	168.348	176.765
(=) **EBIT (Betriebsergebnis)**	(4.078.469)	(4.654.100)	(3.572.055)	(2.800.326)	(1.241.761)	528.142	2.777.668
(+) Finanzergebnis		-					
Soll-Zinsen	325.110	35.000	35.000	46.292	58.767	54.392	50.017
Haben-Zinsen		-					
(=) **EBT**	(4.403.580)	(4.689.100)	(3.607.055)	(2.846.618)	(1.300.528)	473.750	2.727.650
(-) Steuern	2.411.916	-	-	-	-	142.125	818.295
(=) **Überschuss/ Fehlbetrag (NPAT)**		(4.689.100)	(3.607.055)	(2.846.618)	(1.300.528)	331.625	1.909.355

Abb. 6.9 Executive Summary

für die Zielkunden von Sun Charge eine hohe Bedeutung haben. Bleiben diese hinter den Erwartungen zurück, könnten sich nur wenige Zielkunden für ein Sun Charge Angebot entscheiden mit der Konsequenz, dass Umsatzerwartungen nicht erreicht werden und Sun Charge in Zahlungsschwierigkeiten kommt.

Technische Risiken

Technische Risiken ergeben sich hinsichtlich der Zuverlässigkeit der Ladestationen und des eingesetzten Optimierungssystems, das aufgrund seiner Neuartigkeit noch fehleranfällig ist. Unplanmäßige Reparaturen und Fehlerkorrekturen könnten für Sun Charge schnell zu einem erheblichen Zusatzaufwand führen.

Bürokratische Risiken

Bestehende Verträge zwischen Akteuren wie Standorteigentümer und Standortbetreibern, Verzögerungen bei den Netzanschlüssen und komplexe Baugenehmigungsverfahren der zuständigen Baubehörden könnten die Dauer und Kosten der Projekte unnötig erhöhen.

Abschließende Anmerkung:

Neuartige Geschäftsmodelle im Stromvertrieb lassen sich in etablierten Unternehmen der Stromwirtschaft häufig nur durch Kooperation und Kollaboration mit spezialisierten Start-up-Unternehmen in einem Netzwerk realisieren. Dies erfordert auf beiden Seiten die Bereitschaft, sich im Rahmen der gemeinsamen Wertschöpfung aufeinander einzulassen, die jeweils andere Seite zu verstehen und voneinander zu lernen. Wenn vielfach auch von technischen Erfolgsfaktoren die Rede ist, so liegt es insbesondere an den handelnden Menschen, ob ein Geschäftsmodell „fliegt" oder eben nicht „fliegt". Dies betrifft zum einen die formelle Gestaltung der Zusammenarbeit im Rahmen eines geeigneten Zusammenarbeitsmodells, das auch in Zeiten hoher eingeräumter Freiheiten und Agilität ohne Regeln nicht funktioniert. Zum anderen betrifft es den weiterhin notwendigen, gesunden Menschenverstand, der Entscheidungen darüber treffen muss, ob ein Geschäftsmodell überhaupt aufgebaut werden soll. Dabei spielen Daten und deren Interpretation eine zentrale Rolle. Insbesondere sind es jedoch die Kunden, die darüber entscheiden, ob sie für ein bestimmtes Angebot Geld ausgeben oder eben nicht. Die frühzeitige Einbindung der Kunden in den Entwicklungsprozess – angefangen bei der Ideenskizze über den Entwurf und den ersten Prototyp bis hin zum Pricing – ist somit zwingend notwendig.

Die Zukunft wird zeigen, welche der in diesem Buch beschriebenen Ansätze sich langfristig in den Stromvertriebsmärkten etablieren.

Selbstcheck Kap. 6

Wie beeinflussen sich die aufgezeigten Geschäftsmodelle (Sicht Kunden/Sicht Sun Charge) im Sun Charge Case gegenseitig?

Was sind aus Ihrer Sicht die kritischen Erfolgsfaktoren von Sun Charge?

Welche Risiken ergeben sich für die Sun Charge Gründer und wie würden Sie diese Risiken minimieren?

Würden Sie als Investor in Sun Charge investieren? Begründen Sie Ihre Entscheidung.

Welche Rollenverteilung zwischen Sun Charge und ihren Zielkunden ist neben der beschriebenen Rollenverteilung noch möglich?

Sun Charge verkauft im beschriebenen Case die Anlagen an ihre Zielkunden. Welche alternative Geschäftsmodelle sind aus Sicht Sun Charge noch möglich?

Stichwortverzeichnis

© Der/die Herausgeber bzw. der/die Autor(en), exklusiv lizenziert an Springer
Fachmedien Wiesbaden GmbH, ein Teil von Springer Nature 2025
J. H. Georg, *Stromvertrieb im (digitalen) Wandel*,
https://doi.org/10.1007/978-3-658-48054-7

MIX
Papier aus verantwortungsvollen Quellen
Paper from responsible sources
FSC® C105338

If you have any concerns about our products,
you can contact us on
ProductSafety@springernature.com

In case Publisher is established outside the EU,
the EU authorized representative is:
Springer Nature Customer Service Center GmbH
Europaplatz 3, 69115 Heidelberg, Germany

Printed by Libri Plureos GmbH
in Hamburg, Germany